view

〔英〕理查德·费舍尔/著

胡晓红/译

远见

如何摆脱短期主义

浙江人民出版社

The Long View: Why We Need to Transform How the World Sees Time
By Richard Fisher
Copyright © 2023 Richard Fisher
The right of Richard Fisher to be identified as the Author of the Work
has been asserted by him in accordance with the Copyright, Designs and
Patents Act 1988.
First published in 2023 by WILDFIRE an imprint of HEADLINE
PUBLISHING GROUP
Simplified Chinese translation published by Zhejiang People's
Publishing House，Co.，LTD.

浙 江 省 版 权 局
著作权合同登记章
图字：11-2023-031号

图书在版编目（CIP）数据

远见：如何摆脱短期主义 / （英）理查德·费舍尔

著 ； 胡晓红译. -- 杭州 ： 浙江人民出版社，2025. 5.

ISBN 978-7-213-11619-3

Ⅰ. B804-49

中国国家版本馆CIP数据核字第2024NT3314号

远见：如何摆脱短期主义
YUANJIAN: RUHE BAITUO DUANQIZHUYI

［英］理查德·费舍尔 著 胡晓红 译

出版发行：浙江人民出版社（杭州市环城北路 177 号 邮编 310006）
　　　　　市场部电话：（0571）85061682 85176516
责任编辑：胡佳佳
责任校对：姚建国
责任印务：幸天骄
封面设计：贾梦瑶
电脑制版：北京之江文化传媒有限公司
印　　刷：杭州丰源印刷有限公司
开　　本：880 毫米 × 1230 毫米 1/32 印　张：13.875
字　　数：229 千字
版　　次：2025 年 5 月第 1 版 印　次：2025 年 5 月第 1 次印刷
书　　号：ISBN 978-7-213-11619-3
定　　价：78.00 元

如发现印装质量问题，影响阅读，请与市场部联系调换。

振聋发聩，深邃辽远。理查德·费舍尔在《远见：如何摆脱短期主义》中揭示：革新时间观念足以重塑世界。未来的样貌，始于今人的构想。若想成为称职的先人，此书不可不读。

——大卫·法里尔（David Farrier）

理查德·费舍尔并未沉溺于当今媒体对未来大势所渲染的悲惨境况，而是另辟蹊径，勾勒出一条通往 23 世纪的希望之路……堪称惊艳之作。

——文森特·艾伦蒂（Vincent Ialenti）

人类最卓越的禀赋，皆源于展望未来的能力。费舍尔带领我们展开一场思维的智识远征，探究其价值的真谛。

——托马斯·苏登多夫（Thomas Suddendorf）

哲思涌动，洞见灼灼，妙趣横生。在这个被短期主义笼罩的世界里，该书犹如一盏行动罗盘，既有利于我们解码未来图景，更有利于在当下构筑未来纽带。面对气候危机的终极拷问，长远思维从未显得如此迫在眉睫。

——安德里·希尼·马格纳松（Andri Snaer Magnason）

这本书将打开你的思维和视野，让你看到我们可能成为的一切。

——汤姆·查特菲尔德（Tom Chatfield）

目 录 contents

引言

远见

如果我们想以更好的状态面对未来，就必须在现在经历磨难。

——凯瑟琳·布斯（Catherine Booth）

一个二月的晚上，在伦敦的一家医院，我的时空感知冻结在了当时面临的危难中。

在我妻子分娩结束的 24 小时后，我们匆忙赶到急救外科。我们的孩子感染了一种疾病。当医生们在做手术的时候，我大脑一片空白。在危难时刻，我们只能活在当下。

在妻子身体好转的日子里，刚出生的小女儿格蕾丝（Grace）接受了一个疗程的抗生素治疗，这母女俩在产科病房休养了一个星期。对我来说，这是一段前所未有的艰难时光。

终于，我们回到了家。随着时间流逝，女儿已经可以从婴儿摇篮中伸出小手来，她灰蓝色的眼睛闪亮亮的，几周之后，她会冲我们笑了，这对我们来说如同获奖一样激动。我的时空感知开始恢复，我开始想象她未来的生活。她会是什么样的孩子，会成长为什么样的大人呢？

在此之前，我从未想过格蕾丝能活到 22 世纪。那时候，她应该 86 岁[①] 了，随着医疗的发展和人类寿命的延长，这并不是不可能发生的。我想象她在 2099 年 12 月 31 日那天和家人一起迎接 2100 年的到来，天空中绽放着璀璨的烟花，亲人们相互拥抱，一起歌唱着《友谊地久天长》(*Auld Lang Syne*)。

我们很容易忘记，我们当中已经有数百万名 22 世纪的公民了。在我女儿出生的那年，全世界共有 1.4 亿人出生，这比法国人口的两倍还要多。在将来，近 110 亿名婴儿将在 2100 年之前出生。如果幸运的话——包括格蕾丝的孙子孙女在内——一些人可以看到 23 世纪的世界。通过家族纽带，遥不可及的未来比最初看起来的更接近现在。

然而后来，我不禁担忧女儿能否平安度过 21 世纪最后一个跨年夜。在我的记者生涯中，我了解到很多的新奇故事、报道或预测，其所涉及的年份——2100 年——是一个没

---

① 此处以作者写作时间计，即 2014 年。——编者注

有欢乐而且危机重重的年份。

> 2100 年，海平面的上升和恶劣天气的出现可能会淹没城市，
>
> 到本世纪末，人类灭绝的概率为六分之一，
>
> 地球上近一半的物种将会在 2100 年灭绝，
>
> 自动化潮流将会导致人类失业。

2100 年经常被描绘成一个日益恶化世界中的里程碑，一个社会衰落的标志，或者有时甚至是我们不可逾越的屏障。这些有关于未来气候动荡、生物多样性瓦解和技术中断的故事可能感觉很遥远，但仅通过一两代人，我们便可和此转折点联系在一起。

在 18 世纪，政治思想家埃德蒙·伯克（Edmund Burke）写道："社会是一种契约：'合作关系不仅存在于活着的人之间，也存在于活着的人与死去的人以及未出生的人之间'。"[1] 不幸的是，两代人之间的合作关系正在破裂。如果我们的后代能够辨别出我们这一代最有害的习惯，他们就会察觉到一种危险的新形式的短期主义，尤其是在西方。在 21 世纪早期，人们需要集中全部注意力去面对现在，任何对过去和未来的感觉都只通过当下的时间来沉淀。在这个信息化的时代，人

们的生活水平达到了前所未有的高度。因此，人们很难将注意力转移到未来的新闻界、政界和商界。

但这种短期主义之所以如此有害在于其具有隐蔽性。它使我们不再有意识并深思熟虑地优先安排近期的目标。这是一种没有意识的短期主义，一种渗透到政治、媒体和流行文化中的狭隘观念。这不仅使得历史的教训被忽视，而且我们的所作所为也将影响明天。

生活在我们所处的时代，我们从未有时间去思考未来的发展，大家很少能意识到这个事实。我们现在拥有强大的技术，足以通过原子威力、生物大战或数字技术操控发明给文明带来灾难性的影响。人类有史以来第一次拥有了不可逆转的破坏地球生物圈和气候的能力。

一直以来，人类都以狭隘的视角看待事物，致使风险不断扩大，诸如气候变化、传染性疾病传播、生物多样性瓦解、细菌对抗生素的耐药性提高、人工智能发展，甚至是核战争。与此同时，不平等加剧、医疗费用提高以及基础设施老化的情况也在发生，我们的孩子被迫接受塑料制品、核废料这些"恶性的传家宝"，负担越来越重。

★ ★ ★

《远见：如何摆脱短期主义》有一个简单的目标，那就是去理解为什么这个世界会狭隘地看待漫长的时间长河，以及如何改变此狭隘视角。这本书讲述了导致 21 世纪文明进入短期主义时代的原因，为什么人们会以这样的方式思考过去、现在和未来，以及如何使眼光变得长远。我们倾向于采用各种视角来看待政治、社会和金融，尤其我们需要采用时空观念的视角。

这本书提供了一个知识框架，它将使你能够显而易见地看到隐藏在周围环境中的短期主义行为的力量，以及攻破它们的方式和途径。一些短期主义者采取的激励和威慑措施已经影响到商业战略、政治方针、媒体信息覆盖以及个人的选择，我称之为时间压力。但至关重要的是，这些压力对于一个正常运转的社会来说都是不必要的，且如果我们能够确定它们是什么，这些压力都是可以避免的。

这本书所提供的观察世界的视角也可以让你发现自己和他人内心中的时空观念习惯。我们正处于理解大脑如何处理时间的开始阶段，但我们知道人们的决定会受到不易察觉的认知困境的影响，而这些困境会使人们的视角变得狭隘。这些偏见往往在有意识的感知下运作，但如果直面这些偏见，一切都是可以解决的。尽管逃避现实有时会感到困难，但这并非超出我们的心智能力。

毕竟，世界上的许多人已经学会用长远的眼光看待事物。这些富有远见的个体、组织和文化分散在政治、艺术、历史、哲学和技术等领域。但将它们联系在一起就会发现，用长远的眼光看待事物会给自己和他人带来无数积极的结果。这些故事表明了为什么更长远地看待事物可以带来变革。

在社会应对气候变化、流行病、不平等和政治动荡的时期，人们比以往任何时候都更需要远见。如果我们继续前进的话，只盯着眼前的东西而不顾其他，我们将不可避免地走向灾难。采取更长远的眼光看待事物也是十分有用处的。从这里开始，历史是一幅尚未开发的智慧和经验的图景，用以解决当今的紧迫问题，这样明天就会变得更为开阔。这个视角可以让我们看到自身走了多远，在过程中学到了什么，与此同时也可以让我们走向更美好的世界。我们所处的狭隘时代隐藏了未来的威胁，同时它也掩盖了一些可能性。

有些人可能会说，我们被诅咒了，我们只是古代祖先与未来后代之间链条上的短链，是生命、物种和地球历史上的短暂一瞬。我们所积攒的经验和成就将会在几代之后被遗忘，这多么悲哀啊。然而，这也是一桩幸事，我们之所以为人，部分原因在于我们可以思考时间轨迹所具备的可能性和潜力，同时可以把我们对这个世界所了解的一切都传给后代。对我来说，这是具备远见思维的最大好处，它揭示了我生命中最亲密的关系是如何从过去延伸到未来的。

当我的女儿和世界各地的人的后代进入 22 世纪时，我想让他们知道，我们这一代人改变了自己的视角，目光变得更加长远了。我们从错误中吸取了教训，决定重新调整生活重心，我们有勇气和智慧去跨越狭隘主义时代，培养远见思维。

《远见：如何摆脱短期主义》的故事

创作《远见：如何摆脱短期主义》的灵感来源于我在美国麻省理工学院（MIT）的一次研究。在那里，我想要探究世界上短期主义存在的根源，学习如何思考时间和未来的历史学、心理学，以及有关于远见思维的哲学和伦理学。远见思维的起源可以追溯到很久以前。

在我的一生中，我一直沉迷于研究远古和未来的人类。当我还是孩童时，我就喜欢收集石头，之后在大学钻研地质学。在我的记者生涯中，远见思维一直是我研究的主题。十多年前，我接到《新科学家》（*New Scientist*）杂志的委托，出版了一期特刊叫作《遥远的未来》（*The Deep Future*）。[2]在特刊中，我们处理了一系列关于人类未来10万年的问题：我们还会在这里吗？（可能会。）我们将会如何进化？（这取决于科学。）我们将会生活在何处？（气候变化将会重新划定城市、边界和国家。）会有某种生物存在吗？（当然，但我们也期待着超级进化的鸽子和老鼠。）语言将会如何变化？（到1000年后，你就无法理解了。）以后的考古学家会对我们有什么了解呢？（很多，但他们会对我们的垃圾最感兴趣。）

我最近在英国广播公司（BBC）担任编辑，筹划了一部数字作品叫作《深层文明》（*Deep Civilisation*），我让学者和作家以更长远的思维方式思考问题，去研究民主、宗教信仰、社会瓦解、人类智慧、建筑、伦理、自然以及技术等方面的长远观。[3]我还在BBC新闻频道播出的节目上筹划了一场关于远见思维的现场讨论。到目前为止，《深层文明》已经引发超过650万人讨论。

在此过程中，我还遇到了越来越多富有远见的普通人、学者、政治家和组织，他们一致认为我们可能开启了一个更为长远的视角。在过去的几年里，我的目标是广泛参与这种新型活动，并将我学到的东西写进了一则名为《长期主义者的实地指南》(*The Long-termist's Field Guide*)的时事通讯中。

所以，接下来的篇章讲述了一个从过去开始的故事，审视当下并提供一条通往未来的新道路。通过结合案例研究、学术研究、历史、科学和哲学，我将从三个部分回答三个核心问题：我们是怎么到达这里的？我们为什么会这样思考？接下来我们应该去哪里？

第一部分　时空狭隘主义：短期主义的根源

在第一部分中，我们将探讨现代社会尤其是西方国家如何对远见思维视而不见的。如果我们能知晓为什么会发生这种情况，一切就会变得更加清晰。要想找到这些答案，就要从了解长远观念发展简史开始，这是一段穿越过去几千年的旅程，横跨古代，从罗马时期、中世纪，一直到动荡的20世纪。那么，过去的社会是如何看待更漫长的时间长河的，这些观点又是如何受到文化、宗教和科学发现的影响的？

接下来，我们将转向研究一些推动当今社会进入短期主义时代的最主要的压力，以及这些压力是如何产生影响的。我们将首先着眼于商业和生态领域，然后是媒体等，并探讨现代生活领域中的压力是如何加剧短期主义行为的，其产生的风险远远超过了我们祖先的应对范围。在此过程中，我们还将会接触来自世界各地的抵制这些压力的个人和组织，包括无视股东的首席执行官们、为子孙后代而奔走的政客们，以及持续经营了 1000 年的公司等。

第二部分　时空观心境：开启我们对时间的认识

在第二部分中，我们将会更深入地了解时间是如何被人类大脑感知的。如果故事的第一部分是关于助长狭隘主义行为的外部压力，那么在以下这些章节中，我们将走进内心理解其过程以及矛盾。这些就叫作时空观念习惯。

首先，我们将探索自身是如何培养心智技能以通过时间传导有意识的自我。我们独特的时间感知形式是如何进化和发展的？这一部分是为了了解大脑是如何构建关于过去和未来的抽象概念，以及这种技能与其他动物的能力相比如何。然后，我们将吸取心理学的经验教训，探讨可以影响人们的行为和决定的认知偏见以优先考虑当前时刻。远见思维的心理障碍是什么？我们要如何克服它们？最后，我们将探索为什么用来描述过去、现在和未来的语言很重要。每一种语言表达时间的方式都不同，这很可能正悄然影响着世界各地的短期和长期思维。

第三部分　远见：拓展我们对于时间的感知能力

在第三部分中，我们的目标是向个人、项目、文化和组织学习，这些正在展示出更长远的眼光。虽然在许多人生活的社会中，远见思维可能并不普遍，但如果你仔细观察，就能感受到它的存在。

首先，我们将探索长远时间观所唤起的崇高情感，研究接受此观念带来的好处，以及发现长期以来所建立的令人叹为观止的亲情纽带。然后我们将转向研究其他时间观，从宗教观开始，比如举行长期宗教仪式的意义和土著群体的代际互惠教训。

其次，我们将探讨最近出现的一种长远观，一种被称为长期主义的道德方法。[4]这是一种呼吁，让我们重新考虑对未来应尽的道德义务。这是一种时间观，表明了我们人类物种可能只处于一个更长远的发展轨迹的起始阶段。

最后，我们也将深入了解大自然的长远思维，科学家们是如何打开了解自然世界过去和未来的时间窗口的。如果不从艺术和意象的长廊中学习，我们对长远观的探索将是不完整的，其中包括直到2114年才出版发行刊物的图书馆，畅销 1000 年的音乐作品，以及令人叹为观止的颠覆性的新潮艺术品。

　　所以，让我们开始从更深层次的时间视角来看世界。在接下来的篇章中，我们将跨越人类和地球的过去、现在和未来，了解人类的历史，更广泛地理解心灵，以及感知蕴含长远未来的文化。有了这些见解，一个更为丰富、更有洞察力的视角在等待着这个世界。欢迎探索长远时间观。

第一部分

时空狭隘主义：
短期主义的根源

01

长远观念发展简史

时间及其视野的构思方式通常与社会理解和证明自己的方式有关。

——欧内斯特·盖尔纳（Ernest Gellner）[1]

如果你能回到几千年前问祖先对于时间的看法，他们会说什么？他们会有长远观念吗？

从生理学上讲，你的祖先会和你有相同的大脑结构，能够记住昨天并思考明天。然而，我们可以做一个合理的设想，他们对于长远时间的看法可能是不同的，因为他们对世界的知识、文化、信仰和假设的看法不同。

你可以想象自己在一个线性时间线上，从宇宙大爆炸时期一直延伸到遥远的未来，其中充满了繁华和灾难的瞬间，比如生命的起源、智人的崛起和太阳的毁灭。根据科学揭示，人类在这个发展历程中出现相对较晚，地球远在我们之前就存在了很久，当我们离开时，地球可能仍会存在很久。与此同时，科技帮助我们发明了时钟、日历，发现了地层结构，以标明我们在时间线上的位置。现在是公元第二个千年中的一个星期二的下午四点，大致相当于人类世的黎明时刻。

我们的祖先不会认同我们，但这并不意味着他们没有自己认知范围内的长远观念。毕竟，历史上有许多伟大的杰作，诸如巨石阵、金字塔和大教堂。几千年来，宗教追随者一直相信永恒的来世，或者相信大时代是始终重复更迭的。[2]在他们眼中，时间似乎是在无限延伸的。

在20世纪60年代，哲学家欧内斯特·盖尔纳指出，每个社会都有不同的时空观念，这能够影响社会的决策和运行轨迹。他写道："综观历史，有些人拥有'不变的时间观念，就像火车行驶过千篇一律的风景一样'，而另一些人则'生活在对时间终结的期待中，并将时间的价值视为终结前的准备'。"[3]有些人可能会在偶然间创造出了超越自身生长环境的更为长远的时间观念。

因此，祖先的时空观念将会告诉我们有关自身的什么道理？我们已经成为大都市杰出的建筑师和科技大师，这一进步轨迹似乎与不断延伸的时间感交织在一起。但这种理解则过于简单。如果这个故事如此简洁，我们在21世纪的视野就应该比以往任何时候都更长远，但实际上情况并非如此。

也许这是真的，与我们的祖先相比，我们对自己在漫长的时间长河里的位置有了更清晰的认识。但与此相关的知识很少出现在日常文化中。虽然我们可能有机会接触到一系列历史知识和充满可能的未来，但人们往往是在无意中透过现在的视角来看待这些，而这些视角也会受到当下关切和优先事项的影响。为什么我们总是被困在现在之中？

要想回答这个问题，我们必须研究最初人类是如何到达宇宙的。只有这样，我们才能继续前进。接下来的故事描绘了过去 2000 年左右在西方的时空观念下发生的变化，但这并不是历史的全部，我们将在书的后续部分阐述不同的全球观念。理解它们至关重要，因为人们对于时间的态度与西方文化交织在一起，而整个世界当前受西方文化影响。

因此，让我们从一个被日晷激怒了的人开始讲述。

寄生虫和日晷

公元前 2 世纪，罗马剧作家普劳图斯（Plautus）写了一部喜剧，其中有一个角色叫"饥饿的寄生虫"。在古典戏剧中，寄生虫的原型是一个依附他人者，或者是一位凭着小聪明哄骗热情好客的主人、得过且过的房客。[4] 可以想象出，他是一个八面玲珑且惰性十足的懒汉。

在这个戏本中，寄生虫抱怨一种新奇的技术打乱了他的饮食习惯。

神灵啊，诅咒第一个发明如何区分时间的人吧，也诅咒那个在这里立起日晷的人！

他如此残酷地将我的日子切割成一块块小碎片！

小时候，我的肚子就是我的日晷——比任何日晷都要可靠、真实、准确得多。

它告诉我什么时候是该吃饭的时刻，该享用美食的时间。

可如今，即使我肚子饿了，也得等太阳点头同意才能开动。

城市里到处都是这些该死的日晷。[5]

普劳图斯的这部戏剧所捕捉到的不仅仅是一个寄生虫的饥饿，与此同时也表明这一时期的罗马人正在逐渐改变，拥有了更为长远的共同时间观念。

寄生虫抱怨说，在一个充满日晷的小镇，他的吃饭时间是固定的，不能在自己喜欢的时间点随意吃喝。[6]他再也不能依靠自己的肚子来计时了。

罗马的日晷并不是特别精确，1小时时长在45—75分钟之间，这主要取决于是在冬天还是在夏天。但这是一个重要的变化。当社会具备一种人类思维之外的独立的时间意识时，就会存在一种对过去、现在和未来预估更精确的共同时间轴。这也促成了许多其他事态的发展，而不仅仅是用餐时间的设置。如果每个人都有自己的时间，他们就会通力合作，共同时间轴的出现意味着人们可以聚集起来计划和组织活动。

罗马并不是首先记录时间的国家。古埃及人建造了方尖碑，它的阴影变化代表着白天和季节转换的大致时间。他们还使用了水钟来计算持续的时间。中国早期的朝代也有类似的发明。

到了这个时期，历法也早已出现了。在罗马人之前，居住在现代伊拉克地区的苏美尔人把一年分成了12个月，每个月 30 天。埃及日历有 3 个季节，每个季节有 120 天。中国的天文学家是最早将阳历和阴历结合起来的。传说，中国的黄帝大约在 4500 年前就发明了一种历法。

罗马人最初的历法是基于月亮的变化设置的。他们在公元前 45 年引入的儒略历成为欧洲大约 1600 年间的主要历法。

因此，在第一个千年之交，欧洲和其他地方的人们已经应用了基本的计时设备和以线性方式计算的日历。如果你站在古罗马人的立场上，你认为他们有远见思维吗？

罗马人有一种语言，可以描述昨天和明天的事件，并使用相同的空间隐喻将过去描述为"后面"，将未来描述为"前面"。你还可以看到令人钦佩的前瞻性规划，他们建造了经久耐用的道路和沟渠以满足未来的需求。然而，在社会尺度上，罗马人对于时间的看法可能与我们不同，尤其是关于长远的未来观。

根据普林斯顿大学历史学家布伦特·肖（Brent Shaw）的说法，罗马人对未来的构想可能没有现代社会这么复杂和深刻，反而更脆弱，而且更依赖于人际关系和眼前的利益。[7] 罗马人可能聪敏地觉察到存在一个超越现在的世界，但布伦特·肖认为他们的未来是"模糊的"，即只有模糊的轮廓。

其中一个主要的概念是，对于人类来说，时间是在不断地变化的。布伦特·肖告诉我，未来是一件固定的事情。明天并不是一个包含多种场景的复杂空间，而是一个单一的、预先确定的轨道。和世界上许多其他的古代文化一样，罗马人坚信命运，并将此拟人化为可以改变人类的女神。

古希腊人可能也有类似的观点。就连伟大的思想家亚里士多德（Aristotle）也认为人类文明是静态的，他认为一切可能存在的东西都已经存在了。历史学家托马斯·莫伊尼汉（Thomas Moynihan）这样写道："对他来说，'所有可发掘的东西都已经被发现了，所有以前能想到的事情都想过了，所有形式的政府都已经被评定过了，所有可行的工程壮举都经过了检验'。"[8]这意味着，亚里士多德和他的同辈人几乎都没有意识到，未来世界里的思想、技术和事物还不属于他们。

所有这些都可以解释为什么罗马人和希腊人转向信仰神秘主义。综观历史，欧洲、中国或美索不达米亚的古代社会都在寻求神谕的智慧，神谕可以从内脏、火、梦、骨头，甚至是烤龟壳的裂缝中得到答案。罗马人也不例外。[9]在官员们开始战斗或选举之前，他们会请来一位占卜的祭司来观察鸟类的行为以获得指导。（在拉丁语中，"占卜"一词的意思是

"在鸟类的行为中寻找幸运的标志"。[10]）由于历史学家有信心去讲述过去的既定发生事件，而这些预兆将提供关于未来注定发生事件的信息。

如果古罗马和古希腊继续繁荣发展，人们的观点也许就会改变。但大约在同一时期，另一种通过宗教信仰来观察世界的时空观产生了，这缩短了人类视角超过 1000 年的时间。

现在，世界毁灭

64 年 7 月 18 日晚，古罗马的大竞技场发生了一场火灾，火烧了许多天。罗马历史学家塔西佗（Tacitus）写道，"火被风吹起，吞噬了神殿和寺庙"，"极具破坏性的燃烧速度无可抵挡"。[11]恐慌也随之而来。"有些人选择死亡，是因为他们失去了所有的财产，甚至无法维持日常生活；另一些人则是由于家人丧生而感到惶恐不安。"

面对这样的灾难，尼禄（Nero）皇帝需要找个替罪羊。许多人都怀疑他与此次火灾有关。要选择一个合适的替罪羊？那就选择基督徒吧。

尼禄向这个新生的宗教发起了一场恐怖的运动，用十字架处死教徒，焚烧活人。他的残忍暴虐被写进了《启示录》（*The Apocalyptic Revelation to John*）中，这是一本反帝国统

治的新约书，呼吁上帝进行干预以征服政治压迫者。这本书
以一只七头怪物为主角，它从海里升起并带来了世界末日。有
趣的是，这只怪物也被赋予了一个数字标签。"聪明的人可以
计算牲畜的数目，因为这是人的数目。而怪兽的数目是 666。"
几个世纪后，学者们才意识到"666"这个数字并不是随机的。
这是一个用希伯来语字母"尼禄·恺撒"（Nero Caesar）计算
出来的数字，其字母可以转换为 50、200、6、50、100、60
和 200，加起来一共是 666。[12]

对早期的基督徒来说，尼禄不只是一个政治压迫者。在
他们的信仰体系中，尼禄是地球上有关人类未来的关键人物。
具体来说，还没有一个这样的人存在过。正如哲学家盖尔纳
所写的那样，有些人一直都生活在对时间终结的期待中，这
就是一个明显的例子。当基督徒展望未来时，他们并没有看
到一个充满希望的未来，而只有短期的狂喜和混乱，随之而
来的就是一种与上帝同在的完全不同形式的永恒存在。

虽然世界末日后，人们对于宗教永恒的期待肯定是长远
观的一种，但它与长期的线性时间轴的观念不同。天堂可以
说是一种永恒的、超越现实的存在。如果一切都是相同的颜
色，那么在脑海中描绘一幅无限的画面是很容易的。或者可
以借用艾米丽·狄金森（Emily Dickinson）一首诗的标题，

"永恒是由现在组成的"。[13]

世界末日并没有像预知的那样来临，这对人们的信仰没有什么影响。当尼禄在 68 年自杀时，人们对末日的期待并没有随着他的死亡而消失。事实上，许多人对他的死亡表示怀疑，一些人认为是假的，而另一些人则认为他会重生。一些冒名顶替者和被误认的模仿者的出现更加地印证了他会回来的观点。后来，又出现了一位新的对立者，那就是听从魔鬼命令的罗马皇帝图密善（Domitian）。

虽然起源、时间和地点各不相同，但其他宗教也出现了像《启示录》中描述的末日预言，预言以宇宙征兆、社会堕落的警告、救世主和恶棍以及苦难时期等共同主题为特色。在伊斯兰教和佛教中也可以发现末世学的思想。《古兰经》（Quran）中有审判日、复活和与伪基督的战斗。然而，禅宗不接受末日的假设，禅宗认为时间没有开始或结束，只有现在。[14]

随着基督教的发展，末日即将来临的感觉在欧洲越发盛行，并持续了 1000 多年。在 12 世纪初，意大利中世纪时期重要的启示论思想家约阿希姆·菲奥里（Joachim of Fiore）使事件发生了新的转折。他重新解释了《启示录》，他认为这个世界有三个时代，即圣父的时代（旧约），圣子的时代

（耶稣的一生和新约的时代）和圣灵的未来时代。约阿希姆的预测表明，他生活在第三个时代的高峰时期，即一个充满巨大变化的时期。

约阿希姆认为，大约是在他写作的一个世纪以后，可能在 1260 年或 1290 年左右，全球会发生转变，反基督者会迎来最终失败。再一次，人们对于未来的感知变得浅显了。这不是世界的终结，约阿希姆称之为世界末日——但重要的是，它具备突然打破现状的能力。

最近几十年，世界末日思想又重新抬头。根据时代的不同，艺术文化领域经常在世俗故事中引用世界末日概念，诸如《三尖树时代》（*The Day of the Triffids*）、《世界之战》（*War of the Worlds*）、《行尸走肉》（*The Walking Dead*）、《终结者》（*Terminator*）、《地球停转之日》（*The Day the Earth Stood Still*）等作品。这些故事中有许多地方都体现了几千年前的宗教思想，比如提到灾难的日子，看到灾难来临的人，讲到基督教徒的献身及其救世主等。

这种充满末日色彩的未来观的不利之处在于，它可以滋生一种虚无主义形式的短期主义。当世界末日即将来临时，邪念就会像末日一样狂欢，使人们放弃试图阻止末日的到来。在气候变化的背景下，科学家迈克尔·E. 曼（Michael

E. Mann）把这种观点称之为"宿命论"，即采取行动来降低气候变化失控所带来的威胁是毫无意义的，因为已经太晚了。[15]（这是一个很重要的想法，我们将在书的后续部分重新讨论。）

教堂式思维的轮回时代

随着中世纪晚期的到来，宗教和时间以其他有趣的方式融合在一起。大约在 13 世纪，计时技术发展又有了一个新的飞跃。随着钟表擒纵装置的发明，时钟设计师能够制造出带齿轮的机械装置，即"嘀嗒"一声就是一颗齿轮在转动。虽然这些更先进的时钟使得社会越来越精确地知道共同时间，但要想广泛应用于各家各户，还需要几个世纪。在欧洲，最早期的钟表更多被用于教堂。追溯到 13 世纪末，人们在索尔兹伯里和韦尔斯大教堂发现了机械钟。对许多人来说，时间是受教会支配的。

用于存放这些时钟的建筑也为我们提供了人们在这一时期如何看待未来的线索。到了 14 世纪，社区经常花费几十年时间来建造大教堂，这个时间比大教堂首批兴建者的寿命还要长。

例如，韦尔斯大教堂的建造工作大约开始于 1175 年，并一直持续到 1450 年。雷金纳德·菲茨·乔斯林（Reginald Fitz Jocelin），即构思了这个项目的主教死于 1192 年。之后，威尔斯·乔斯林（Jocelin of Wells）接下这个项目，在 13 世纪早期继续建造。到 1239 年，他已经成功地完成了教堂主要部分的建造，但 3 年后他就去世了。他不会看到后面持续了一个多世纪的额外扩建、增高和重建情况。

这种"教堂式思维"经常被认为是我们祖先崇尚远见的一个例子。还有什么比设计一个无法亲自见证完工的建筑更长远的呢？然而，我们仔细观察就会发现，这并不像现在一些人愿意相信的那样，具有直接的长远思维。

当站在一座花了无数年建造的大教堂里，人们很容易认为它源自一个单一的、有远见的设计蓝图。毫无疑问，每座建筑都代表了一个美好愿景，但许多历经数代的建筑项目经过发展之后，往往比它们最终的外观更富有生机和随意感。

同样的道理也适用于早期花费几十年或几个世纪完工的人类建筑。例如，建造巨石阵就需要进行妥善的前瞻性规划，它的建造者有自己的长远观，该遗址作为墓地的神圣用途表明古人十分重视代际之间的联系。然而，巨石阵的构建从挖沟渠和搭建木材开始，历时 1500 年，在不同的阶段形成，并随着时间的推移以各种形式发展。中国的长城也是由几个不相连的朝代和不同的官员根据当地的需要逐步完成的。[16]宏伟气派可以营造出杰出设计的感觉，如果外星人今天登陆地球，看到碎石道路或者全球铁路网，他们可能会对一个长远规划作出类似的假设，而现实却是一些不协调的工程拼凑而成的。

在今天，我们只看到了少数幸存了几个世纪的建筑，所以谨慎地假设其是具有代表性的。以中世纪的大教堂为例，其中许多教堂都是粗制滥造的，有的材料快速腐烂了。我们之所以知道这一点，是因为泥瓦匠大师——有点像质检员——负责阻止以上情况的发生，他们进行干预往往会引发诉讼，并要求施工方全面重建。在13世纪，法国的莫奥大教堂由于规划错误和质量差而被拆除重建。[17]

即使有最好的意图，基督教建筑师也经常未能为长期适应做好准备。英国的索尔兹伯里大教堂，在主体结构完工的半个世纪后，建设者又在其基础上增设了一座5900吨重的塔楼，这对原建筑来说难以负重，故而导致巨大的中央支撑柱下沉。

在中世纪时期，人们十分害怕教堂倒塌，以至于在英国的一些礼拜场所，人们会在礼拜期间进行祈祷："主啊，今晚支撑着我们的屋顶，请阻止它落在我们身上压到我们。

阿门。"[18]

值得记住的是，如果大教堂的建造者确实有远见，那么可能根植于与我们不同的社会背景。也许对他们来说，想象向未来传递接力棒更容易，因为变化发生得更慢。他们期待自己的后代能过上与他们在本质上相同的生活，有同样的需求和愿望。[19]

德国波鸿大学的历史学家卢西安·霍尔舍尔（Lucian Hölscher）写道："在中世纪，人类做的大多数事情都在无休止地重复着，比如播种与收获、疾病与健康、战争与和平以及王国的兴衰。人们几乎没有理由相信所做的事情会有长期的变化，甚至是改善。"[20]如果人们对未来有一个展望，"它不涉及对任何新事物的期待，也不包括改变遥远时期的意象。大教堂仍然矗立在世界的尽头，但其周围的风景看起来基本上是一样的"。

所以，尽管大教堂式建筑看起来像是时间感知的一个全新发展，但人们可能仍然生活在一个更像是永久的、周期性的现在中。他们可以想象出一个人类世界在他们故去后仍然继续运转，但这个世界就像他们所生活的静态的"当下"。

人们尚未意识到遥远的未来是一个完全不同的地方。

统计学和精灵宝藏

到了 17 世纪，西方人已经开始培养时间观念，特别是在管理和商业领域。对于领导人来说，他们再也不可能按过去的惯例管理公司，因为社会、政治和文化变化得太快了。人们开始认为历史与过去和未来完全不同，所以周期性的时间逐渐演变成更为线性化的时间。[21]

很多政府开始越来越关注实际情况和算术，以计算未来的支出与税收，[22] 并且政治顾问们开始尝试预测未来人口的增长。在 1696 年，英国统计学家格雷戈里·金（Gregory King）预测，到 1950 年，世界人口将达到 6.3 亿人，到 2050 年将达到 7.8 亿人。[23]（当得知 1950 年世界人口实际上达到了 25 亿人，金可能会感到震惊，并预计到 2050 年世界人口将达到 97 亿人。[24]）

与此同时，随着股市的兴起和公司股票交易的频繁进行，我们现在称之为未来的语言随之而来。1688 年，《困惑之惑》（Confusion of Confusions）出版，这是人们已知的关于证券交易所最古老的书。书中蕴含了先见之明的智慧，即"希望在游戏中变富有的人必须有金钱和耐心"。书中还有极具诗意的启示："股票市场的利润是精灵宝藏，有时是碳，有时是煤，有时是钻石，有时是鹅卵石。有时，它们是奥罗拉（Aurora）在清晨甜美的草地上流下的眼泪，而有时，它们只是眼泪。"

到此时，防止未来损失的海上保险在欧洲港口被推广发展起来，并在对概率数学进行研究之后，人寿保险也在阿姆斯特丹发展起来。这些金融发明不仅是前瞻性规划的根据，也反映了一种理念，即出现多种多样的未来是可能的，一个人要想成功，就需要为各种可能出现的情况做好准备。

尽管如此，对于普通人来说，关于人类历史和未来的宗教教义仍然是对漫长的时间长河最有力的说明之一。世界末日即将到来的可能性并没有消失，并在政治和社会动荡期间，例如英国宗教改革事件继续，使信徒们更坚定他们的信念。[25]艾萨克·牛顿（Isaac Newton）爵士认为"在像《启示录》这样的书中，对于《圣经》（The Bible）预言的解释并不是无关紧要的，而是一种在关键时刻的责任"。据说，牛顿私下预测世界将在 2060 年终结。[26]

与此同时，大多数人仍然认为这个世界只有几千年的历史。1650 年，主教詹姆斯·亚瑟（James Ussher）发表了一份地球年龄的计算报告，他认为这份报告提供了最终答案。通过对《旧约》（The Old Testament）中所描述的世代数目进行字面解读，他将创世时间定为公元前 4004 年。

然而，《圣经》中对过去和未来的看法即将发生改变。

年代错综交织的不整合性

在 19 世纪下半叶，《圣经》塑造西方时间观念的影响力和可信度开始减弱，因为自然科学发现的惊人证据足以表明地球比神学家们认为的要古老得多。改变这种观点的一个重要转折点，就是苏格兰地质学家詹姆斯·赫顿（James Hutton）提出了一种看似亵渎神明的主张，他改变了我们在地球进化史中看待自己的方式。

我第一次知晓赫顿是在 16 岁左右，那时我正在学校研究地质学。在一次去苏格兰阿伦岛的实地考察中，我们的老师维弗斯（Veevers）先生脸红红的，穿着防水夹克，带领着我们走上山顶，沿着海岸观察裸露的岩石结构。有一天，我们参观了一个叫作"赫顿不整合"的结构。对一群十几岁的孩子来说，这种结构看起来没有什么特别的，但当我们仔细观察时，我们发现这上面有用一条线隔开的两种不同年代的岩石。我们的老师向我们保证，这种结构是能证明远古时间的最好物证之一。1788 年，赫顿是第一个发现此结构的人。

赫顿早期主要研究医学和化学，同时他也是一名企业家，制造了一种有益的盐可用于染色或其他方面。但后来，他回到了苏格兰开始务农。在那里，他开始研究周围的土壤和岩石。有一天，在阿伦岛，他注意到露出地面岩层的岩石的排列方式令人难以捉摸，并将其称之为"地质不整合接触"。第二年，他带领一个小组来到苏格兰对面的西卡角来证明其观察到的结构的重要性。在那里，他指出了另一个明显的地质不整合的例子，一层层灰色岩石像竖直卡片一样纵向排列，上面覆盖着平缓倾斜的红色砂岩。

为什么这很重要？赫顿指出，岩石只有历经数千万年才能够形成这种结构。下面的岩层最初是古代海洋中的水平沉积岩，然后被埋藏并折叠成地壳深处的陡峭排列结构。后来，地壳运动把岩层再次推到海平面，经历数亿年的侵蚀。然后，一块新的岩石开始一块一块地沉降，就像一件枣红色大衣，最终形成平缓倾斜的砂岩层。

按照教会所说的地球只有 6000 年历史，那么根本没有足够的时间形成这种排列结构的岩石。"回望遥远的时间深渊，心境似乎也被扰乱"，作为赫顿的协作者之一，约翰·普莱费尔（John Playfair）在那天去游览了西卡角并写道："我们怀着诚挚和钦佩聆听着那位哲学家的话语，他正在向我们展示这些奇妙事件的顺序和系列故事，我们开始意识到，理智有时会比想象要更为深入。"[27]

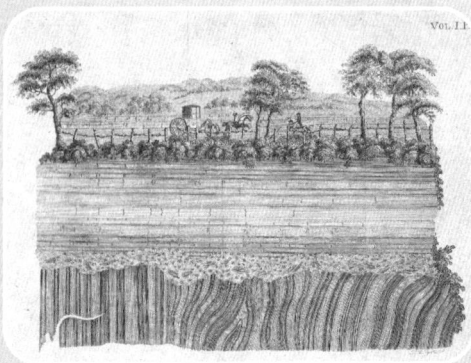

位于杰德堡的赫顿不整合作品，由他的朋友埃尔丁约翰·克莱克（John Clerk of Eldin）绘制

这将是地质学对人类思想最具变革性的贡献之一，正如一位杰出科学家所说，地质学可以让我们"打破时间的极限"。[28] 据赫顿说，"（时间）没有开始的痕迹，也没有结束的希望"。[29]

未来的发现

正是在这个时期，西方社会经历了一次深刻的转折，一些历史学家称之为"未来的发现"。[30] 在大致相同的几十年里，赫顿深入研究地球历史的同时，许多欧洲知识分子和作家也在展望未来，认为时间已经远远超过了它本身。

在 1755 年，哲学家伊曼努尔·康德（Immanuel Kant）

写到"人类和自然还有数百万个世纪要经历","在此期间，
新的世界和世界体系正在逐步发展和完善"。[31]在这个开放、
无尽的未来，康德看到了开放文明发展的新高度，他认为
"人类从自作自受的无知中解脱出来了"。[32]

　　与此同时，在这一时期的小说中出现了一种更富远见的
观点。1733 年，爱尔兰圣公会牧师塞缪尔·马登（Samuel
Madden）出版了英国最早的未来主义小说之一——《二十
世纪回忆录》（Memoirs of the Twentieth Century）。这是一本
书信体小说，以 20 世纪 90 年代末外交官们所写的书信为蓝
本。该书的叙述者生活在马登的时代，他解释说他收到了一
个守护神的信（那时人们还未能幻想出可以进行时间旅行的
机器）。

　　在此之前，未来一直是占星师或先知研究的专属领域。
《未来纪事》（Chronica Defuturo Scribet）是一部讲述未完成
的事情的编年体史书，编撰此书需要将愚蠢和邪恶联系在一
起。[33]也许这一禁忌是马登改变主意的部分原因，他匿名出
版，然后试图阻止副本发行。

　　虽然《二十世纪回忆录》是一部讽刺作品，而非预言作
品，但它是具有创新性的。它与 1726 年出版的《格列佛游
记》（Gulliver's Travels）一书相似，后者主要通过描写遥远

的国度来讽刺当时英国社会的生活。相比之下，马登则通过描写遥远的未来以达到讽刺的效果。然而，马登并不是一个伟大的作家，一些人认为他使用的讽刺手法是令人厌烦、不合逻辑、不成熟的。[34]

几十年后，也就是 1770 年，路易斯 – 塞巴斯蒂安·默西尔（Louis-Sébastien Mercier）出版了《兰 2440》（*L'An 2440*），这是一部乌托邦小说，讲述了一个人睡了几百年后醒来并在 25 世纪开启理想化的巴黎航行的故事。这是默西尔用以强调所处社会缺陷的一种手段，他的主人公发现了一个非宗教的、和平主义的未来法国，那里没有战争、奴隶制和恶习。默西尔的书至少有 20 个版本，比马登的书更受欢迎，各种语言版本的销量超过了 6 万册。由于他描绘了一个没有宗教信仰的未来法国，基督教会将其列入了禁书范围。在西班牙，国王认为这本书是异教的，并亲自将其烧毁。[35]

这些 18 世纪关于遥远未来的理想并没有持续下去。法国大革命和欧洲的其他政治变革使许多空想的、有远见的知识分子和作家都变得更加悲观和谨慎。

例如，随着年龄的增长和世纪末的临近，康德对遥远未来的看法也在改变。他越来越关注人类灭绝的可能性。[36] 因此，尽管人们在这一时期"发现"了未来的存在，但与此同时也意识到了自身可能并不会处于未来之中。

与此同时，至少可以说，普通人并未完全树立长远时间观念。

哲学家欧内斯特·盖尔纳认为每个社会都有自己的时间观，他用来自瑞士陶瓦尔德（Taugwalder）家族的两位农民的故事来阐述时间观的差异。这两位农民是一对父子。

18世纪中期，陶瓦尔德父子在第一次攀登马特洪峰时存活了下来，而4名英国人不幸遇难。之后，他们讲述了自己担任向导的经过。其中一名登山者滑倒了，并把在岩石上的其他3个人拉了下去。父亲试图用安全绳拴住他们，但绳子断了，结果他们摔死了。

当儿子年老时，有时会对自己的身份感到困惑，他认为自己在故事中是父亲的角色，会紧紧地抓住绳子。有些人认为这是因为他年龄大了，但盖尔纳并不认同。他认为，"毕竟在陶瓦尔德家族中，总是有父亲（有胡子）和儿子（没有胡子）"，"在这次冒险中，有一个有胡子的老人，还有一个没有胡子的年轻人。如果他认为自己是那个没有胡子的年轻人，那就太荒谬了"。

在陶瓦尔德家族中，孩子们长大后和父母过着完全一样的生活。这样的家族不会进步，就像身处大教堂时代一样，未来与现在或过去没有什么不同。

进化与工业

然而，到了 19 世纪，精英和受过良好教育的人越来越能感知大自然更深层的时间尺度。1832 年，从文学层面而非从地质角度考虑，作家托马斯·卡莱尔（Thomas Carlyle）首次提到了"深层时间"的观点，借以推测英国作家塞缪尔·约翰逊（Samuel Johnson）的作品能否流传千古。[37]

在这一时期，科学和智能的发展可以使人们更好地了解过去和未来，也为我们了解自身和地球铺平了道路。尤其在此背景下，达尔文（Darwin）提出了进化论，以及对自然界时间的深刻解读，而这些并没有将人类置于中心位置。在 1859 年的《物种的起源》（*On the Origin of Species*）一书中，他写道："尽管我们难以理解时间尺度的长短，但与第一个生物存在以来的时代相比，已经有无数已灭绝和活着的后代的祖先被创造出来了，而我们现在所知道的整个世界历史，今后只是时间的碎片。在遥远的未来，我看到了可深入研究的开放领域。"

与此同时，天文学家威廉·赫歇尔（William Herschel）意识到夜空往往代表漫长的时间长河。在年老时，他告诉一位朋友："我对太空的研究比以往任何人都长远。我观察到的恒星的光需要两百万年才能到达地球。"[38] 他的朋友，诗人托马斯·坎贝尔（Thomas Campbell）显然在谈话中得到了关于时间的启示，他写道："此时此刻，我真实而坚定地感觉到，我仿佛一直在和拥有超自然智慧的人交谈"，"离开赫歇尔后，我感到很兴奋，并具有了克服困难的勇气……这是我一生中最有趣的时刻"。

在 19 世纪，时钟得到了广泛普及。而在世界上的大部分国家和地区，包括法国、亚洲和伊斯兰国家，人们都没有意识到 1800 年已经到来，因为他们遵循不同的历法，但欧洲人已经开始培养共享时钟的时间意识。

教会支配时间的时代已经一去不复返了，西方正进入"工业时代"。如果还有人像古罗马的"寄生虫"一样，希望完全按照自己的内心节奏生活，那就会感到痛苦。在这种时代背景下，社会发展得十分迅速，孩子的成长方式与父母完全不同，陶瓦尔德父子的时代一去不复返了。

历史学家认为，推动工业革命发展的机器不是蒸汽机，而是时钟，因为时钟可以同步人们的行为。[39]工业的出现促进了社会集约化和商品化发展，这深刻影响了西方看待未来的态度。

社会学家芭芭拉·亚当（Barbara Adam）曾认为，工业时代塑造了"多维时间观"。[40]就像描述地理空间的城市景观或风景一样，多维时间观也描述时间领域，诸如自然时间、心理时间、宗教时间等。据亚当所说，工业时间观念如此强大的原因在于它强调了对未来的需求。她写道：工业将时间商品化，使其成为一种"可供操作、管理和控制的可量化资源"。时间使人们保持同步以提高效率和经济价值，工业化提供了开辟未来本身的可能性。

例如，工业革命之前的农业主要受自然时间变化影响。然而，在19世纪中期，英国的科学家和企业家发现，采用肥料可以极大提高农作物产量。[41]再加上工业化产生的其他影响，这些肥料将给农业带来新的景象，这意味着农民不再需要依赖反复无常的自然循环。至关重要的是，这是一种以牺牲未来为代价的转变，因为这会造成土壤枯竭。

总之，站在历史层面，未来成了一个可以在工业规模上开发的空间，以满足当前的经济需求。从那以后，在很多方面，故事一直是这样的。

回到乌托邦时代

到了19世纪末和20世纪初，工业化对西方文化及其时间观念的影响已经完全形成。然而，尽管商业的迅速发展促使社会关注当下的利益，但人们也在科学技术的进步下重新培养了一种远见思维。这是一个由飞机、放射性物质和汽车等构成的时代。这些创新所带来的变化能够帮助人们培养一种面向未来的乐观的远见思维。

艺术家和建筑师通过开展未来主义和现代主义等运动来展现自身广阔的视野。历史学家霍尔舍尔写道："'新'本身就是一种价值。"[42]"这与危险的变更无关，而是与日常生存竞争中的进步和优势有关。人们普遍认为，自然秩序促使人类必须进行改变以适应未来。到了世纪之交，'新男人''新女人'和'新社会'都是人们理想形式的同义词。"

爱德华·贝拉米（Edward Bellamy）在 1888 年出版了《2000—1887 年回顾》（*Looking Backward, 2000-1887*）一书，该书展现了《兰 2440》中的乌托邦思想。在书中，一个男人醒来发现自己在 2000 年的波士顿，而在教育、医疗、财富和社会地位方面的不平等情况已不复存在。

1895 年，赫伯特·乔治·威尔斯（H. G. Wells）将读者带入了一个以前很少幻想的长远未来。在他的小说《时间机器》（*The Time Machine*）中，主人公穿越到几十万年后的 802701 年，在那里他遇到了高雅的埃洛伊种族和原始的莫洛克人。虽然威尔斯的愿景并不乐观，但规划出了惊人的遥远时间尺度。在故事的结尾，主人公再次跨越了3000万年，看到了地球上最后的生物——极具威胁性的巨蟹——然后再次跨越时间，最后他看到了太阳消亡和一个冰冷的、死气沉沉的地球。

1902年，威尔斯在伦敦的皇家学会发表了一次演讲，阐述了他对长远观的看法。他认为只有少数人拥有长远观，但正在发展壮大，影响也越来越深远。[43]他认为存在两种思维方式。其中一种是这个时代大多数持有的观点，他轻蔑地将其定性为"以过去为导向"。他说："这也是主要的思维方式，大多数活着的人，似乎根本想不到未来，认为它是一种空白的不存在，而不断发展着的现在会记录当下的事件。"

第一种是"回顾性的习惯"，是受惯例影响的，是"被动的、合法的和顺从的"；第二种是"建设性的习惯"，是"立法性的、创造性的、有组织或控制能力的，因为它总是试图改变事物的既定秩序"。我认为第二种是更现代、更少见的思维类型，人们会不断地优先考虑未来的事物以及现在的事物。

人们不难推断出威尔斯将自己描述为哪种类型的人。

大约在这个时候，科学所揭示的过去和未来的重要性远远超过了人们所意识到的。在 19 世纪末，地质学家们认为我们的地球大约存在了 2000 万年到 1 亿年。就像赫顿发现地质不整合接触结构那样，地质学家们根据地壳的冷却速率等计算得出了这些数据。然而，在 20 世纪初，放射测年法的研发准确地规定了人类的年龄，这让地质学家意识到自己已经估算错了数十亿年。

与此同时，放射性物质的发现将极大地开阔人们的视野。据历史学家托马斯·莫伊尼汉所言，维多利亚时代的威廉·汤姆森（William Thomson），他就是后来的开尔文勋爵——基于自身对太阳消亡的预测——认为人类的寿命还有 30 万年，原子所拥有的巨大能量会为长远的明天提供无限可能。[44]

当科学家们意识到受原子驱动的太阳还有数十亿年的时间就要燃烧时，这"完全颠倒了预期的未来与既定的过去的比率"。之前人类认为自己生活在历史的尽头，如今他们认识到自己可能生活在起点。莫伊尼汉写道："人类的宇宙不再陈旧，现在看起来宛如新生。"正如物理学家詹姆斯·詹斯（James Jeans）在 20 世纪 20 年代观察到的那样，人类事实上可能是"处于开端的生物"，前方拥有"不可思议的获得成就的机会"。

威尔斯也同样敬畏当时的科学发展，他在 1922 年写道：
"人类所做的一切，只是当下小小的胜利，而我们所讲述的
一切历史，都将变为人类尚未完成之事的前奏。"[45]

因此，在 18 世纪时，当赫顿不整合作品的参观者和启
蒙思想家们想象永恒时，他们不会知道会有多深远。这是人
类第一次在地球和宇宙的宏大故事中感受到自身的渺小。然
而，在科学之外，许多领域并没有普遍接受远见思维，它们
也将会走向更黑暗的地方。

一个更黑暗的未来

在 20 世纪随后的几十年里，受到许多文化规范和习惯的
影响，西方未能从长远角度看待问题。这些文化规范和习惯
主要涉及政治、媒体和技术层面。我们将在后续部分更详细
地探讨这些具体的变化，但从我们现在的短浅目光来看，20
世纪的西方充满了一系列令人眼花缭乱的起伏。这是一个发
展迅速、意识形态动荡和悲观主义与乐观主义循环交替的时
期，在很大程度上为当今世界正在发生的事情奠定了基础。

毕竟，这是一个全球战争的世纪，在此期间，人们对时
间的文化认知也将因战争的出现而变得浅显。就像法国大革
命抑制了 18 世纪的未来观发展一样，两次世界大战造成的

人员伤亡将不可避免地影响到当时正在兴起阶段的长远时间观发展。在危急时刻，当下总是需要优先考虑的。

虽然 20 世纪 20 年代带来了繁荣的经济和多种可能性，但这在促进长远思维发展的同时也在其他方面限制了它，并通过建立资本主义规范来缩短未来的视野（我们将在本书后面部分具体介绍）。随着 20 世纪 30 年代临近，经济大萧条再次使世界陷入悲观情绪，第二次世界大战也随之而来。

到了 20 世纪 40 年代，如果还有更长远的未来，就会存在更黑暗的基调，最极端的就是纳粹极权主义。这种长远观念以破坏和恐怖为主，愿意摒弃过去为千年帝国让路。

1941 年，乔治·奥威尔（George Orwell）失望地讲述赫伯特·乔治·威尔斯所激发的以技术为中心的乌托邦主义是如何完全被法西斯主义利用的。他写道："威尔斯所想象和为之奋斗的大部分东西都在纳粹德国。秩序、计划、国家对科学的鼓励、钢铁、混凝土和飞机也都在那里"，"黑暗时代的生物已经进化到了现代，如果他们是鬼，他们无论如何都是鬼，需要强大的法术才能安置"。[46]

纳粹分子崇尚技术、速度和现代主义，政治宣传也与工程学交织在一起。在 20 世纪 30 年代末，纳粹分子组织了"技术发现之旅"的展览。在建筑工程师、高级官员弗里茨·托特（Fritz Todt）的领导下，这次展览展示了玻璃纤维和合成橡胶等未来主义材料，以及高速公路和德国其他尖端技术。[47] 展览上分发了洗衣机、收音机和冰箱等奖品。

该展览的目的是劝说公民相信纳粹工程是降低失业率和促进工业发展的关键，但与此同时，宣传机构又将经济危机归咎于犹太工厂主。在一个小镇上，乘坐火车旅行的工程师们偶然发现了一座有300年历史的犹太纪念碑，他们喝醉了，把上面的希伯来文字涂上防水的黑色漆，然后还殴打了当地人。[48]

随着帝国的发展，未来"理想人类"的美好愿景会给当下招来祸端，因为科学家们总是对他们认为的"劣等人"进行实验。优生学的思想开始流行，他们计划在长期时间内重新设计人类的基因组成。

正如历史学家查尔斯·S. 梅尔（Charles S. Maier）曾经写道："19世纪是对进步的铭刻，而20世纪则是对道德暴行或斗争的强调。"[49]

第二次世界大战后，乌托邦式的科技迹象在西方短暂复现。尤其在美国，人们崇尚核能、化学和自动化，这使人们重新拥有了一种更持久、更乐观的未来观念。20世纪50年代末和60年代被称为美国未来主义的黄金时代。[50] 在这个阶段，《杰森一家》（*The Jetsons*）动画片播出，美国国家航空航天局（NASA）成立，杂志上刊登了一些文章讲述了美国人将很快体验到由机器人、飞行汽车和喷气发动机所促成的休闲和自由生活。

但在随后的几十年里，由于乌托邦式未来未能如约而至，这种预示也变得恶化并且消失了。当时，格雷厄姆·斯威夫特（Graham Swift）在他的小说《水之乡》（*Waterland*）中哀叹道："从前，在光明的 20 世纪 60 年代，有很多种未来可供选择。"[51] 随着西方经济的停滞不前，冷战冲突结束了，人们逐渐认识到环境恶化的严重性。

因此，如果说 20 世纪西方存在长远观念，那么它是建立在古老的科学发现的基础上，面向以技术进步和再发明为标志的未来。有时候，这个未来具有乌托邦式的魅力。然而，这些乐观主义的期望在过去几十年内已经破灭。

正如德国文化历史学家阿莱达·阿斯曼（Aleida Assmann）所写："经验告诉我们，破灭的不仅仅是对未来的具体愿景，就连对未来的概念本身也已经变得面目全非。在政治、社会和环境等许多领域，未来已经失去了吸引力。人们不能再任意地将其作为愿望、目标和计划的消亡点。"[52] 阿斯曼认为，西方不能在展望未来的同时还对过去冲突、殖民的行为所带来的创伤和后果念念不忘。她借用了《哈姆雷特》(*Hamlet*)中的台词问道:"时间变得混乱了吗?"[53]

时空狭隘主义时期

随着 20 世纪最后几十年的到来,一场大范围内变革的种子已经播下,并延续至今。西方正进入一个新时代,在此期间,短期主义开始无形地渗透到生活的许多领域。未来并没有完全消亡,但现在的需求越来越占据主导地位,支配着政治、商业、媒体和流行文化等。

这些变化是渐进的、分散的,很难归咎于任何单一因素。但如果需要以实例阐述这种态度如何立足,你很可能会想到 I-35W 密西西比河大桥(简称"I-35W 大桥"),以及发生在某个夏日傍晚高峰时段的灾难。它在几秒钟内发生,但酝酿了几十年。

那是 8 月 1 日下午 6 点之后,天气潮湿得让人不舒服,刚下班的人们走在回家的路上。那时气温已经超过了 30 摄氏度,I-35W 大桥上堵满了小轿车、公共汽车和卡车。

金伯利·布朗(Kimberly Brown)也在桥上,她和朋友乘坐一辆银色土星轿车去观看足球比赛。她们向北行驶穿过车流,跨越 I-35W 大桥。

　　突然，人们听到震耳欲聋的金属爆裂声。布朗在其书中写到了那天发生的事情，"然后，我感到道路开始摇晃"。[54] "高速公路表面起起伏伏。声音更强烈……隆隆声变成了海浪拍打声，平坦的桥面破裂了。"所有的东西都掉下来了，道路、钢梁和所有的车辆都向下坠落了30米。她回忆说："堕落的世界不只会发出哗啦声，还会有轰鸣声，混凝土也会破裂并发出钢铁般的剐蹭声和隆隆声。"

　　I-35W大桥有8个车道，全长580米，桥体已然坍塌，明尼阿波利斯市上空的空气中布满了烟雾和灰尘。之后，这一片区域便完全沉寂，紧接着不同的刺耳音调和紧急服务警报响起，媒体直升机在上空盘旋。

　　与其他车辆上的人不同，布朗和她的朋友并没有掉进水里。着陆后，汽车以45度角尴尬地悬挂在两块破碎的石板上，钢筋裸露在表面，她们离周围的河流只有几米远。而后，她们惊慌失措地从驾驶座一侧的窗户爬了出来。在她们周围，其他人挣扎着从被洪水淹没或被压碎的汽车中逃出来，一辆卡车开始着火。最终，一艘船赶到救援地并把她们带到了安全的地方。

　　2007年，美国发生了历史上最严重的桥梁灾难之一，致13人死亡、145人受伤。参议员艾米·克洛布查尔（Amy

Klobuchar）说："美国的一座桥不应该如此简单地倒塌。"

当工程师和研究人员调查时发现，人们完全有可能预知这场桥梁灾难。这座桥建于 20 世纪 60 年代，其设计者曾使用薄薄的"加固板"来连接桥上的钢梁。这些平板用螺栓固定在两个梁的交接点，看起来有点像鸭子脚趾之间的蹼。这是一个有缺陷的设计，但能降低成本。政府官员没有深入调查任何事情。格外不寻常的是，自 1991 年以来，检查人员就一直认为这座桥有结构性缺陷。他们如果安装了应变仪，就会发现平板上所承受的压力随着时间的推移在不断增大，特别是桥上新车道的开启也增加了额外的重量。在桥梁倒塌的那天，重型建筑车辆和劣质材料一并将这个设计搞砸了。加固板被压断了，且没有可替代的装置。当加固板不再发挥作用，整座桥就坍塌了。

毗邻 I-35W 大桥的第十道大桥采用了一个较为低效但更灵活的设计。第十道大桥建于 1929 年，它配备由混凝土塔架隔开的独立拱门，混凝土塔又将结构分成独立的部分。这些柱子的负荷可能很大，但如果其中一根柱子或拱门出现故障，所造成的损坏就是单独的，不会影响整个建筑。在 20 世纪 60 年代，这种替代装置似乎是不必要的过度设计，既昂贵又浪费。

I-35W 大桥的设计并非独有的，美国大约有 465 座类似该设计的桥梁倒塌，且美国仍有 6 万座桥梁存在结构缺陷。

所以用工程术语来说，大桥坍塌是由一块失效金属造成的。但真正的责任源头比这更为分散，其反映了一种时空狭隘主义文化，忽视了当前的决策如何影响未来的人们。

明尼苏达大学的建筑学教授托马斯·费舍尔（Thomas Fisher）认为倒塌的 I-35W 大桥是处于"瓦解临界"的社会的一个隐喻意象。[55] 在这样的社会里，公司、监管机构和政治家们都会作出满足当下需求的短期主义决策，然后这些决策就会在未来引发灾难。

坍塌的桥梁只是社会隐患的冰山一角。在美国各地，人们现在都面临着老化的电网、下水管道、供水系统、光纤网络、交通基础设施和洪水预防设施所引发的不良结果。每隔一段时间就会发生一件事情暴露投资短缺现象，比如全州范围内的停电致使数百万人没有暖气，飓风带来的洪水淹没了河流上的堤坝，火车脱轨也会带来灾难。灾难发生时媒体和政客们蜂拥而至，承诺要修复损失，为受害者伸张正义。但随后，他们的注意力开始转移，从而忽略了事件背后潜在的长期因素。

据经济学家约翰·肯尼斯·加尔布雷斯（John Kenneth Galbraith）所说，第二次世界大战后的美国以"私人富有"

和"公共道德败坏"为社会准则。费舍尔写道："鉴于目前相对缺乏资金，设计师和他们的政府客户面临着越来越大的压力，他们必须尽可能有效地开展工作。""主要矛盾在于，就在美国本可以提供世界上最好的基础设施时，我们决定将更多的财富转入私人手中，并开始严格限制在公共领域投入的资金。"就算第二次世界大战胜利后，科技有了极大的进步发展，也于事无补。

费舍尔总结道："I-35W 大桥不仅是密西西比河上的一个公共设施，也是战后美国在政治、经济和社会领域的象征"，"一开始就以短浅的目光看待事物最终会付出意想不到的代价"。

如果这仅仅是一个有缺陷的公共设施引发的问题，那么就可以用足够的资金来解决。但这是一个更深层次的问题，涵盖了现代生活的所有领域，而不仅仅是只存在于美国，这是一种已经传遍全球的短期主义观点。

在商业领域，季度报告使首席执行官们将短期投资者的满意度置于长远繁荣之上，民粹主义政治的领导人更关注下次选举和安抚民众，而不会关注长远未来。我们在未能集体解决从气候变化到不平等现象等几十年或更久的缓慢蔓延的社会问题上可以认识到这一点。这些趋势都并不是最近出现的，但其影响力比以往任何时候都要深远。

就像 I-35W 大桥的灾难一样，后果不容忽视。这些后果可能是一个燃烧的石油钻井平台将数百万加仑的石油投入大海，一次利润驱使的房地产泡沫经济引发全球金融危机，一场史无前例的特大火灾或水难，或者是我们所知道的一场引发全球数百万人死亡的传染病。但随后，可能另一场危机会出现，人们的注意力会开始转移。[56]

聚焦时间，历史学家弗朗索瓦·哈托格（François Hartog）强调了迄今为止西方文明的三个时期，他称之为"历史性政权"。[57] 他说，直到 18 世纪，只有过去可以影响现在。第二个政权执政时期，在接下来的 200 年里，是根据未来设想的。到目前为止，这一切都与我们的历史进程大致相符。

哈托格认为大约在 20 世纪 80 年代末，西方文明完全进入了第三个政权执政时期，当时一系列的社会趋势融合在一起，进入了现时主义的暂时状态。[58] 他认为这一阶段"只有当下存在，现在是以闪电式专制和无穷无尽的枯燥工作为特征的时代"。

20 世纪末，柏林墙倒塌了，大约在同一时间，历史学家弗朗西斯·福山（Francis Fukuyama）预测了"历史的终结"和自由民主的持久统治。哈托格说，西方完全摒弃了以未来为导向的现代化理念。哈托格认为，大约在这个时期，西方国家接受了"当代的异兽"，那就是"可怕的现在"。如今他写道："未来不是指引我们前进的光明地平线，而是一条越来越近的阴影线。"

其他学者也得出了类似的结论，[59]他们将现在描述为"专横的""不断延伸的"和"无所不在的"。[60]他们说，我们现在生活在一个时代，当过去不再为我们提供智慧或援助时，现在就变成了全部，未来也不再是过去的样子了。

历史学家兼人类学家杰罗姆·巴斯切特（Jérôme Baschet）主要关注西方的资本主义文化，他描写了永恒的现在的专横性，用它的优先次序划分了所有的时间观念，"神化的今天、胜利的遗忘和永恒的现在不过是表达同一现实的三种方式，在以全球化市场为主导的时期，不再有什么过去需要了解，也不再有什么未来要去期待"[61]。

与祖先不同，我们完全意识到了明天与今天不同，我们的社会存在于漫长的时间维度内。不幸的是，这些来之不易的知识在实践中被忽视了。在时空狭隘主义时代，一切思维方式主要是由当前的关注点塑造的，这意味着人们往往只能从满足当前需求、增加利润或赢得政治斗争的胜利的角度来看待长远观。或者正如心理学家丹尼尔·吉尔伯特（Daniel

Gilbert)所说:"如果现在只是我们记忆中的过去,那么它就会彻底地融入我们想象中的未来。"[62]

在西方文化中,有多种力量助长了这种时空狭隘主义的思维倾向。一些人将矛头指向了互联网;另一些人则抱怨相互交织在一起的 24 小时实时新闻媒体和政治,这促使决策者更多地关注头条新闻而不是未来后代。哈托格将此归咎于 20 世纪晚期主导西方文化的资本主义和消费主义规范。他写道:"(在这期间)科学技术不断进步,消费群体不断壮大,社会面向当下,在某种程度上将其作为特有的标志","很快,以世界经济形式出现的全球化时代到来了,这是一个极度专横的时期,提高了社会阶层的灵活性,人们更频繁地提到'实时'一词"[63]。

然而,与许多疾病一样,造成时空狭隘主义思维的原因不是单一的,而是由许多文化和心理因素融合而成的。我称这些为时空压力和时空习惯,我们将在后续章节进行探讨。

至关重要的是,我们没有必要对这种困境感到绝望,也没有必要为失去未来而感到痛心。如果我们对西方社会的时空历史的阐述和分析是正确的,那么短期主义思维就是文化、经济和技术时代的一个新兴属性,它不一定永远被束缚,也不一定会完全脱离我们的控制。

鉴于我们的祖先在时间认知和意识上取得了巨大的飞跃，我们没有理由认为这种进步不会再次发生。如果西方能尝试找出造成困境的根源，那么从长远角度看待有无数可能的未来也是可以实现的。

毕竟，人们刚刚察觉到一个更长远的时间观念。智人放眼未来的能力是地球上一项相对较新的进化发明，因此我们可能仍然处于充分理解自身在时间长河中所处位置的早期阶段。也许有一天，我们的后代回想起今天缺乏意识和远见的行为，就会像我们回顾古代祖先看待事物的视角一样。

然而，如果我们要成功培养远见思维，首先必须深入了解时空狭隘主义思维产生的原因，以及其核心隐藏的时空压力。在完全理解当代社会面临的问题之前，我们不能扩展自己的视角。

所以，在接下来的两个章节中，让我们来更深入地探讨现代生活中时空狭隘主义思维的两个主要来源，即西方的资本主义和政治。其动机是这样一种逻辑，理解这些领域的激励和威慑因素，可以揭示出它们内部和其他地方隐藏的短期主义。值得高兴的是，在商业和政治领域，有少数的个人和组织已经设法化解所面临的压力，采取了长远的眼光看待事物，并且我们可以从他们的经验和智慧中吸取一些教训。

卖空交易：资本主义难以应对的即时性

对一个人来说，今天享受到的幸福和12年后享受到的幸福相比，即便两者的出现同样值得肯定，但重要性也许没有什么不同。

——约翰·雷（John Rae）[1]

技术投资的社会目标应该是战胜笼罩着我们未来的时间和无知的黑暗力量。

——约翰·梅纳德·凯恩斯（John Maynard Keynes）[2]

19 世纪末的一天，一位德国移民、企业家亨利·铁姆肯（Henry Timken）决定在密苏里州圣路易斯的街道上测试他的一项发明。这项测试给人留下了深刻的印象，两名男子差点被捕。

当时，在美国的一些城市，人们依靠马车来运送人员和货物，但马的负重有限。19 世纪 60 年代，纽约的立法者开始起诉虐待动物后，一些州认定马车超载为违法行为。最早有一个案件的涉案人员是一名马车夫和一名车上的工作人员，他们被判有罪，是因为他们虐待拉不动马车的马。（在宾夕法尼亚州，残忍殴打一匹马的最高罚款为 200 美元，但遗弃 7 岁以下的孩子的最高罚款却只有 100 美元。[3]）

马拉不动马车的问题不仅涉及重量，还有摩擦力。当马车负重时，车轮会变得更难转动。铁姆肯意识到，在不伤害马的前提下让更重的马车行驶得更快更远是可能实现的。他后来说，"如果有人能想出从根本上减小摩擦力的方法，就是在做对世界真正有价值的事情"。[4]

铁姆肯和一位同事开始试验一种新的圆锥滚子轴承，这是一种可以放置在马车车轮内的小型旋转圆柱体。两人对实验设计很满意，之后他们把一辆装有手工轴承的马车带到了当时美国第四大城市圣路易斯的街道上。当马车疾驰经过药店和食品市场时，巨大的轮子在鹅卵石路和土路上滚动。

然而，铁姆肯的实验突然结束了，警察拦住了马车司机。警察说，货物太多会使马匹难以承重。后来车夫的儿子、马车的主人到法庭上解释滚筒设计是如何运转的，才成功免罚，这一切也才得以平息。[5]

1899 年，铁姆肯创立了铁姆肯圆锥滚子轴承公司继续进行发明，并成为美国几十年来最成功的国际家族企业之一。

他的巧妙设计不仅可以减小摩擦力，也可用于马车以外的其他地方。几年后，他把公司搬到了俄亥俄州的坎顿小镇，那里离前景广阔的底特律汽车工业更近一些。当该公司开始生产自己的高质量钢材时，它可以更好地满足人们对汽车以及后来在世界大战期间对车辆和武器的日益增长的需求。铁姆肯公司在坎顿发展得很好，在其他制造业岗位消失的情况下，公司保住了数以千计的工人的工作，并继续向后传承了五代。

快进到21世纪，公司由亨利的后代蒂姆·铁姆肯（Tim Timken）继续经营。这家公司一直为坎顿的人民服务，基本工资平均为每小时23美元，远高于竞争对手。该公司还因向当地的学校和博物馆捐款而广受赞赏。它还投资数亿美元建造了独一无二的大型工厂，放弃了用这些资本投资去获取短期利润。即使受到了经济衰退的不利影响，但这一战略在长远角度来看得到了回报，使铁姆肯公司能够与海外技术先进的竞争对手同频发展，然而此时美国农村的其他制造业行业已经发展迟缓。

然而，接下来发生的事情阐述了现代资本主义内部的时空压力是如何助长短期主义观念的。蒂姆·铁姆肯和他的同事们将面临一场公司历史上从未有过的命运之争。但这一部分最吸引人的点在于没有真正的坏人，至少没有传统意义上的坏人。我们会发现，这些事件的发生是系统性的。

有一天，加利福尼亚州的一家名为关系投资者的公司的分析师注意到了铁姆肯的行为。他们一直在市场上寻找贬值的股票，并得出结论，如果这家拥有百年历史的公司被一分为二，可能会提高股价。

关系投资者公司的分析表明，大公司更倾向于收购铁姆肯的两家公司。而这两家公司可能会承担超过 10 亿美元的新债务。

关系投资者公司制订了一个计划。少数股权投资者不能轻易指手画脚来要求拆分一家具有百年历史的公司。因此，在几个月的时间里，关系投资者公司的交易员开始买入股票，收购铁姆肯公司越来越多的股份。最终，关系投资者公司具备了更大的话语权。

随之而来的是一场关于铁姆肯公司发展方向的激烈斗争。[6] 为了拆分公司，关系投资者公司需要让其他股东参与进来，因此该公司发起了一场复杂的运动，发表了有说服力的演讲，开设了像 unlocktimken.com 这样的网站，声称维持现状的理由是基于"模糊的论点和错误的数学计算"。[7] 铁姆肯家族不赞同关系投资者公司的计划，所以他们推出了自己的网站 timkendrivesvalue.com，以保持公司团结一致（在写这本书的时候，这个网址已经失效了）。与此同时，该社区的工人及其家人越来越担忧新老板可能会裁员并转移生产中心。

如果这是一部糟糕的电影，导演可能会把其中的人物角色描绘成"贪婪的投资者"和"勇敢的小镇制造商"。但实际上，事情并没有那么简单。当时，铁姆肯已经是一家大公司，高管的薪水高达数百万美元，并在共和党内部有着强大的人脉关系。从宽容的角度来看，关系投资者公司只是在面临压力的同时，试图最大化自己的利润。据《华尔街日报》（_Wall Street Journal_）报道，关系投资者公司的创始人——其中之一当时正饱受喉癌的折磨——更倾向于与首席执行官合作而不是作对。[8]

至关重要的是，故事中还有第三个参与者。早期，关系投资者公司精明地把另一位大股东——加利福尼亚州教师退休基金组织拉进董事会，以获得支持。加利福尼亚州教师退休基金组织是世界上只面向教育工作者的最大的养老基金组织之一。这使其成为一个更为复杂的辩论，并慢慢演变成了俄亥俄州的一家公司及其社区的需求与近 100 万名教师和家庭的需求之间的斗争。

铁姆肯实在难以承受这些。关系投资者公司获胜，铁姆肯公司解体。亨利于 1899 年创立的圆锥滚子轴承分公司由家族外部的新管理层接管。该董事会迅速削减了养老基金的款项，并将资本支出减半。

另一家新公司，铁姆肯钢铁公司将继续由蒂姆掌舵，他试图通过制钢来延续家族遗产。公司一开始发展迅猛，但几年后，随着钢铁需求量的下降，公司的价值也大幅下跌。2019年，该公司裁员14%，员工子女的大学奖学金也被削减，蒂姆被迫辞去首席执行官一职。[9]他后来去经营了一家政治游说公司。

但是，关系投资者公司从来不会参与其中。在公司解体几个月后，该公司抛售了股份，开始了新的规划。

铁姆肯的企业被分割成两个公司继续经营，与其说它是家族企业，不如说它更像是一个品牌。亨利·铁姆肯在20世纪初创造的产业实际上已经消耗殆尽了，五代人的托管权争斗以一场相对短暂的股价之争而告终。当然，即使关系投资者公司从未针对这家公司，由家族经营的铁姆肯公司也有可能面临财务危机，但这是一段我们永远不会知道的别样历史。

120多年前，当亨利·铁姆肯创立他的公司时，他可能永远无法想象自己的家族遗产会以这样的方式呈现出来。亨利曾经给儿子们提出的一条建议有了新的意义。[10]他说："要想取得成功，你必须保持独立。"如果你想在任何领域都保持领先，你必须独立思考、保持勤奋、富有雄心壮志且不气馁。如果你有一个自己认为正确的想法，就要坚持到底，不要让任何人影响你。如果我们都以同样的方式思考，就不会有进步了。

这一切都很好，但亨利的后代生活的世界已经改变了。这是一个代际间传递的责任可能丧失的地方，因为加利福尼亚州的分析师需要改变屏幕上的数字；这也是一个家庭和社区的需求可以与教师及其养老金相抗衡的地方。这里没有行为恶劣的人，相反每个人都在时空狭隘主义规范塑造的体系内运作，从而将短期收益置于长期管理之上。

像铁姆肯这样的故事不是个例。金融咨询公司拉扎德表示，2019 年，由激进投资者开展的新式投资活动越来越多，这种行为现在已经"完全去羞辱化了"。[11] 与此同时，专业投资者正以快于 20 世纪任何时候的速度买卖他们在公司的股份。在纽约证券交易所，20 世纪 60 年代的平均股权持有时间约为 8 年。如今，这只是几个月的时间问题。[12]

因此，美国最大的 500 家上市公司平均经营年份从 20 世纪 50 年代的近 60 年下降到今天的 20 年左右，这也许并不令人惊讶，[13] 预计到 2027 年将会下降到 15 年左右。[14] 这种变动产生的部分原因可能是 21 世纪科技公司令人眼花缭乱的估值将增长较慢的公司挤出了榜单，此外还受到了并购行为的影响。但与其他国家和行业的组织相比，西方公司维持经营的时间很短，这是事实。原则上西方公司本可以持续几个世纪，但平均只能持续几十年。

荷兰皇家壳牌石油公司前高管德赫斯（Arie de Geus）认为，"企业的高破产率是不正常的"，[15]"没有任何现存物种的最大预期寿命与实际寿命之间存在如此大的差异。而其他类型的机构——教会、军队或大学——也很少有像公司这样糟糕的经营记录"。

"如果你站在未来的角度来看，大多数商业公司都经营不善。它们仍然处于发展进化的早期阶段，只开发和利用了自身小部分潜能。"

研究机构通过调查企业在短期和长期内的行为发现，在企业内部，短期主义变得越来越普遍。[16]在过去的20年里，跨国公司逐渐减少了像固定投资这样的长期投资习惯，而与此同时增加了股票回购等短期投资习惯。[17]

根植于21世纪资本主义的一系列无形的文化规范和实践正迫使企业、投资者和个人作出短期主义决定，但至关重要的是，我们不能责备其中任何一个参与者。我们要想理解这些时空压力如何主导现代资本主义——尤其在西方是如何占据首要位置的——就必须把视野缩小，思考各个部分是如何相互作用的，并对股东、公司、监管机构、基金经理、立法者等之间的关系进行考量。资本主义并非本身就存在时空盲点，但在过去的一个世纪里，各位参与者进行创造并引入实践、采取激励和威慑措施，这些做法共同抑制了远见思维发展。

这不仅关系到商业。资本主义难以应对的即时性对世界的影响远远超出了股票、董事会和交易大厅所产生的对世界的影响。这些习惯与政治乃至更广泛的社会联系起来，并引导世界应对气候变化、公共卫生危机等重大挑战。

值得高兴的是，尽管时空压力减小了，但世界各地仍有许多公司和组织把眼光放得更为长远。21 世纪的资本主义可能会迫使人们关注当下，但我们发现这是可以改变的。尽管其习惯可能是根深蒂固且影响深远的，但并非不可逆转。

但是，我们需要了解造成商业世界存在系统性时空压力的起因。我们将首先研究一些在 20 世纪早期扎根的极具影响力的实践。

先期交易

大约在同一时期，铁姆肯公司在美国蓬勃发展，英国经济学家约翰·梅纳德·凯恩斯在文章中描述了自身认为的资本主义的长远走向，以及他当时在金融市场上观察到的行为。

作为 20 世纪最重要的经济学家之一，凯恩斯提出了政府该如何应对经济危机，可能正是由于他在此事件中发挥的影响力，从而广为人知，他的其他观察结果也让我们对 20 世纪 20 年代和 30 年代的情况有所了解。有些事情不可避免地会出错，而有些事情则可以预知。

凯恩斯是布鲁姆斯伯里团体的成员，该团体由学者、作家和艺术家组成，其中包括弗吉尼亚·伍尔夫（Virginia Woolf）、爱德华·摩根·福斯特（E. M. Forster）和他的早期情人画家邓肯·格兰特（Duncan Grant）。当时，伍尔夫认为凯恩斯是一个"好斗的""令人生畏的"人，"他可以回应任何尖锐的争论，而后又隐藏起自己的锋芒，正如小说家们所言，在他如此令人钦佩的智慧背后，隐藏着一颗善良甚至单纯的心"。[18]

凯恩斯在布鲁姆斯伯里文化圈的朋友们享受着高贵、放荡不羁的生活，这可能影响了他对 21 世纪商业，乃至更广泛意义上的生活的看法。1928 年，在撰写演讲初稿时，他预测到西方生产力的进步和发展将引领一个休闲、幸福和道德启蒙的新时代，到 21 世纪 20 年代，他的孙辈每天可能只需要工作 3 小时。

他写道：为了赚钱而去爱财是一种"有点恶心的病态"，这种贪恋不会长久地存在。可悲的是，发生的外部事件很快就会推翻这一预测。在凯恩斯发表关于英国小型社会的长远思维的演讲后不久，全球经济就陷入了严重的困境。

尤其在美国，繁荣的 21 世纪 20 年代曾是一个动荡的时期。第一次世界大战后，得益于专业交易员和蓝领工人将其收入大量投入股票市场，美国人的财富几乎翻了一番，纽约证券交易所也大幅扩张。新的金融发明问世后，普通人可以用借来的钱投资股票，这种做法在经济繁荣时期可以得到收益，但当信心动摇时，这就是一种损失惨重的短期主义行为。

1929 年 10 月 29 日被称为"黑色星期二"，在市场恐慌中，美国的物价暴跌，数十亿美元的投资化为乌有。大萧条时期来临，银行倒闭，失业率提高，农业歉收，无家可归的人越来越多。这种衰败蔓延到世界各地，显露出了一个新型相互关联的全球经济的不利方面。正如一位历史学家所说："1929 年的华尔街崩盘是第一个真正具有全球影响力的经济事件，几个月内，各大洲的生产者和消费者都受到了不利影响。"[19]

随着大萧条时期的持续影响，凯恩斯继续坚持他对于远见思维的乐观看法，他预测未来的生活会更加繁荣和休闲。他将《经济可能性》（"Economic Possibilities"）作为一篇更正式的文章重新发表。但到了 20 世纪 50 年代中期，他对于短期主义正在金融市场扎根的现象也提出了担忧。不幸的是，这种推断随着时间的推移越来越富有准确性。

1936 年，他观察到投资者行为的新动向，认为投资者只图一时快速获利。他写道："他们关心的不是一笔投资对于一个打算长期持有的人真正价值，而是在 3 个月或 1 年后，在大众心理学影响下的市场估值。"[20]

他说，"技术投资的社会目标应该是战胜笼罩着我们未来的时间和无知的黑暗力量"，但他最初观察到的更像是一场游戏。"当下最需要技术的投资是'先期交易'，正如美国人所言，即要智胜众人，把破损或贬值的半顶皇冠传给继任者"。

他写道：这并不一定是"错误的想法"，而是市场建立的激励短期投机方式的必然结果。他总结说，"相比于先期交易，我们需要更多的智慧来攻克时间的强大效力以及我们对未来的无知"。

我们现在知道，这种行为会越来越普遍。事实上，如果凯恩斯在 21 世纪还健在的话，他将会如何看待铁姆肯公司与关系投资者公司之争，看待其他金融投机者以牺牲长期管理为代价，通过短期决策来提高股价的案例，这些都会很有趣。他又会如何看待交易员在毫秒内购买和抛售股票的高频交易行为？

我们永远不会知道，但我们或许可以在他的投资决策中找到答案。《凯恩斯致富之路》（*Keynes's Way to Wealth*）一书的作者、经济学家约翰·F. 瓦西克（John F. Wasik）为剑桥大学国王学院、两家保险公司、他的朋友和家人理财——他在 1928—1945 年的 18 年间，有 12 年都有盈利。很显然，凯恩斯忽略了这些噪声，他认为每日波动的价格"对市场产生的影响是完全过度的，甚至荒谬的"。因此，瓦西克推测，如果凯恩斯今天还在世，他可能会忽略短期价格波动，让专家们去处理高频交易行为。瓦西克写道："凯恩斯主义投资的寓意是做长线投资，坚持投资计划本身，避免分心。"[21]

然而，如果凯恩斯知晓他所向往的休闲生活至今仍然遥不可及，他会感到失望。你我都是他在 20 世纪 20 年代想象中的"孙辈"，但遗憾的是，这是一个从未实现的长远愿景。他可能还会为其他促使资本主义社会变得目光短浅的时空压力感伤，这是他没有预料到的。

这些压力是什么？其中一个是有关金融实践的新"发明"，大约在凯恩斯与布鲁姆斯伯里团体进行交往的同时，它出现在了大西洋的另一边。在 20 世纪 20 年代的纽约，西方资本主义正慢慢形成一种习惯，这种习惯将极大地削弱企业的长远眼光。

季度思维

在 20 世纪初，纽约证券交易所对其上市公司提出了一个看似合理的要求。要求很简单，公司每 3 个月就需要向市场分享财务细节，以及项目预测和规划，这或许是考虑到公开透明会遏制不诚实行为的发生才制定的政策。到 1931 年，63% 的公司遵守了该规定，17% 的公司每半年报告一次。

美国其他交易所最初反对这个观点，监管机构也不愿介入并强制实施这一举措，所以这一举措用了几十年才更广泛地流行起来。但在资本主义崇尚短期主义的历史上，纽约证券交易所的决定促成了一个改变世界的做法，这就是"做季度报告"。这项金融举措将应用到其他市场，并在一个世纪后对商业和社会产生深远的影响。

慢慢地，美国公司开始采用这一举措，直到 20 世纪 70

年代初，这项举措才得到广泛应用。在过去几十年的零星干预之后，监管市场的美国证券交易委员会最终决定，所有美国公司都必须提交包括盈利预测在内的季度报告。在此之后，影响变得更为强烈。

定期向投资者报告似乎是有益的，但英国城市大学的亚瑟·卡拉夫特（Arthur Kraft）对公司提交季度报告会发生的情况进行研究，他认为这对公司内部决策产生了深远影响。当高层领导者被迫如此频繁地向市场作出保证时，便不可避免地限制了人们的远见思维发展。

卡拉夫特和其他研究人员的研究表明这会引发许多切实的后果。[22]卡拉夫特告诉我："我认为当公司被迫增加报告频率时，他们就会削减投资。"其他研究表明，季度报告与研发支出、专利、广告和招聘的减少，以及可自由支配开支的削减和项目延期行为变少有关。据2020年的一次计算，这种短期主义行为使500家上市公司每年损失了近800亿美元的预期收益。[23]

出于这些原因，其他国家也拒绝提交季度报告。经过考虑后，欧盟决定不继续采用这种做法。[24]在英国，监管机构在2007年要求企业提供每季度的"临时管理报表"，但7年后就废止了这项决定。

然而，考虑到美国经济实力以及全球商业的相互关联性，本季度产生的影响无法避免。虽然不是强制性的，但许多大公司每 3 个月都会发布一次收益报表。

在谈到其如何影响个人和公司领导人时，卡拉夫特将季度报告所造成的狭隘行为归咎于两个原因："**纪律**"和"**目光短浅**"。

纪律是投资者用以惩治公司领导人采取长期管理策略的条例。铁姆肯的故事就是一个例子。

另一个引人注目的案例的主角是联合利华的前首席执行官保罗·波尔曼（Paul Polman），他上任当天就宣布公司将停止发布季度报告。相反，他说，联合利华将专注于可能数年内都不会有回报的长期项目[25]（我们将在第三部分谈到这个问题）。

他当时解释说，人们正在作出更好的决定。他说："即使出于季度承诺，当下进行投资是正确的做法，但是我们也不会讨论是否推迟一两个月发布品牌甚至不投资。"

波尔曼向投资者传达的信息很明确。他在阐述自己的愿景时表示，"联合利华已经有 100 多年的历史了。我们希望再经营几百年"，[26]"因此，如果你认同这种公平的、共享的、可持续的长期价值创造模式，就来和我们一起投资吧。

但如果你不认同的话，我尊重你的选择，不要把钱投到我们公司"。

这是一次了不起的飞跃，他后来回忆道："我想我不会在上任第一天就被解雇。"[27]

不幸的是，市场几乎没有给予支持，波尔曼宣布辞职后，联合利华的股价暴跌。改变市场态度花费了很长时间，而且过程并不顺利。波尔曼在多年后回想起这一事件时表示，联合利华最终确实提升了长期价值，但那是发生在他卖掉股份后。[28]他没有改变股东们的想法，股东们只是转而投资那些允许他们进行先期交易的公司。

波尔曼设法度过了动荡期，但许多其他公司领导可能很快就会被替换。当股价急剧下跌时，许多领导人失去了工作。还有更多的领导人可能会选择不做可能导致市场不满和被解雇的长期决策。这就引出了卡拉夫特及其同事所指出的导致季度思维狭隘的第二个原因。

如果纪律是关于外部惩罚的，那么目光短浅更多的是自我造成的。在这种情况下，公司领导人会先发制人地作出他们认为会取悦市场的短期决策，这尤其是为了满足他们的盈利预期。这些短期决策可能包括裁员、推迟资本投资或缩减培训项目，所有这些都是为了让资产负债表上的数字看起来更好看。

正如一位首席财务官对研究这种行为的研究人员所说，这是为了避免软弱，保持体面。他们解释说："如果你看到一只蟑螂，你马上就会认为墙后有数百只蟑螂，尽管你可能没有证据证明情况确实如此。"

一项众所周知的调查提及了这位首席财务官的观点，该调查涉及 400 多名美国高级商业领袖，并得到了令人惊讶的统计数据，近 80% 的人表示，为了兑现短期盈利承诺，他们愿意作出明知会损害公司价值的决定。[29]

公司顾问罗杰·马丁（Roger Martin）在一篇调查报告中写道："这让我感到很震惊。[30] 80% 的人会这样做，我并不感到惊讶，事实上，我怀疑现实情况会接近 100%，但只有 80% 的人会承认这一点。"

更糟糕的是，如果高管的薪酬与公司的季度或年度业绩挂钩，那么他们甚至可能会从这些短期决策中受益。首席执行官的奖金与股市表现挂钩的现象曾经并不常见，但在 20 世纪初，几乎有一半的首席执行官都受到了这种策略的激励。[31]

自那以来，情况有所改善，对于高级员工的更长期激励措施得到了落实，人们普遍认为情况需要改变，并在 2020 年推出长期股票交易所等。尽管如此，在新冠疫情流行期间，许多商业领袖面临的短期压力激增，而且过去几十年的做法都是根深蒂固和系统性的。[32]

更重要的是，无益的目标普遍存在于当今资本主义经济的各个层面，而且正如我们接下来发现的，这些激励措施可以深刻地影响人们看待商业及其他领域的远见思维的方式。

目标的专制性

如果你正在寻找因制定短期商业目标而损失惨重的事件，有一个众所周知的案例可以了解。

20 世纪 60 年代，福特汽车公司面临着来自海外竞争对手的挑战，这些竞争对手主要生产运行成本更低的小型汽车。因此，福特的首席执行官李·艾柯卡（Lee Iacocca）宣布了公司的一个新目标，即生产一款重量小于一吨，但价格不到 2000 美元的汽车。他的团队开始研发，艾柯卡希望尽快将该种汽车推广到市场上。

福特汽车公司最终于 1971 年推出福特平托汽车，该车配备宽敞的轿跑后尾和加长的引擎盖，从设计到制造只用了两年多时间，这大约是正常时间的一半。短短几个月，福特就卖出了 10 万多辆汽车。然而，不久后就有一些司机发生车祸去世，这暴露出平托汽车存在严重的问题。

一天，莉莉·格雷（Lily Gray）带着邻居 13 岁的儿子在加利福尼亚州的高速公路上行驶，车在中间车道上抛锚了。之后，汽车被追尾而引发了火灾，格雷去世了，男孩被严重烧伤。

同年，乌尔里希（Ulrich）家的 3 个十几岁的女孩在印第安纳州的一条路上停了下来，她们正准备去练台球。司机朱迪·乌尔里希（Judy Ulrich）在后视镜里注意到，她在加油的时候不小心把汽油盖放在了车顶，于是把车停了下来。在她们身后，一位货车司机在开车时不小心将一根烟掉在脚下，就在伸手去捡的时候发生了车祸。当他抬起头来时，他的车撞上了平托汽车，又一次发生了火灾，3 个女孩都死了。[33]

后来的诉讼表明，平托汽车有一个致命的设计缺陷，却在匆忙向市场推广的过程中被忽视了。为了达到艾柯卡的要求，经理们开始了从未进行过的安全检查——特别是检查挤在后面的油箱。放置在这里的油箱由于缺乏挤压空间而加剧了问题的严重性，使其在碰撞时更加容易着火。[34]

就工程师和经理而言，他们已经达到了首席执行官设定的目标，出于速度和成本优先于安全性和声誉的考虑，即使知道存在设计缺陷，他们也没有时间修复。为了达到自身目标而造成多人死亡，这种不良后果将损害福特形象多年。

这不是个例，不合理的目标会怂恿人们走捷径而摒弃远见思维。社会学家罗伯特·杰克尔（Robert Jackall）在自己颇具影响力的著作《道德迷宫》（*Moral Mazes*）中描述了一个问题颇多的商人。他写道："这位经理拥有对抗失败的神奇能力。"杰克尔认为，他们是通过"榨取劳动力"来实现这一点的。

就例如，一位经理到一家工厂任职，董事会会交给他一系列艰巨的任务。他会立即开始说教，并要求更多的工人更努力工作。如此一来，生产力就会提高。几个月后，目标就会达成，董事会也满意。很快，这位经理就会得到晋升或转向新的工作岗位。然而，留下的却是凌乱不堪的局面：工人们怨声载道；最优秀的人才为了更好的工作条件而离职；机器已经报废了，需要进行更换，但造价昂贵。这些残局必须交由下一任经理来处理。

如果你认为这种榨取劳动力的行为似曾相识，那是因为当今商界（以及许多组织）几乎没有根除这种行为。人们往往在需要解释自己行为所带来的后果之前，就已经投入到了新的工作岗位。

在金融领域，我们可以看到另一种榨取劳动力的方式。这里有一个例子，说明了唯利是图的目标是如何加剧 2008 年金融危机的，其中华尔街重新包装的不可靠的次级抵押贷款，可谓是加重了这场危机。

在美国国会对华尔街的此次事故进行调查时，美国参议员卡尔·莱文（Carl Levin）拿出了一段可以定罪的电子邮件对话为证。在这些如同定时炸弹的不良贷款即将爆发之际，一位金融分析师给一位银行家发了一封电子邮件，询问他们在处理一笔交易中看到了什么，其中的细节是不是有问题呢？

银行家回答说："IBG-YBG。"

当问及其中含义时，这位银行家解释说："我走了，你也走了。" [35]

换句话说，当贷款违约的时候我们都不在了，所以随它去吧，让我们赚点钱吧。

瑞士信贷的迈克尔·J. 莫布森（Michael J. Mauboussin）和丹·卡拉汉（Dan Callahan）在一份描述金融业短期主义的报告中写道：金融业传统上是"自给自足"的，[36]"交易的本质吸引了一些特定的群体，他们可能更专注于自身表现和赚钱——这种性格通常很难改变"。

他们继续说，与其他行业相比，金融公司的工资通常过高，这可能会助长更激进的行为，这些行为偏好于高风险的短期收益，而不是长期的审慎行事。莫布森和卡拉汉说："在西方文化中，高薪是衡量成功和权力的一个标准，这带来了一种虚张声势的感觉，同时也使人们继续保持勇敢决策的心态。"

具有讽刺意味的是，一项研究表明，资产管理公司通过买入股票持有自己公司的股份，而不仅仅是依靠工资和奖金来激励自己，从长期来看，它们具备更高的总回报率。[37]

因此，在现代金融领域，不仅存在先期交易文化，而且还存在一种激励机制，这吸引了不太倾向于远见思维的人。

目标促使人们摒弃远见思维的另一种方式是将目标视为"天花板"。"纽约出租车效应"最能说明这一点。纽约一下雨就很难打到车。常识表明，这是因为雨天人们对出租车的需求高，但这也与车辆供应量有关。研究人员发现，纽约的出租车司机通常不会充分利用恶劣天气来赚钱。[38]当然，他们也可以赚上一整天的钱。而实际情况却是他们更快地完成了一天的目标，然后提前下班。在下雨天，人们大多采取短途出行，这对出租车司机来说更有利可图，但一段时间后，路上的出租车就少了。

因此，出租车司机可以选择在雨天出车为退休储蓄一些钱，但尽早回家休息的诱惑太大了。很少有人能责怪他们，毕竟这是一份艰难的工作。但关键是，从长远来看，如果出租车司机不去设定每日目标，而按正常时间工作，他们的生活处境会更加优渥。

《度量学的专制性》（*The Tyranny of Metrics*）一书的作者兼历史学家杰里·Z. 穆勒（Jerry Z. Muller）认为，"度量固化"是无数现代问题产生的根源，这不仅适用于商业领域，也适用于许多其他类型的组织。他解释说，如果警察在重大犯罪行为减少时得到晋升，这可能会促使他们轻视犯罪的严重性或者干脆不记录犯罪，如果外科医生公开了手术成功率会影响收入和声誉，他们可能会通过拒绝为高风险的病人做手术来提高评分。

穆勒写道："几乎无法避免的是，许多人都善于采用各种方法操纵绩效指标，其中许多方法最终会导致组织功能失调。""古德哈特定律"巧妙地描述了这种指标对人们行为的负面影响，这一原则以英国经济学家查尔斯·古德哈特（Charles Goodhart）的名字命名，他是这样表述的："当一个衡量标准变为目标时，它就不再是一个好的衡量标准。"

那么，这是否意味着资本主义在本质上就是短期主义的？不一定。毕竟，几个世纪以来，它一直对促进人类文化发展发挥了作用，并改善了人们的生活水平，使数以亿计的人摆脱了贫困。

从长远来看，我们可以看到以前存在不同形式的资本主义，随着时间的推移又会出现不同形式的资本主义。如今占主导地位的西方资本主义直到20世纪后半叶才真正流行起来。第二次世界大战后，由学者、商业领袖和经济学家组成的智囊团聚集在一起，在西方培养自由市场的新自由主义价值观。1947年，也就是凯恩斯去世后的第二年，但他不太可能收到邀请（他也不希望收到邀请）[39]，因为凯恩斯认为政府在资本主义发展中发挥了更重要的作用，佩尔兰山的许多成员强烈反对他的观点。佩尔兰山的许多成员希望尽量减少政府的干预和监管。这些思想最终促使"供给经济学"出现，这种思想在20世纪80年代才真正站稳脚跟，其中包括强调低税收、小政府和自由贸易的里根主义和撒切尔主义。

虽然对许多人来说，这种不干涉的方式是有好处的，但这也让时空狭隘主义习惯开始向不受约束的方向发展。这种资本主义已经表现出在应对长期变化方面的明显不足，比如处理不平等加剧、环境变化或家庭收入停滞的问题，以及未能预测到2008年金融危机或新冠疫情等事件。经济学家玛丽亚纳·马祖卡托（Mariana Mazzucato）和迈克尔·雅各布斯（Michael Jacobs）指出："因此，在所有这些方面，近几十年来的西方资本主义一直存在严重的问题"[40]，"问题是，这些失败不是暂时的，而是结构性的"。然而，这并不意味着没有解决办法。

马祖卡托和雅各布斯不是唯一提出这一观点的经济学家。正如麦肯锡咨询公司的前董事多米尼克·巴顿（Dominic Barton）所指出的："在过去的几十年里，季度资本主义的缺陷并不是资本主义本身的缺陷。"他认为，资本主义需要复兴。"通过长期重建资本主义，我们可以使其更强大、更灵活、更公平，并能更好地促进世界所需的可持续增长。"[41]

近年来出现了各种寻求更新的想法和建议。这些想法的共同点是，企业需要制定更多样化的目标来获得成功，而不仅仅是获得短期利润和发展。商界存在一种"有意识的资本主义"，其灵感来源于那些以可持续性和环保主义为卖点的品牌。在政策上，"包容性资本主义"，主张利用"资本主义的好处"。然后是"B 公司运动"，要求认证企业考虑"它们的决策对工人、客户、供应商、社区和环境的影响"。

与此同时，许多个人和公司已经证明，人们可以考虑得更为长远并获得成功。正如我们之前了解到的，联合利华的保罗·波尔曼最初因停止公布季度报告而受到了投资者的惩治，但 10 年后，联合利华的状况要好得多，运营得比许多其他同类公司都好。联合利华现在开展的一些业务凭借着长期信誉而进展顺利。

在波尔曼最终离职时，英国《金融时报》（*Financial Times*）称他是"那个时代最重要的首席执行官之一"，"他对待商业及其在社会中所使用的策略既有价值又具有开创性……他帮助创造了一种新的对话机制，可以与那些对商业及其行为感到失望的人进行交谈"[42]。

麦肯锡咨询公司分析了 600 多家美国上市公司 13 年来的短期和长期投资习惯，并分析了它们的投资计划、收益及增长。[43]在此期间，研究发现，倾向于长期投资的公司的收入增长比其他公司的收入增长平均高出 47%，但波动性较小。它们的市值也比其他公司多增长了 70 亿美元，股东的回报率也会提高。最后，它们比其他公司平均多增加了近 1.2 万个工作岗位。如果所有的公司都这么做，美国在同一时期将增加超过 500 万个工作岗位。

波尔曼和其他人的方法表明，当公司改变公开的关于未来的信息类型时，它们可以吸引更倾向于长期投资的股东，即所谓的"专注投资者"。[44]与此同时，短期主义策略吸引了短期主义投机者。一位颇具影响力的投资者沃伦·巴菲特（Warren Buffett）曾说："公司获得了渴望且应得的股东支持。"

亚马逊的杰夫·贝佐斯（Jeff Bezos）就是以这种方式闻名的人，他在辞去首席执行官一职之前，定期向市场传达公司的长期原则。1997年，他在第一份股东简报中写道："衡量我们成功的基本标准是我们在长期内创造的股东价值。"他每年都重新印证这些话。他解释道："就投资者而言，我们的工作是清楚地对策略进行解释，然后投资者可以自行选择。"[45]（贝佐斯在商业领域之外也富有远见，他在太空探索和核聚变方面进行投资，有时会得出有争议性的结论。他拥有的土地上有恒今基金会的"万年钟"，这是一个具有象征性的项目，可以正常运转一万年，我们将在第三部分中继续谈及此事。）

使用这种长远的语言和沟通方式似乎很重要。研究人员弗朗科瓦·布罗切特（François Brochet）、乔治·塞拉菲姆（George Serafeim）和玛丽亚·卢米奥蒂（Maria Loumioti）曾经分析了3613家公司举行的7万多场财报电话会议的记录。他们汇总了那些强调短期主义的词语（如"下个季度"和"今年下半年"）和那些表示远见思维的词语（如"年份"

和"长期"）。经理使用短期主义语言经营的公司，在盈利较低的年份里更有可能削减研发支出。当研究人员调查股东组成时，他们发现更多的股东是临时投资者，而不是专注投资者。

布罗切特和他的同事们认为"经理们应该意识到，在很大程度上，他们是基调的制定者"。"一家公司与投资者交谈时使用的语言是引领其发展方向的一个有意义的标志，而那些强调短期决策的投资者在很大程度上依赖自我选择，他们喜欢听自己所听到的。"[46]

然而，如果西方资本主义要继续发展下去，它可能需要在所在国文化之外寻找创意，去寻找那些没有全心全意地接受其做法的国家。几个世纪以来，日本成功地在其企业中引入了远见思维。日本能为世界其他地区提供可借鉴的经验吗？

千年悠久历史的公司

大约 10 年前，日本科技公司软银的领袖孙正义（Masayoshi Son）站在台上，他提出了一种我闻所未闻的美国或欧洲大公司的远见思维。这种观念大胆，虽然有些地方听上去有点古怪，但也十分吸引人。[47]

在股东大会结束后，孙正义以一种忧郁的语气开始谈论悲伤、孤独和绝望。你可以想象，有几位观众在座位上不自在挪动的场景。然后，他转而谈论幸福、自我实现和成就，他认为软银公司的历史发展使其能够发起一场促进人类幸福的信息革命。

但他在讲述了更多的事实和数据之后又变得非常大胆。孙正义将他的幻灯片命名为"三十年愿景"，但事实远不止于此。他要谈的是软银公司在未来 300 年的发展。他说，"三十年是不够的"。他的幻灯片是与众不同的、科幻的，其中插入了一些俗套的图片，并引用特蕾莎（Teresa）修女的话，将黑猩猩和人类进行比较，以克隆羊做比喻，展开了关于人类灭绝的讨论。

孙正义谈到了未来几个世纪的技术，包括计算机技术、有情感的人工智能、克隆、心灵感应、蛇形机器人等。他预测到 2300 年人类寿命将达到 200 岁。他还简要介绍了迫在眉睫的风险，包括一种"未知病毒"，这是 2020 年疫情出现的铺垫。

一张幻灯片上写着这样一句话，"当你迷路的时候，看看远方"。其中还提倡一种智慧，从过去 300 年来展望未来 300 年，并强调了人性中永恒不变的特质，比如对人际关系和爱的需求。

也许重点不是要作出确切的预测——因为在某种程度上对未来技术细节的描述是随意的。相反，这样做是为了向股东（以及全世界）表明，软银公司有考虑长远的世界观。

从那以后，软银公司发展成为一家投资巨头。通过规模1000亿美元的"愿景"基金（全球最大的风险投资基金之一），该公司在核心的电信业务以外进行各种长期投资，从人工智能到医疗技术领域。它收购了优步、阿里巴巴、斯普林特等公司的大量股份。虽然这有时会导致严重损失，但孙正义一直坚持他的长远策略，并称自己的策略为"舰队战略"，涉及广泛的投资领域。

虽然软银是一家成立于20世纪80年代的相对现代的公司，但如果它能繁荣发展长达300年，那么它将成为日本广为流传的传奇故事。日本拥有世界上一些最古老的企业，其中超过3.3万家企业有着100多年的历史。[48]这些公司——从茶叶销售商等小型家族企业到大型建筑公司——被称为"shinise"，意为"老店"。虽然欧洲也有一些有着数百年历史的公司，但在日本，拥有数百年历史的企业更为常见。

为什么这些公司可以经营这么长时间？毫无疑问，部分是由文化特异性造就的。例如，许多日本公司采用一种独特的方式来促进管理工作，即收养成年男子作为家庭成员。据统计，日本 90% 以上的被收养者是成年人，而不是儿童。[49] 被收养者改姓家族姓氏，并宣誓效忠他的新祖先，最终成为一家之主。甚至像松下和铃木这样的大公司也采取这样的做法。

研究日本公司的人员发现，收养继承人管理的公司业绩始终优于拥有血统继承人的公司（也优于非家族企业）。[50] 在被收养的荣誉激励下，这种做法促使优秀的经理关注公司的长远前景。与此同时，可能被取代的前景促使血亲继承人提高自身水平，这化解了 1899 年美国大亨提出的"卡耐基猜想"的争议，即继承的财富"通常会抑制人才和精力"。

是因为文化特异性吗？是的。是早已过时的性别因素造成的吗？答案是肯定的。（一些研究表明，在西方，由较多女性组成的董事会更富远见。[51]）尽管如此，这种长期激励结构与西方经理人在转到新岗位之前从工厂榨取劳动力的做法形成了鲜明对比。它表明，当个人受到激励为雇主的长期前景效力时，可以从根本上改变一家公司的命运和发展轨迹。再回想一下铁姆肯公司，它在解体之前，已经传承了五代。

企业高管德赫斯说："长期经营的公司有一种社会责任

感，管理者都认为自己是一家长期企业的负责人。"当员工将自己视为团体企业的一部分时，就更容易培养远见思维。德赫斯说，"一个遵循短期主义原则的组织就像一个水坑，所以如果在不适宜的处境下继续经营，会更容易破产。相比之下，一个遵循长期原则的组织像是一条河流"，"与水坑不同，河流是风景中永恒的特色。下雨时，河水可能会涨；晴天时，河水可能会减少。但一条河流需要经历漫长而严重的干旱才会枯竭"[52]。

但还有许多其他原因可以解释日本等国家对资本主义的长期看法。关于"老店"的一个有趣现象是，其中大多数店所提供的服务永远不会过时。在1000家历史长达300多年的公司中，230家从事酒类行业，117家从事酒店行业，155家从事食品行业。[53]这也是一个有关于优先选择的问题，这些公司为自己和员工设定了目标。扩大规模、利润最大化、提交季度报告或扩大市场并不是最重要的；一些其他目标甚至更为重要，比如环保，将接力棒传给下一代。就总体而言，日本企业也倾向于规避风险，储备大量现金以应对危机。

传统也发挥着同等重要的作用。昂苏杜公司成立于130多年前，主要生产木刻版画和艺术书籍，其董事长告诉研究老店的人员，他认为他需要继续平衡遗产和创新之间的关系，"我很感激我的祖先，因为我用他们遗留下的东西做生意。如果有商业机会，我不会拒绝，我对此表示极为肯定。然而，我不认为利用这个机会是最好的选择，因为它只是漫长历史中的一小部分。重要的是如何构建一家可以长久经营的企业"[54]。

例如成立于 578 年的金刚组建筑公司，提到了一个 "ie" 的理念，意为 "家族或家庭"，并强调延续的观点。它还有可追溯到 18 世纪的具体的指导方针[55]：

- 始终运用常识；

- 不要酗酒，不要说脏话，不要对他人怀有恶意；

- 掌握阅读和运用算盘计算的技能，并一直练习；

- 集中注意力处理每项任务；

- 不要进行多元化投资，专注于你的核心业务；

- 举止得体，谦逊，尊重他人身份和地位；

- 尊重他人，倾听他们所说的话，但不要受到他们言语的过度影响；

- 用温暖的心和友善的话语对待员工，让他们感到舒服，和他们交心合作，但要强化你作为老板的身份；

- 一旦你接受了一份工作，就不要和他人尤其是客户争吵。

金刚组建筑公司通过满足人们的需求而经营下去，历经了各种动荡不定的时期，也历经了诸如台风、战争和地震等。领导层并非总能作出正确的决定，尤其是在 20 世纪八九十年代，公司在公寓、医院和酒店领域进行投资扩张，使公司受到了变幻莫测的房地产市场的影响。但截至 2021 年，该公司仍在运营，使用的技术与 1400 年前的木匠们一样。[56]

如果说有些老店靠满足持久的需求而兴旺发达，那么另一些则是依靠不断适应社会变化而成功。科威特国家银行成立于 1560 年，最初生产铁壶，现在生产高科技机器零件。还有一家你可能听说过的公司，最初是日本游戏"hanafuda"（花札）的纸牌制造商，现在是游戏巨头任天堂。尽管这些公司的起源与《超级马里奥》（Super Mario）和《塞尔达传说》（Zelda）的数字世界相去甚远，但任天堂的核心业务是娱乐，这是人类永远不会消失的本性。

德赫斯在分析长期发展的公司的特点时指出，它们对周围的世界有一种特殊的敏感性。他写道："随着战争、经济、科技和政治的起伏变化，它们似乎总是善于试探外界事物，协调当下正在发生的一切。"

希望长期发展的公司最好忽略这些噪声，去寻求服务于人性的永恒特质。技术瓦解、材料和矿石枯竭、需求和风尚循环往复变化，但无论人类世界如何变化，总有一些行为和欲望是永远存在的。

这些特质也可以在所谓的历史悠久的组织中发现，这些组织已经存在了几个世纪。2019年，研究人员弗雷德里克·哈努什（Frederic Hanusch）和弗兰克·比尔曼（Frank Biermann）探讨了金刚组建筑公司与世界上其他几个历史悠久的组织之间的共同点，其中包括瑞典中央银行、剑桥大学出版社、英国皇家国家救生艇协会、国际反奴隶制组织、摩洛哥的卡鲁因大学和巴黎的主恩医院。

这些组织有许多共同点。许多都是"仁慈的垄断者"，它们为自己开辟了一个利基市场以提供满足人类永恒欲望的服务。它们也往往与皇室或宗教这样的权力机构和其他历时长久的机构有密切联系。

但对当今的组织来说，最重要的教训可能是，人们大多认为历史悠久的组织带来了更广泛的社会变革或稳定，让更多的社区受益。这些组织通常与服务于共同利益的长期公共目标有关，而不仅仅与股东或客户有关。

国际反奴隶制组织致力于"在世界范围内结束奴隶制"。

瑞典中央银行通过采取"力量和安全"原则来维持稳定，这有助于指导投资。卡鲁因大学提供的教育以伊斯兰教信仰和慈善概念为基础，如"ummah"（乌玛）指代穆斯林社区，"zakat"（天课）表示社会责任，以及"waqf"（瓦克夫）提倡将财富延续至死后。这一原则可以追溯到859年，当时一位突尼斯移民用她继承的遗产资助了一座清真寺和一所社区学校。因此，卡鲁因大学比欧洲最古老的大学早了一个多世纪。

一家具有代表性的公司可能无法遵循每一条教训，但尽管如此，我们还是可以从那些比现代公司经营时间长得多的组织中学到很多东西。硅谷的创建者最富远见。这是西方资本主义把目光投向最近的成功的案例。现代的智者通常是世界上的技术专家，他们讲述太空探索或超级环路列车旅行。然而，值得记住的是，与已经扎根于社会的经营长远的组织相比，他们的公司要新得多，也更缺乏经验。

"林迪效应"由作家、政治家纳西姆·尼古拉斯·塔勒布（Nassim Nicholas Taleb）提出，如果你想知道某个东西可以维持多久，比如一个想法、一个信仰体系或一种文化，你可以提出一个简单的问题：它已经存在多久了？[57]除非一个实体有固定的生命周期，否则随着时间的流逝，它就越有可能存活到遥远的未来。

因此，我们发现，最近的许多发明和规范，从季度报告到不一致的个人目标，已经成为 21 世纪时空狭隘主义行为的关键驱动因素。就像没有单一来源的指责一样，也没有万全之计。

在本章中，我们可能关注的是资本主义机构。不良激励机制存在于许多领域，包括医疗保健、教育、媒体等。

令人欣慰的是，富有远见的个人和历时悠久的组织经验表明，超越企业短期压力并非不可能。此外，有证据表明，如果领导者想要延后享受的时光，并传达一个更为长远的愿景，回报就会随之而来。

然而，资本主义的系统性短期主义并不是导致时空狭隘时代到来的全部原因。我们接下来会发现，还会有其他社会主要部门联合起来，迫使人们关注当下，而这一切都始于选举。

政治压力和民主的最大缺陷

关于人性的一个普遍原则是，一个人会对他所拥有的任何东西感兴趣，无论所拥有的时间是否稳定。

——亚历山大·汉密尔顿（Alexander Hamilton）[1]

政府必须努力让人们恢复对未来的热爱，因为宗教和社会的现状已经无法再激发起人们对未来的热爱。

——阿历克西·德·托克维尔（Alexis de Tocqueville）[2]

20 世纪 80 年代初，美国政治家大卫·斯托克曼（David Stockman）因执迷不悟地信仰短期主义和发表几次轻率言论在政治领域声名大噪。斯托克曼是个年轻的思想保守主义者。引用一位众所周知的杂志记者的话："他已经 34 岁了，但看上去很年轻。他蓬乱的头发有些发白，但他看起来像个笨拙的大学生，戴着不时髦的眼镜，喉结突出。在国会大厦的走廊里，所有充满抱负的幕僚们都穿着庄重的蓝色西装来回走动，斯托克曼议员也穿着同样的制服，因此经常被误认为是他们中的一员。"[3]

　　斯托克曼虽然年轻，但他是一位精明的政治操盘手。他吸引了罗纳德·里根（Ronald Reagan）的注意，1981 年里根任命他为管理和预算办公室主任，这是美国政府中最有权力的职位之一，负责监督资金的去向。

里根因承诺根除联邦开支中的浪费现象而当选美国总统，所以斯托克曼知道他的工作之一就是兑现这一承诺。里根启动了一项大规模快速削减联邦预算的计划，削减金额高达400亿美元。他必须迅速采取行动着眼于下次选举。很快，整个华盛顿都充满了积怨，能源部的预算减半，乳制品补贴削减了10亿美元，医疗补助的成本受到限制，食品券的领取资格更加严格，教育资助削减了四分之一。不过，国防开支需要保持不变，因为里根曾向选民作出承诺。

《华盛顿邮报》（*Washington Post*）于1981年写道："一位优秀的年轻人急于实现自己的抱负，他一马当先对项目进行修改，这里削减、那里削减，用他自己的话说，自己就'在20或25天的时间框架内'工作。"[4]"就像之前许多聪明的年轻工人一样，他也变得目光短浅，认为一切都是即时的，短期优于长期。"

但很快，斯托克曼遇到了所有政客及幕僚最终都必须面对的长期问题。改革公共养老金（即社会保障）的压力越来越大，因为公共养老金系统正逐渐崩溃。竞争对手民主党提出了一项注入资金的计划，但斯托克曼拒绝了。相比之下，他以立即提供救济为由，提议大幅削减提前退休人员的福利。

当问及他的想法时，他说："在 2010 年，我只是不会在别人的问题上花费大量的政治资本。"[5]

这话说得太轻率了。几十年后，有关政治短期主义的学术书籍和论文，以及多篇关于预算管理的报纸文章或简报中，都会引用这句话。[6]

斯托克曼非常诚实。他几乎没有理由作出只会让未来政府受益的代价高昂的牺牲。可悲的是，诚实在政治中并不是一个有价值的品质。他在记者面前公开自己的短期主义观点可能会得到容忍，但加上他对里根经济政策的直言不讳，最终他获得了一次不受欢迎的白宫之行。

他后来回忆说，幕僚长吉姆·贝克（Jim Baker）告诉他："我的朋友，你听好，你个笨蛋被架空了。"贝克继续说："如果不是我，你早就被解雇了。""你要和总统一起吃午饭，而菜单是很简单的。你要是把最后一勺食物都吃了，你会成为这个世界上最后悔的混蛋。"[7]

刚吃完午饭，斯托克曼说他被带到"柴棚"里，"提到了他小时候在密歇根州父母的农场里受到的惩罚"。他甚至以为自己看到了里根眼里含着的泪水。几年后，他去了华尔街。

对于任何政治人士来说，无论他们的意识形态和党派是什么，专注于吃力不讨好的长期任务——"其他人三十年后的问题"——是一个挑战。巴拉克·奥巴马（Barack Obama）曾经这样遗憾地回顾自己的总统生涯："政治领域中最困难的事情之一是让一个国家现在就着手处理某些事情，而这些事情的回报是长远的，不作为的代价却是几十年后的事。"或者就像欧盟委员会前主席让-克洛德·容克（Jean-Claude Juncker）在谈到作出艰难但必要的经济决定时所说的那样："我们都知道该做什么，只是不知道做了之后如何再次当选。"[8]

问题是，政治短期主义会变得更糟吗？证据是多方面的。如果你回顾历史，你可能会发现狭隘主义决策一直存在。自文明起源以来，领导人通常只为了自己的短期利益行事，出于愤怒或报复而发动不明智的战争，或者过度开发宝贵的资源，最终会导致社会瓦解。

在这一过程中，罕见的非凡远见观开始崭露头角。一些有远见的政治家表明要制定长期的宪法，为妇女或少数族群争取新的权利甚至是特权，或者制定持续几十年甚至几个世纪的开明制度，这些都是可能的。另一些人则修建了横贯大陆的铁路网等基础设施以满足未来社会的需求，[9]或建立主权基金，将今天的财富分配给未来的后代。[10]

人们在经历危机之后往往会制订更长期的计划。经济大萧条之后，罗斯福（Roosevelt）总统推出了"新政"为美国经济注入活力，并进行了许多社会变革，包括停止雇用童工。第二次世界大战后，各国领导人试图为公民建立一个更稳定、更进步的世界，并建立了联合国、欧盟和英国国家医疗服务体系。

党派动机通常是有关经济的，但也不总是如此。保护过去和现在重要的东西也通常会对未来有益，比如试图保护具有重要历史意义的遗产，或者建立国家公园保护风景和让自然免受破坏。

因此，个别政客显然会一边倒，要么追随自私自利的短期利益，要么采取更长远的眼光——这在现在和过去都是如此。然而，我想说的是可见的影响以及不可见的影响。在21世纪，随着越来越多的长期问题堆积起来，短期时间压力也在增加，而政治的发展还没有跟上此步伐。

民主是人类伟大的发明之一。尽管民主为公民发声，但它的激励和威慑作用给那些想要进行长远考虑的政治家们带来了特殊难题。常言道，所有的政治都是局部的，我们同样发现，所有的政治也都是关乎时间的。

为了理解其中缘由，让我们以新英格兰为例来进行分析，我们可以从中汲取关于当代政治时间跨度不匹配的更广泛的教训，以及学到如何应对突出而紧迫的危机与不太明显的长期问题的挑战。

急性问题和慢性问题

到了冬天，我和家人住在马萨诸塞州的剑桥市，那里离波士顿市很近。夏秋两季，朋友和同事都提醒大家要为下雪做准备，但当雪来临时，还是让人措手不及。在英国，冬天一片灰色。在马萨诸塞州，白色的雪花在几小时内就会铺满堤岸，即使融化了，冰也会在阴影处停留数周。每天早上，当我送女儿去校车车站时，她都要走结冰的河面，我拉着她的手以保持平衡，她的靴子在水晶般的冰面上嘎吱作响。

然而，下雪对我们来说是件很新奇的事，但对波士顿人来说是一种长年累月的折磨。仅一次大雪就会使马萨诸塞州损失 2.65 亿美元。[11] 2015 年，该地区经历了一个特别的冬天，3 周内降雪量超过了 220 厘米，公共交通瘫痪，学校和企业连续关闭了好几天。

许多道路最初都没有清理，清理工作也很随意，罪责都落在了市长马蒂·沃尔什（Marty Walsh）身上。他批准新英格兰爱国者队在街道游行，这让事情变得更糟。愤怒的居民认为，这样分散了清理他们封锁街区的资源。与此同时，马萨诸塞州州长查理·贝克（Charlie Baker）因未能处理因恶劣天气导致的公共汽车和铁路网络瘫痪问题而被抨击。他卷入了一场与马萨诸塞湾交通局的丑陋的政治指责游戏。

沃尔什和贝克知道暴风雪会毁掉一个人的政治生涯。[12] 1959 年，纽约市市长约翰·林赛因（John Lindsay）因未能及时部署铲雪车，导致发生了一场致命的交通瘫痪事故而被指责。更糟糕的是，本应该及时去解决街道拥堵问题，他却连人带车一同被困在了皇后区。他的对手轻蔑地称他为"轿车自由派"，这一侮辱性词语在美国政治中存在了几十年。几十年后，同样的事情发生了，芝加哥市市长迈克尔·比兰蒂奇（Michael Bilandic）允许给埋没在雪中的汽车开罚单。丹佛市市长比尔·麦克尼科尔斯（Bill McNichols）因圣诞节期间街道清理工作延误了 33 小时而受到指责。

人们从处理雪的方式就可以看出城市和州区的经营模式差别。暴雪是对政治家的责任和合法性的考验，并为选民提供一些明确的证据以表明他们的官员有能力行使赋予他们的权力。

当这样的事件发生时——反常天气、地震、恐怖袭击、暴乱——政治家需要明确自身职责，主要包括制订行动计划、成立工作组、召开紧急会议和新闻发布会，以及准备作战室。他们需要从局部、短期的角度处理这些事项。正如政治学家西蒙·卡尼（Simon Caney）所说："专注于短期目标并不一定是坏事。有时这可能是允许的，甚至是必须的。"[13]我将这种必要的、有意识的短期主义称为"现在意识"，这是远见思维的一个重要方面，我们将在书的后续部分再进行讨论。

不幸的是，某些危机的突出性和煽动性会影响政治。从长远来看，许多事件根本算不上紧急事件，而是由竞争激烈的媒体煽动起来的，或者是政客自己造成的，其中包括性丑闻、政党政治斗争等。这些问题值得关注，但往往受到不成比例的重视。

与此同时，事件背后也有一些问题在发酵，但由于发展太慢而无法引起注意。这些变化发生在几十年甚至几百年的时间尺度上——它们不像电影，并不会引人注目，但却能深刻地影响世界。[14]

因此，我们可以定义两种不同类型的政治问题，从紧迫性、突出性和速度等方面进行划分，可分为**慢性问题**和**急性问题**。[15]一场大火迅速蔓延，吸引了所有人的注意力；而一场缓慢燃烧的大火正在背后酝酿，却经常吸引不到人们注意，人们一般直到万般无奈才不得不去关注。

要举一个明显的例子来证明吗？慢性问题就如同气候变化。对于沃尔什、贝克和新英格兰的继任者来说，一个比冬季暴风雪发生得更缓慢、更深刻的问题正在逼近。在美国东北部，气候变化可能会带来极端天气——其中包括更严重、更频繁的暴风雪——并且会在未来许多年内影响经济发展和野生动物繁衍。《自然》（*Nature*）杂志 2020 年的一篇综述指出，在过去 10 年中，破坏性暴风雪袭击美国东海岸城市的频率是过去 10 年的 3 倍。[16] 其中一个原因可能是北极加速变暖正在大气中形成"阻塞"，当天象在地球表面变化时，它们就会减缓速度或无法分散开，这会影响低纬度地区的天气。研究人员写道："就像巨石阻塞河流一样，一旦大气阻塞形成，上游和下游都会受到影响。"

当这种全球性的"阻塞"发生时，中纬度地区的冬天会变得更奇怪。百年不遇的极端事件会更加频繁地发生，如会出现更多灾难性的暴风雪，干扰性的暖流期也会频繁出现。

2020 年 1 月中旬，我在波士顿经历了奇怪的一幕。我和我的家人很幸运，从未经历过马萨诸塞州的反常天气，但事情以另一种令人厌烦的方式发生了。2020 年 1 月 12 日，波士顿的高温打破了纪录，达到了 23 摄氏度。这过于不寻常了。我们穿了几周羽绒服和棉靴后，却在周日穿着 T 恤到波士顿北部闲逛，那里被称为"小意大利"，一些咖啡馆在街边摆好了桌椅供人们休息。我女儿的冰激凌融化了，沾到了手指上。虽然明媚的阳光令人心情愉悦，但在一月份，天气过于温和也让我们感到不安。尤其是几天后，气温又降到了 0 摄氏度以下。

怪异的天气给世界各地的政治家们带来了新的挑战。在新英格兰，不寻常的季节会有更强的暴雨、更大的洪水风险，渔业和农业劳作被迫中断，许多携带疾病的昆虫也增多了。[17]这些影响分为特定的和局部的，政治家们应该解决这些问题。

值得赞扬的是，一些领导人并没有袖手旁观——马萨诸塞州在气候方面制定的政策经常优于美国其他州。在 2021 年就任拜登政府的职位之前，沃尔什领导着一个由 460 多名美国城市领导人组成的"气候市长"团队。但是，贝克州长的个人履历比较复杂。环保组织曾给他在处理气候适应性方面的成绩为 A⁻，但在其他问题上的评分为 B、C 和 F。[18]

环境领域绝不是唯一出现急性问题和慢性问题的领域，卫生、社会、外交等领域也存在这些问题。[19]

环境领域

急性问题

极端天气

自然灾害

环境污染

水源供应

食品供应 / 农业发展

资源短缺

气候变化

慢性问题

卫生领域

急性问题

医院丑闻

疫情暴发

医疗改革

预防健康问题，如肥胖

疫情防预措施

抗生素抗药性

慢性问题

社会领域

急性问题

暴力罪行

移民

房屋

教育

养老金改革

代际不平等

慢性问题

外交政策与安全领域

急性问题

恐怖主义

间谍行为

军事部署

外国援助

国防投资

国际条约

慢性问题

经济领域

急性问题

市场崩溃

利率 / 通货膨胀

能源价格

失业

税收政策

金融监管

全球化

慢性问题

科技领域

急性问题

社交媒体

自动化

基础设施

基因编辑

人工智能

核废料处理

慢性问题

　　上述问题并非都是坏事，一些缓慢的变化是积极的，一些破坏性事件也带来了好处。我也不是说，最缓慢的经济趋势与最缓慢的环境或技术变化的步调一致。但关键在于，从时间视角分析政治议程可以看出，人们在最引人注目的问题上花费了太多的时间、精力和政治资本，而这些问题通常只是历史长河中的一瞬间。

　　重要的是，慢性问题和急性问题也紧密相连。忽视慢性问题就会出现更多的急性问题。在我们21世纪面临的所有政治挑战中，我们难以想象，如果将太多危机同时堆积起来会发生什么。这是最令人担忧的。新冠疫情的暴发就是一个缩影，各国政府面临着一个接着一个的急性问题，诸如个人防护装备短缺、医院人满为患、疗养院死亡人数增加等。这些都与引人注目的政治媒体报道交织在一起，例如公众人物打破封锁规定、美国总统大选等。我希望政治家们在这段时间能同时富有远见，但这似乎不太可能。

　　历史学家海尔格·乔德海姆（Helge Jordheim）和埃纳尔·维根（Einar Wigen）认为，在20世纪后期，"危机"的叙述取代了西方"进步"的总体意识，这种叙述受到气候、社会动荡、恐怖主义、移民、经济崩溃等一系列事件影响。他们写道："我们认为，与其说国际秩序'处于危机之中'，倒不如说危机越来越多地用以维持国际秩序。"[20]这应该是一个警告，如果我们所能做的只是活在当下，处理越来越多的紧急情况，而对明天的危险视而不见，就会导致全局崩盘。

毫无疑问，避免局势恶化将是我们这一代人面临的最棘手的挑战之一。但使得挑战更为困难的是，当选的政治家们需要迎合制度的要求，而这些制度是在全球慢性问题不怎么严重时制定的。历史上的领导人也面临着一些发展缓慢或不常见的问题，但他们数百年来并未关注到气候变化、生物多样性瓦解或人工智能威胁等问题，因为技术、贸易和社会进步还未引发这些问题。[21]

这些全球性的慢性问题会导致其他复杂化的问题发生。从一开始，治理就依赖于司法管辖权，以及行使在该领土内选区、州和民族的权力。然而，近几十年来，这一原则经受了越来越多的考验。现代政治家必须处理的问题远远超出了他们在地理上和时间上的选举责任的范围。

在地理上的挑战是显而易见的。受到全球化的影响，现在有无数的政治问题受到国际趋势影响而超出了地方决策的范围。

与此同时，政治也会变得越来越时间化。21 世纪的许多重大挑战都可能产生几十年甚至更长时间的影响。问题在于，这个时间跨度与政治术语不符。无论你是总统、州长还是地方议员，任期长短——以及下一次选举的临近——都不可忽视。世界各地的选举间隔通常是4—5年，但在一些地方甚至更短。[22]例如，马萨诸塞州的州长任期为4年，而邻近的新罕布什尔州和佛蒙特州的州长每2年就要进行一次选举。因此，虽然某次选举活动结束后可能有一个短暂的窗口期，但下一个竞选活动很快就会开始。

一些研究人员将任期长短和政治问题跨度之间的差距称为"时间不一致"。[23]其他人如政治学家西蒙·卡尼，称之为"不匹配"。[24]卡尼还指出，无论是因为下一届政府有其他优先事情需要处理，还是仅仅因守旧的习惯，即便这位政治家决定做正确的事情，也不能保证其继任者会传承其美德。他将这种现象称为"跨时期无政府状态"，意在说明没有哪个政府能够保证其继任者会采纳前任官员的建议或政策。

所有这一切都意味着，大多数的机构都会处理紧急的、可控的急性问题，而不是防范慢性问题。用大卫·斯托克曼的话来说，这将是30年后"其他人需要处理的问题"。

综上所述，人们可能很容易得出这样的结论，即问题出在民主①本身——其他政治制度更适用于长期执政。然而，在权力集中的国家，当今的政治优先事项同样可能促成短期主义决策。

历史上有很多这样的例子，专横的领导人抓住权力不放，作出损害公民长期利益的决定。例如，在 16 和 17 世纪，奥斯曼帝国的独裁统治者经常作出短期主义决定，杀死或监禁所有潜在的继承人，这对他们自己有利，但国家却缺少了有能力的继承人。1595 年，穆罕默德三世（Mehmed Ⅲ）命令他的手下用一根丝绳勒死了他的 19 个兄弟，并把他们的亲戚锁在镀金的笼子里，或者将其藏在宫殿里。[25]继承人在童年时就受到囚禁，他们通常生活舒适，吃得很好，但与外界完全隔离。当最终登上王位时，由于经受过这种极端的孤立，他们不懂得如何统治国家，对国家事务知之甚少，身体和精神健康状况很差。从长远来看，帝国遭受了损失。

通过对各国政府长期政策的分析印证了专权主义长期的神话。研究人员杰米·麦奎尔金（Jamie McQuilkin）提出了"代际团结指数"的概念，这主要通过 9 项指标来衡量各国

---

① 本节所谓的"民主"，均特指西式民主。——编者注

的长期规划情况。[26]

环境领域

森林退化率

低碳能源消费比重

碳足迹

经济领域

调整后节余净额

往来账户余额

财富平等权

社会领域

小学师生的比例

生育率

儿童死亡率

2019 年，麦奎尔金与《好祖先》（*The Good Ancestor*）一书的作者罗曼·克兹纳里奇（Roman Krznaric）合作将西式民主制度与其他政治制度进行了比较。

以下是部分国家的排名情况：

1	冰岛	14	西班牙
2	瑞典	15	斯里兰卡
3	尼泊尔	16	芬兰
4	瑞士	17	克罗地亚
5	丹麦	18	荷兰
6	匈牙利	19	保加利亚
7	法国	20	白俄罗斯
8	哥斯达黎加	21	越南
9	比利时	22	新西兰
10	乌拉圭	23	意大利
11	爱尔兰	24	卢森堡
12	奥地利	25	中国
13	斯洛文尼亚		

这是西式民主的胜利吗？不完全是。你可能会注意到，排名中也没有很多富有的西方国家。在七国集团（Group of Seven，简称"G7"）中，只有法国和意大利排在前25位，而德国排在第28位，日本排在第29位，英国排在第45位，加拿大排在第55位。

那美国呢？曾一度被誉为"山巅闪耀之城"，美国排名一直下滑到第62位，低于俄罗斯（第60位）——与其他国家相比，美国的碳足迹排放和儿童死亡率高得惊人。[27]

获得高的得分似乎没有单一明显的原因，但有一些值得注意的相关性。例如，麦奎尔金和克兹纳里奇指出，政治稳定的国家可能得分较高，这是有道理的，因为一个不稳定、脆弱的政府总是更关注短期生存，而不是代际团结。高的得分也与地方分权有关。

显而易见的是，财富并不能提高排名。与 G7 一样，其他 GDP 高的国家同样没有在前几名中，比如韩国排在第 32 位，澳大利亚排在第 50 位，巴西排在第 54 位，印度排在第 68 位。如果欧洲、中美洲和亚洲的小国能够名列前茅，这意味着许多其他国家的政府原则上可以效仿他们，比如从制定长期的社会和环境政策开始。

不幸的是，我们本可以从这些排名靠前的国家身上学到长远治理观的经验教训，但到目前为止都被忽视了。与此同时，一些鼓励短期主义的外部力量可能会变得更糟。当下的重点就是探索缘由。

视角延展和巴克斯顿指数

尽管狭隘的行为方式一直存在于民主政治内部，但在 21 世纪，西式民主政治以外越来越多的外部压力也迫使领导人目光变得短浅。近几十年来，政客们被卷入了比选举周期更短的关注时间框架。我称之为视线延展，它是由多种原因造成的。

政治与社会其他短期主义阶层相互交融，在许多情况下，这些阶层对决策的影响也越来越大。毕竟，决策不会化为乌有。

这是一种研究不同领域如何相互作用的方法，这种方法称为巴克斯顿指数，可用于粗略衡量。这让你看到，政治和与之相关联的领域（如商业、媒体、智库等）具有不同的视野。

巴克斯顿指数最初由约翰·巴克斯顿（John Buxton）提出，它以年为单位，指一个实体制订计划的平均时间。[28] 一个有代表性的公司的巴克斯顿指数可能是 1—2 年，而一个专注于气候变化的科学咨询小组的巴克斯顿指数可能是 30—80 年。[29]

综观政治不同部门，巴克斯顿指数有所不同。环境和养老金部门可能比商业和文化部门更富远见。一位政治家参加讨论 2030 年可持续发展目标的联合国会议，这可能会暂时提高巴克斯顿指数，却会因为某个决定而再次降低指数。坦率地说，一个具有代表性的政治家会关注下届选举，但不完全被个人职业前景左右，他的巴克斯顿指数可能是 5—10 年。

然而，这位政治家遇到的许多商人的时间规划期限可能要短一些。企业利益对政策影响很大，促使政府关注较短期的经济增长，比如采取减税或放松监管的措施。政治学家发现，在美国和欧洲，企业已成为在政治体系中运作的最大单一利益集团。[30] 几十年前，企业更有可能通过行业协会进行集体经营，为他们共同关注的问题以及所在行业的整体发展和运营进行游说。但在大西洋两岸，个别公司已经开始广泛参与政治进程，并成为主导力量，每家公司现在都在为自己的盈亏底线进行游说。（更广泛地说，资本主义压力也引发了一种称为"贴现"的经济实践，这影响了未来人民的福祉，并使政治短期主义能够获得经济正当性。贴现做法很复杂，且影响深远，所以我们将在本书的第三部分进行详细探讨。）

然而，资本主义并不是政治内部视角延展的唯一原因，还有来自新闻媒体的压力，可以说，新闻媒体的眼光比商业领域更短浅。为了理解其重要性，让我们来看看近年来记者和政治家之间的关系是如何变化的。

媒体问题

2019 年的一天，当我准备发表一篇关于新闻业远见的演讲时，我决定借鉴 10 年前的 BBC 的新闻头版。

以下是我在 2009 年 2 月 24 日看到的头条新闻。

美国经济衰退可能会持续到 2010 年

西班牙主动向关塔那摩提供帮助

纳粹主教离开阿根廷

哈德逊飞行员主张建立安全资金

奥巴马赞扬美日同盟

英国否决公开伊拉克战争档案

美国宇航局的"CO_2 hunter"项目失败

意大利和法国签署核协议

默多克为"种族歧视"漫画道歉

我对以上转瞬即逝的标题感到震惊，而在 10 年之后，其中的大多数事件都会变得无关紧要。事后来看，有多少事件是真正长久的？除了提到经济衰退，他们甚至没有告诉我当时最具影响力的事件，也就是在几个月前发生的全球金融危机所产生的后果。

在某种程度上，这是一个关于习惯的问题，20 世纪建立起的新闻媒体规范还没有适应当下慢性问题的挑战。例如，在华盛顿特区，关于税收立法的讨论往往比人工智能威胁的讨论会占据更多的专栏篇幅和播出时间，这是因为像税收这样的问题一直存在。[31]

但事情远不止如此。政府的决策很少富有远见卓识。相反，关于政治新闻的流传是存在争议的，围绕当前的突出问题，有赢家和输家。争议也是显而易见的。如果你是一名制片人，你可以拍摄政客们在议会中一决雌雄的场景，新闻秘书和总统们在讲坛上回答尖锐的问题，以及播报关于愤怒选民的舆论。

如果你试图用同样的方法来处理长期问题，那么新闻版面就会变得更加单调乏味，只剩下索然无味的双向采访，也许还可以依靠一些库存片段。善于反思的记者有时会懊悔地表示气候变化应该是每年每天的头条新闻，因为这是本世纪最大的新闻。但不能这样做，因为气候变化并不新颖，除非你能把昨天发生的野火或飓风归咎于气候变化，它没有有形的意象，因为其最重要的影响将在未来发生。

据定义，新闻是前一天发生的事情，甚至是刚刚发生的事情。如果新闻有任何前瞻性计划，那么它通常以天和周为单位，而不是以年或几十年为单位。正如《卫报》（Guardian）前编辑艾伦·拉斯布里杰（Alan Rusbridger）曾经说过的："新闻工作往往是一面后视镜。我们更愿意处理已经发生的事情，而不是未来的事情。我们喜欢那些与众不同的、众目睽睽之下的东西，而不是那些普通的、隐藏的东西。或许还有其他不同寻常、意义重大的事情正在发生——但它们可能发生得太慢或太隐晦，无法吸引新闻编辑室里不耐烦的记者，也无法得到上班路上疲惫不堪的读者的关注。"[32]

自从我们开始印刷报纸以来，这些新闻习惯就已经存在了，但"现在"的力量在最近几十年被放大了。这一切始于 20 世纪末 24 小时电视新闻的出现，它将信息和娱乐交织在一起。美国一个名为"洛基山媒体观察"的活动组织曾通过分析美国大约 100 家地方新闻台的输出，揭示了电视新闻行业最坏的习惯。[33] 作为一名记者，亲自阅读他们的发现成果是一种很不舒服的经历——尤其是因为他们在电视新闻诞生之初就对我所在的行业进行警告，在那之后变得更糟了。

他们发现电视新闻中有三个共同的主题。

混乱。关于犯罪、天灾人祸的故事会令人感到兴奋、恐惧……这种暴力会比幻想或娱乐产生更大的影响，因为它是真实的。

异常值、悲剧和震惊之所以成为新闻焦点在于其不寻常性。总的来说，这些故事会让人们对世界的真实面貌产生一种不切实际的想象。如果某件事可以成为头条新闻，从本质上来说很可能是罕见的或不寻常的。这也解释了为什么政治新闻忽略了更无聊、更功能化的治理过程。

无价值的东西。软绵绵的动物、可爱的孩子，富人和名人的故事，在黑暗混乱中增添了一抹喜剧色彩。无价值的东西引发了观众深层情感反应，它刺激了人们的感知力。

当然，没有理由说新闻不能是正面的，但这些报道往往未能捕捉到真正的好消息，例如，暴力犯罪行为减少或全球贫困人口长期下降，或者曾经受排挤的人获得了更大的权利。

巴甫洛夫学说。简而言之，巴甫洛夫学说是一个"可预测的结构"。新闻的呈现形式，使它接近于某些特定的模式中的故事。在电视上，信息通过特写镜头传递。在政治上，这可能是"部长性丑闻"，或者是根据最新信息作出使得"政府态度发生180度大转弯"的决定。除去个人和问题的影响，故事的架构总是一样的。

由于在党派电视台和社交媒体真正占据主导地位之前，洛基山的运动领导者就开始关注美国电视，因此我想再加上一个现在也占据新闻主导地位、让人们关注当下的额外主题——**愤怒**。今天的新闻不再是被动地理解事实。相反，它鼓励观众在网上表明身份、政治立场和信仰。许多愤世嫉俗的媒体都知道这一点，所以通过固执己见的分析和旨在引起观众反应的故事来提供更多服务。在社交媒体上，愤怒进一步蔓延。

数字时代的到来促进了这些习惯和规范的传播。在互联网的推动下，新闻周期是短而花哨的，且不间断的。当你读到这些文字时，我相信，你今天在网上看到的许多引人注目、令人发指的故事，在10年或更长时间后对它们只会有模糊的印象，然后成为长远悠久的历史故事中的一个补充。如今，许多新闻报道只捕捉到世界的一瞬间，但这样做，它可以将注意力吸引到短暂的当下，而不是识别更深层次的模式。

因此，当一个政客把目光转向一个问题时，一个新的新闻周期又带来了另一个问题，从而把他们拉回到新闻业不间断的时间框架中。

这也许并不奇怪，在媒体取得这些发展的同时，民粹主义兴起了，在这种环境中涌现了一群政治家，他们擅长制造花哨但短暂的新闻以掩盖他们缺乏远见的行为，以及用虚假的声明来玷污论述。

澳大利亚政治战略家林顿·克罗斯比（Lynton Crosby）

提出的"死猫"策略也体现了这种做法。英国前首相鲍里斯·约翰逊（Boris Johnson）曾这样描述克罗斯比的做法："把一只死猫扔在餐桌上有一点是绝对肯定的——我并不是说人们会感到愤怒、惊慌或厌恶。这是真的，但无关紧要。我的澳大利亚朋友说，关键是每个人都会喊，"天啊，朋友，桌子上有一只死猫！"换句话说，他们会谈论死猫——就是你想让他们谈论的事情——而不会谈论让你如此悲伤的事情。"[34]

此刻，我们感到沮丧是可以被原谅的。政客们承受着短期主义的巨大压力，因此很难找到解决办法。但好消息是，有越来越多的个人、组织试图将政府的注意力重新集中到更长远的政治观点上。在许多方面，他们为自己设定了最宏大的任务，他们不仅要求政客们把目光从当前的优先事项上转移，而且还要求领导人关心尚未出生的后代。慢慢地，他们的呼吁开始得到关注。

子孙后代的权利

多年来，许多人都在为子孙后代发声。托马斯·杰斐逊（Thomas Jefferson）认为，每一代人在这个世界上都应该"不受前人的束缚"。1866 年，约翰·斯图亚特·密尔（John

Stuart Mill）在英国下议院发表了一篇关于"对子孙后代的责任"的振奋人心的演讲。卡尔·马克思（Karl Marx）曾经写道：没有哪个社会拥有地球，"他们只是地球的持有者，地球的受益者，必须把更好的地球留给后代"[35]。

但近几十年来，一些让人难以信服的政治倡导者根本不从政，比如，法国探险家雅克·库斯托（Jacques Cousteau）以在海洋方面取得的成就而闻名。

库斯托是潜水先锋、环保主义者和纪录片主持人，但他在生命的最后，也成了一个狂热的信徒，他认为后代不应该拥有一个被破坏的地球，因此开始通过政治宣传来改变人们的想法。库斯托协会的首席执行官曾回忆起与这位探险家的谈话："忘了那些政客吧！他们都是短期主义者。""但我发现了一种有效的方法，那就是确定一个具有情感吸引力的竞选议题，倡导一个具体的政策，获取信件、请愿书和传真。有了成千上万个签名，政客们将加入游行——不——他们将试图领导游行……我想这是唯一的办法。"[36]

20 世纪 90 年代初，库斯托就这么做了。他为子孙后代写了一份"权利法案"。该法案语言清晰、直接，呼吁政治家们认识到每一代人"都有责任作为后代的受托人，防止地球上的生命以及人类的自由和尊严受到不可逆转以及不可挽回的伤害"。"该法案称，各国政府有责任保障这些权利，应当采取适当的措施……保障这些权利，并确保它们不会因当前的权宜之计和便利而牺牲。"

他和库斯托协会随后发布了一份支持该法案的请愿书，最终获得了来自106个国家的900万个签名，这在前互联网时代绝非易事。后来，这项运动鼓舞了像皮埃尔·查斯坦（Pierre Chastan）这样的志愿者，他曾经是一名印刷工人，在他所到之处，他都分发了请愿书。[37]有一次乘飞机旅行时，查斯坦设法获得了所有乘客的签名，之后，他乘坐一艘用树木制成的10米长的船横跨大西洋，并将船命名为"差使"，将一桶多库斯托的请愿书送到了位于纽约市的联合国。戴着库斯托戴过的那顶鲜红色无檐便帽，他甚至成功地见到了时任联合国秘书长科菲·安南（Kofi Annan）。

库斯托为子孙后代发起的运动在当时很少得到政界人士的关注。遗憾的是，库斯托没能活着看到他所付出的努力产生的全部影响，但最终正如他所希望的那样，更多的政策制定者"引领了游行"。

政治的车轮虽然运转得很慢，但确实在转。库斯托去世几个月后，教科文组织将其法案中的原则纳入了对子孙后代的责任宣言，并获得了联合国大会的批准。[38]2013年，联合国发表了一份名为《代际团结与后代需求》（*Intergenerational Solidarity and the Needs of Future Generations*）的报告，[39] 表明了这一问题的重要性，并探讨了设立后代事务高级专员等想法。这一概念是联合国可持续发展态度的核心，可持续发展的定义是"在满足当代人需求的同时，不损害子孙后代满足自身需求的能力"。

最近，联合国作出了更重要的保证。2021 年底，联合国秘书长安东尼奥·古特雷斯（António Guterres）发布了一份报告，将库斯托的担忧与最近关于保护未来的思考结合起来。这份名为《我们的共同议程》（*Our Common Agenda*）的报告概述了赋予后代公民权的建议，并鼓励加强国际合作以应对可能危及未来生存的危机。[40] 古特雷斯的报告呼应了库斯托的想法。他建议任命一位子孙后代特使，就如何代表和保护子孙后代的利益向联合国提出建议。在新冠疫情的冲击下，古特雷斯提议建立一个由国家元首和其他利益攸关方组成的"应急平台"，这样在出现流行病、核事件或生物危击等急性问题时可以充分利用该平台。

虽然联合国报告是一种意志宣言，而非确定宣言，但也需要成员国的支持。尽管如此，它仍被解读为一种长期政治思维的实践，强调我们在不忽视当前问题的情况下，关注人类长期发展产生的影响。具有重要意义的是，30 年后，联合国秘书长终于领导了库斯托协助开展的"游行"。

与此同时，世界各地的一些其他组织和个人也开始认同这个观点，即后代应该在政治中具有代表并能行使权利。世界各地，诸如芬兰、日本、新加坡和匈牙利等国家都在努力将代际权利纳入政策。

在这些努力的影响下，我在 2019 年年中观看了伦敦上议院的一场辩论。这场辩论的主题是子孙后代的权利，以及鼓励政策制定者在决策时更多地关注子孙后代。

议会大厦感觉不像是一个以未来为导向的地方。每当我参观这里时，我都会感到惊讶。与世界其他地方的立法大楼相比，这里大多由过去的物件组建而成。这座建筑本身正在漏水，摇摇欲坠，是一个充满古老习俗和传统的地方。

和我一起在上议院观看辩论的是罗曼·克兹纳里奇。近年来，他一直是后代权利的杰出倡导者，在他的《好祖先》一书中，他呼吁一场由所谓"时间反抗者"组成的新运动。现代民主是他的论点之一。他在一篇文章中写道："我们把未来看作一个遥远的、无人居住的偏远地区，在那里我们可以随意对待生态退化、技术风险、核废料和公共债务，我们可以随心所欲地进行掠夺。"[41] 未来未出生的公民对此无能为力。他们不能像妇女参政运动者那样站在国王的马前，不能像民权抗议者那样堵住阿拉巴马州的桥，也不能像圣雄甘地（Mahatma Gandhi）那样发动食盐行军来反抗殖民压迫者。

他说，可以在历史中进行比较。当英国在澳大利亚建立殖民地并迫使已经生活在那里的土著居民迁移时，是借鉴了现在被称为"无主土地"，即"没有人的土地"的法律原则。他写道："今天我们认为'时间无效'。未来是一个'空的时代'，一片无人认领的领土，同样没有人居住，就像遥远的帝国领土一样，理所当然是我们的。"

我在大厅里转来转去，之后一位官员才把我们带到旁听席观看那场辩论。我们在那里观看约翰·伯德（John Bird）勋爵推出的关于子孙后代的政策。他的计划是起草立法，迫使政策制定者在决策时采纳远见思维，后来他的想法落地为《未来世代福利法案》（*Wellbeing of Future Generations Bill*）。[42] 如果法案通过，成为一项法律，它将迫使公共机构在公布政策决定的同时，公布对"未来世代的影响评估"，而一位受到特别任命的未来世代专员将审查他们的表现。

伯德本人很粗鲁，如果你碰巧遇到他，和他喝一杯酒，他就会讲一些粗鲁和不合时宜的故事。当他开始讲述新鲜故事时，他的助手们都会很不自在。但毫无疑问，在他的一生

中，他对社会上最弱势的群体给予的支持要比下议院的许多
政客还要多。作为《大问题》（The Big Issue）杂志的创办者，
他帮助了成千上万个无家可归的人重新振作起来。这种背景
和经历使他有别于许多与他坐在一起的世袭贵族。

当伯德开始关于后代的辩论时，我在走廊上俯视着其
他议员，他们都坐在红色的长皮椅上。议长坐在议长席上，
席上有一个塞满羊毛的大垫子，这一传统可以追溯到 14 世
纪——最初是为了提醒人们羊毛贸易在当时的重要性，但如
今更好地反映了一个国家最大的经济优先领域往往不会长期
发展下去。一位坐在我正下方的勋爵，他的长凳上倚着一根
手杖。其他人说话时，他伸手去拿手机。在接下来的一个小
时里，他的拇指在屏幕上划来划去，悠闲地玩纸牌游戏。

伯德在他的演讲中解释说，在与无家可归者打过交道之
后，他意识到了后代的重要性。他说："我曾经非常关注当
下，因为过去已经失败了……我厌倦了不停地修理坏掉的钟
表，我想从一开始就阻止钟表坏掉。"他大部分的金钱和时间
都花在了处理无家可归和毒瘾发作的人等紧急情况上，而不
是花在试图阻止导致这些问题的发生上。他说："我不认为我
们能找到解决贫困问题的办法，除非我们能彻底改造未来。"

他解释说，在英国以外，其他国家的政府已经开始采取

一些措施。保护子孙后代福祉的议案已经在威尔士通过并被纳入法律。在 2015 年一项新法案通过之后，威尔士的政策制定者们现在不得不考虑政策的代际影响，同时任命索菲·豪（Sophie Howe）为未来世代专员。

我在威尔士的一个雨天遇到了豪，当时我正在为 BBC 组织一个活动。作为警察部门的前高级领导，豪解释道："卫生委员会、地方当局和国家机构，以及真正重要的是威尔士政府本身必须证明他们如何作出既能满足今天的需求，又不损害后代的决定。"虽然她没有谴责的权利，但她至少可以点名批评短期主义的政治家。

公平地说，这个过程并不完全顺利——改变根深蒂固的政治官僚机构需要时间。豪的管辖范围仅限于地方或区域，她的成就包括取消了修建会加剧气候变化的绕行公路，以及游说学校进行考试改革。芬兰和瑞典建立了议会咨询小组以培养更长远的眼光，匈牙利也任命了为子孙后代服务的监察员。威尔士以自身实践一直在激励其他国家或地区在治理方面重新评估自身规范和文化。

回到上议院旁听席，我看着伯德继续谈论榜样威尔士的力量，以及英格兰如何能做到同等程度。他并没有赢得普遍认同，保守党世袭贵族詹姆斯·贝瑟尔（James Bethell）勋爵表达了他的担忧，"我担心有人会代表不在场的人进行政治干预。我也担心有人会在投票站代表父母投票"。

但他属于少数派。伯德得到了参众两院众多同僚的支持。在 2019 年英国大选之前，所有主要政党领导人都签署了"后代保证"，该保证要求议员们承诺考虑未来人民的权利，并"努力预防包括气候危机和贫困在内的问题的发生，而不是处理短期的政治紧急情况"。这可能只是口头上的保证，但这只是一个开始，值得注意的是它得到了跨党派的支持。

豪在威尔士的努力和伯德在英格兰的竞选活动成为许多人关注的焦点。近年来，这场"未来世代运动"催生了许多其他的改革建议。

我最喜欢的观点之一是哲学家泰勒·约翰（Tyler M. John）和威廉·麦卡斯基尔（William MacAskill）提出的"代际连锁效应"。[43] 为了激励人们着眼于长远，两人建议，政治家养老金多少不应等到下一辈政客决定。这将为个人提供一个明确的动机来关心自己的长期决策。给自己的继任者留下劣质遗产的政客会给自己招来祸端。

约翰和麦卡斯基尔最终还建议，立法机构成员可以由选举产生的代表组成。他们建议，在英国的制度中，这可能包括在政府立法部门设立一个专门为子孙后代谋福利的上院。

政治学家西蒙·卡尼提出了其他（或许是更现实的）方法，将政治注意力转向长远的视角。他建议在议会日历中选取特定的日子设为"未来愿景日"，或者是发表"未来联盟国情咨文"演讲，让政党、非政府组织和其他组织参与对未来的公开审议。他还建议政府和反对党在选举前制定一份"未来宣言"。

组建代表后代的公民集会或"迷你公众团体"可能是另一种途径，它有时被称为"未来委员会"，采取一种协商民主的形式，甚至可以角色扮演未来的人。它将建立在已经在世界范围内部署的公民大会的基础上，以塑造从爱尔兰到比利时的现实世界的政策。[44]

在 2020 年底，在非营利前瞻性组织国际期货学院组织的一次会议上，我自己简单地进行了角色扮演练习。我想象自己是一个叫亚当（Adam）的人，生活在 21 世纪 40 年代，经营着一家国际连锁超市，为两个十几岁的孩子对科技和职业的态度感到困扰。我的会议小组里的另一个人扮演政府部长。在扮演亚当这个角色时，我惊讶地发现自己谈论的重点与我目前的生活相去甚远，比如亚当与他十几岁孩子的关系。这只是一个简短的练习，但想象一个未来的人的需求、观点的简单行为，是一种跨越时间体验同理心的有趣方式。

这个未来委员会的想法反映了一个起源于日本的实践，叫作"未来设计"。这项研究由京都人类与自然研究所的经济学家斋条达吉（Tatsuyoshi Saijō）领导，研究要求人们穿上礼服，站在子孙后代的角度考虑政策的利弊。这个简单的仪式可以改变他们的思维方式。[45] 斋条达吉和他的同事们发现，人们更有可能批准一项在 2060 年可以改善他们所在城镇长期供水基础设施的现行税收政策，并让亚哈巴镇等地产生了切实的政策变化。斋条达吉将这种时空移情行为描述为"未来能力"。他写道："当一个人决定并采取行动放弃当前的利益来造福后代，从而让自己的幸福感增加时，他 / 她就会展现出未来的能力。"[46]

前方的道路

毫无疑问，打破狭隘的政治体制是一项艰巨的任务。无论好坏，体制总是倾向于支持现在的选民。

然而历史表明，政治变革是可能发生的。未来的人们及其需求在现在可能被忽视，但在过去其他代表性不足的群体——妇女或美国黑人，也会受到忽略。那些在几十年甚至几个世纪前推动这些变革的人，在着手争取更公平的政治举措时，也会感到同样的气馁。

19世纪30年代，阿历克西·德·托克维尔写道："政治家的作用是照亮未来，而不是掩盖未来。"他说："在资本主义社会，从对贫穷的恐惧到获得财富的机会，很多事情都分散了公民的注意力，在这些'命运的永恒波动'中，现在变得越来越重要；它隐藏着正在被抹去的未来，人们只想着第二天……人的视线范围是有限的。"[47]

因此，托克维尔总结道："（政治家们有一个更大的责任）政府必须努力让人们恢复对未来的热爱，因为宗教和社会的现状已经无法再激发起人们对未来的热爱。"

多年来，有一件事让我感到欣慰，那就是从广义上讲，长期主义可以成为所有政治派别都能支持的事业。短期主义往往与种族的、分裂性的政治联系在一起。但当讨论到对子孙后代的责任时，这个想法往往会赢得两党支持。当有人呼吁把一个未被破坏的地球传给我们的子孙后代时，这可以让人们共同承担起一项比日复一日的党派政治斗争更崇高的使命。放眼长远并不一定意味着要作出牺牲。如果我们能更有远见，对我们当下和后代都有好处。

在前面的三章中，我们研究了导致社会时空狭隘行为的压力。我们已经看到，文化、资本主义和政治的各种因素的影响越来越大，根深蒂固的坏习惯、不一致的目标和系统性压力阻碍了人们的长远眼光发展。但值得高兴的是，如果我们能确定这些影响是什么，以及它们是如何结合在一起的，这些影响就有可能避免。

但是，为了逃离时空狭隘主义时代，向思想长远的社会迈进一步，我们还需要更好地理解人类思维的运作方式。如果第一部分讲的是外部压力推动人们的行为，那么我们接下来的就是需要审视自身。我们的目标是探索人类如何进化出思考时间的能力的，以及人们的心理是如何塑造他们对过去、现在和未来的态度的。这样做的目的是更丰富地了解如何培养个人的长远思维，避免短期偏见，掌握我们的认知潜力。故事从弗吉尼亚·伍尔夫开始，讲述一只非常淘气的黑猩猩和一位拥有地球上最稀有大脑之一的人的故事。

第二部分

时空观心境：

开启我们对时间的认识

守时的猿类

时间长河中如果没有发明，时间的价值则荡然无存。

——亨利·柏格森（Henri Bergson）[1]

作家弗吉尼亚·伍尔夫沉迷于对时间的感知探索。受 20 世纪初哲学家的影响，她认识到钟表刻度上的时间与人实际感受到的时间之间存在明显差异。[2] 虽然分针和秒针按照规律的节奏嘀嗒作响，但她认为在心理层面上，过去、现在和未来之间是互通的。

在《达洛维夫人》（*Mrs Dalloway*）中，克拉丽莎（Clarissa）的思绪不断在回忆和现实之间游荡，突然，她的思绪被大本钟规律的钟声打断，她被拉回了现实，"钟声隆隆地响起来了，开始是预报，悦耳动听；接着是报时，精准无误。一圈圈沉重的音波在空气中渐渐消失"。[3]

几年后，伍尔夫在《奥兰多》（*Orlando: a Biography*）

中深入探讨了这个主题。

　　然而不幸的是，尽管时间影响了动植物的兴衰发展，但无法对人的心理产生同样的功效……时钟上设定 1 小时，一旦进入人类的大脑之中，就可能被拉长五十或上百倍；1 小时在人类心灵上，有可能短得像一秒钟。钟表刻度的时间和人类心灵实际感受得到的时间，存在着巨大差异，但人类对此尚知之甚少，还有待进一步探索研究。[4]

　　所以，我们从伍尔夫那里得到启发，现在开始更全面的调查。

　　自 20 世纪初的哲学理论问世以来，对时间感知的科学理解已经取得了长足的发展。人类精神世界中过去和未来的矛盾与斗争，远比伍尔夫和其同时代人所意识到的要复杂得多。我们现在知道，人类思考"现在"之外的事件的能力并非一个简单的行为，这是一种非凡的才能。人类花了数百万年才来到这个星球，地球生命已经存在了数十亿年，而我们却没有能力描绘更长远的过去或未来。

　　这种能力虽然宝贵，但并不完美。正如我们在第一部分中所了解到的，有一系列文化压力汇聚在一起，阻碍了社会、企业和政治体系作出长期决策，促使在其中运作的个人作出相对狭隘的选择。但是，这些客观因素并不是我们需要具备远见思维的唯一原因。要找到根本原因，我们还必须更深入地研究我们大脑的运作方式。如果我们想变得更有远见，就需要更清楚地了解当我们心中所想的超越当下时，我们的大脑中会发生什么。

因此，在接下来的篇幅中，我们将探索人类对过去、现在和未来的特定认知是如何塑造的。我们从祖先那里继承了什么样的心理架构？大脑对思考长期时间尺度的适应程度如何？在对我们的心理发展进程有了充分了解之后，我们能否开启一种新的思维方式？

我们的探索始于观察、比较我们与动物王国中的近亲血统之间的能力差异，尤其是与那只瑞典的黑猩猩。

在福瑞维克动物园，有一天，饲养员注意到他们的一只黑猩猩的行为有些异常。一只名叫桑蒂诺（Santino）的雄性黑猩猩开始有条不紊地捡起石头，并在其围栏周围将石头堆成小堆。它收集石头的习惯当然不是出于对地质学感兴趣，但这种行为是令人震惊的。

清晨，桑蒂诺会慢悠悠地从它附近的沟渠里收集石头。它甚至还会敲击看看石头是否坚硬，再来搬动石头。它建造的石堆分布在 6 个不同的地方，有的在干草下面，有的在木头后面，但几乎都是在靠近游客观赏区的位置。当时，它是唯一的雄性，而雌性黑猩猩对它的所作所为几乎不感兴趣。

动物园开始营业时，我们就明白了桑蒂诺这一系列操作的目的。一般在午饭前，人们聚集在一起往下看围栏时，它就走到它的石堆旁，开始向人群扔石头。饲养员冲出去提醒大家小心这些石头，接着把桑蒂诺带进去，然后也许会狠狠地训斥它一顿。

在接下来的几天里，饲养员试图让桑蒂诺远离人群，但事实证明这行不通，因为他们所能做的就是用人类的语言命令它。因此，动物园工作人员只能提醒游客不要靠它太近。一位饲养员将这些事形容为桑蒂诺的"冰雹风暴"。经过 5 天的"投掷"后，动物园工作人员召开了一次会议，会上决定桑蒂诺白天不能再外出。

桑蒂诺的故事不只是灵长类动物的一场恶作剧行为。当科学家们来到动物园研究它的行为时，他们被其中蕴含的目的所震惊。[5]初步证据表明，动物有着比人们想象中更复杂的前瞻性计划的能力。当桑蒂诺在早上从容地收集石头时，它是否能想象午饭前投掷冰雹般的石头的快乐？从表面上看，它似乎确实能想象到。

然而，桑蒂诺的行为是罕见的。没有其他黑猩猩做过这样的事情，我们也没有在野外观察到其他动物有类似的行为。这对动物园游客来说是个好消息，但对科学来说是个坏消息，饲养员后来被迫只能采取一些措施来抑制它的攻击性，阻止它的这种阴谋，所以人们对它的这种异常行为永远都无法了解更多。更悲伤的是，对于桑蒂诺来说，这种干预简直就是阉割，抑制了它的创造力。[6]

能够让心灵之眼穿越过去、现在和未来，这是人类独有的才能吗？几个世纪以来，哲学家们都是这么认为的。亚里士多德认为，其他生物都被锁定在当下。[7] 在 19 世纪，弗里德里希·尼采（Friedrich Nietzsche）认为动物是幸运的，它们不需要背负过往记忆的负担。他在描述牛时写道："它们不会明白昨天和今天的意义……对于它们来说，每一刻都真正地消失了，沉入黑暗和迷雾中，永远熄灭了。"[8]

科学家们对此不太确定。桑蒂诺的案例并不是唯一一个与人们假设相悖的例子。在实验中，一些圈养的猩猩在使用工具时表现出其具有基本的前瞻性规划的能力。[9] 显而易见的是，老鼠能够记住迷宫般的空间路线，以帮助它们在之后寻找退路。人们还观察到山雀会优先将食物藏在它们已经知道第二天会空无一人或废弃的地方。

尽管如此，一些动物是否能像人类一样计划事情在进化生物学家中引起了争论。[10]这些看起来很复杂的行为可以用其他方式来解释。在解码动物行为时，许多研究人员仍然对臭名昭著的"聪明汉斯马"的案例记忆犹新，这匹马在20世纪初以惊人的算术能力和其他智力成就震惊了人们。事实证明，这匹马实际上是在对驯马师肢体语言中无意识的暗示作出反应，它根本就不聪明。

科学家们所知道的是，绝大多数动物不具备像人类那样长期映射思维的能力或潜力。虽然桑蒂诺和其他动物很可能能在几个小时内进行前瞻性计划，但没有证据表明它们可以灵活地在几年、几十年甚至几个世纪内规划自己的思维。

主要障碍之一可能是它们缺乏复杂的语言。进化心理学家迈克尔·科尔巴里斯（Michael Corballis）写道："语言的设计特征之一是移位性，指代非现存事物的能力。[11]我们周围充斥着小说、八卦、篝火旁的故事、媒体，对我们中的一些人来说，还有科学出版物。历史记载可以带我们穿越几个世纪，科学（甚至科幻小说）也可以带我们进入想象中的超越寿命的未来。"

并不是说动物无法学习有利于它们未来的东西。您的狗"知道"您是谁、能识别您的气味和您的声音，也知道您是食物和关爱的来源。正如伊万·巴甫洛夫（Ivan Pavlov）所展示的那样，它们会因期待美味佳肴而垂涎三尺，甚至一只绵羊也可以通过训练来识别人脸。正如一个令人欣慰的实验所证明的那样，在该实验中，动物被训练成可以成功辨别杰克·吉伦哈尔（Jake Gyllenhaal）和艾玛·沃特森（Emma Waston）的脸。[12]

　　但是狗或羊只是形成了简单的联想。虽然许多生物可能看起来是为了获得未来几天或几周的福利而采取行动，但它们的行为更接近于无意识。因此，当蜘蛛织网、熊囤积食物、鲑鱼逆流而上时，它们的行为并不是由类似于人类的记忆来决定的，它们也没有为自己的未来制订一个战略计划。相反，它们的行为是几千年前通过自然选择产生的一种先天驱动力：它们做自己该做的事，因为那是它们成功的祖先所做的。

　　人类与绝大多数动物之间的差距之大，可以从卷尾猴令人困惑的进餐习惯中看出。卷尾猴有着深色的臀部、浅色的面孔和卷曲的尾巴，它们很容易被认作是"风琴手"，或者是电视剧《老友记》（Friends）中罗斯·盖勒（Ross Geller）养的宠物。早在 20 世纪 70 年代，科学家迈克尔·达马托（Michael D'Amato）在他的实验室里观察了一群卷尾猴，并为它们缺乏远见而感到震撼。

每天到了喂食时间，达马托实验室里饥饿的猴子都会狼吞虎咽地吃饼干，直到吃饱为止。那么，它们是怎么处理剩余的饼干的呢？将饼干存放起来以备不时之需？不，它们会互相扔食物，并把食物像飞盘一样扔出笼子。几个小时后，它们又饿了，又会不断重复这种行为。[13]

正如伯特兰·罗素（Bertrand Russell）在1954年所说："当动物感到饥饿并且把食物摆在它们面前时，它们就会急于进食，它们的这种欲望特征在现在和未来之间并没有任何差异。"[14] 相比之下，人类会提前计划在几天、几个月甚至更长时间内来满足未来的欲望。在最好的情况下，我们能够像《圣经》故事中的约瑟夫（Joseph）那样思考，他知道7年丰年之后将是7年贫年，因此鼓励储存多余的谷物。

罗素曾写道："使人类生活不同于动物生活的所有原因中，有远见是最重要的，并且随着时间的推移，远见变得更加重要。"从农业的出现到法律、教育和政府的出现，历史上所取得的这一系列的成就都是基于对未来的长远考虑。

我们似乎很久以前就已经进化出了认知架构，可以让我们的心理预想跨越时空。事实上，这可能是使人类成为地球上最先进物种的关键适应性之一。那么这些是如何、何时以及为何发生的?

"心理时间旅行"的起源

想象一下生活在大约 280 万年前开始的第四纪时期是什么样子。这是一个存在大型哺乳动物(猛犸象和巨型树懒)的特别时期,气候在不断剧烈变化。

此时,智人出现了。某个时候,我们的祖先们从森林移居到了大草原。大草原将成为一个非常好的人类智慧检验场所。在开阔的空间里,生活变得更加危险和不确定,人类需要狩猎、迁徙和战斗等。这些远古的狩猎者的生活地点会随着资源的枯竭而频繁移动,并且需要为狩猎做计划,比如制作简单的石器工具,并前往捕杀地点。后来,在非洲进行的长途迁徙对人类记忆和计划有着更高的要求。智人大约在 30 万年前出现,到第四纪时期结束时,将遍布全球的每个角落。[15]

关于智人为什么能在第四纪时期如此成功,有很多原因,从利用火到互相合作,再到大约 7 万年前语言的出现,直至"认知革命",智人的繁荣发展史是一部不断适应环境变化的进化史,更不用说还有好运气了。[16]

然而,如果没有对过去、现在和未来的这些更复杂的认知的出现，我们在史前时期取得的所有进展都是不可能发生的。在此期间，我们的远古祖先获得了时间旅行的能力——至少他们已经在大脑中幻想了。

澳大利亚的托马斯·苏登多夫是最早描述人类进化过程中的这一阶段变化及其重要性的进化心理学家之一。

我第一次见到苏登多夫是在 2016 年的悉尼。他穿着一件花衬衫，耳朵上戴着一个黑色耳钉，尽管他在悉尼生活了几十年，但他的德国口音并没有受到澳大利亚人的影响。他出生在德国弗雷登的小镇上，年轻时对天主教教义感到厌倦，并被科学吸引。他决心探索是什么让我们成为人类的重大问题，或者用他的话说，为什么我们会成为现在这样一个特殊的物种。[17]

他在东南亚担任了一段时间的社会公益救护车司机，之后四处旅行漂泊，最后来到了新西兰，与进化心理学家迈克尔·科尔巴里斯一起工作。他住在怀赫科岛上的一艘船屋里，靠化学电池和太阳能电池供电。正是在那里，他写了一篇硕士论文，为他以后的职业生涯奠定了基础。[18]实际上，他被迫写了两遍，因为他的船屋停电后，他丢失了初稿。

他所关注的具体难题是人类思维的进化，以及我们与动物之间的认知差距。人类究竟发生了什么变化，让我们能够主宰地球，畅通无阻地对世界进行构建和塑造？为什么我们的一些原始祖先留在森林里，而我们却能建立城市、发明技术、创造文明？

他提出，支撑我们进化成功的一项重要技能是进行"心理时间旅行"，它允许我们回忆过去的情节和构建未来的事件。这意味着你可以在你的脑海中重演记忆，例如你昨天吃的东西、你的上一次假期、你童年的家，也可以在脑海中将自己和他人投射到可能的未来，如今天的晚餐、明年的海滩旅行、你想象中退休后居住的房子。

苏登多夫认为，动物无法像我们一样将它们的知识和行为融入过去和未来的丰富画布中。他提出，心理时间旅行造就了现在的我们。[19]

对于我们的祖先来说，在危险的草原上前进，心理时间旅行会提供明显而强大的优势。想象一下，两个人即将进入熊的洞穴：在外面犹豫并想象被吃掉的人，会比盲目进入洞穴的朋友活得更久。在交流成为可能之后，这些早期的人类会意识到他们可以共享食物来源的记忆，还可以传递关于捕食者的警告或将来要避免的危险地点的信息。其他的事情只能听之任之，由自然选择进行优胜劣汰。

在更新世时期，进行心理时间旅行并不是智人独有的。

各种原始人类可能已经发展出这种技能。考古学证据表明，直立人制造手斧，可能是为了以后屠宰动物。他们的制作工具技能显然是代代相传的，他们保留的斧头比日常使用的要多得多，这些都是为将来做准备的。后来的尼安德特人和丹尼索瓦人应该也有这种技能。尼安德特人的墓葬表明，他们可能有一种超越个人生命的未来感。[20] 然而，随着这些祖先的消亡，人类与其他物种之间的能力差距越来越大。

为了了解心理时间旅行的技能对人类（在更新世和以后）来说是多么宝贵，你必须尝试想象一下如果失去它会是什么样子。要走出我们自己的意识是一项艰巨的任务，但我们可以从一些罕见的人的叙述中得到启示。有少数成年人对时间的感知方式与一般人不同，他们无法想象过去或未来，心理学家也曾问过他们的感受。

没有未来的人

肯特·科克伦（Kent Cochrane）是一个与众不同的人。他 1951 年出生于加拿大多伦多郊区，他的童年生活和教育经历都很寻常。他性格开朗，是个喜欢追求刺激的人。但在 30 岁时，他骑摩托车时出了车祸，脑部受伤，导致他患上了一种特殊且不寻常的健忘症。

如果你问他问题，他能回忆起很多事情，比如法国的首都、"恒温器"的定义，或者路易斯·阿姆斯特朗（Louis Armstrong）是谁。他还可以谈论时间，比如秒、分和小时的关系，以及时钟和日历的作用。这种找回记忆的方法被称为语义记忆法，科克伦的受伤并未影响他大脑的这部分功能。

然而，科克伦的健忘症让他失去了回忆。他失去了情景记忆力，即回忆或描绘过往事件的能力。他不记得几年前他心爱的弟弟的死亡，也不记得火车脱轨发生的化学品泄漏导致他和家人们失去了家园。

语义记忆法和情景记忆法是将过去带到现在的两种不同方法。理解它们的差异的另一种方法是思考一下你对自己婴儿时期生活的了解。你可以说出你出生时的时间和地点——这就是语义知识，但是你不记得你出生时的情景，这是情景性的。

情景记忆真正有趣的地方在于它还开启了未来之路。缺乏情景记忆的科克伦，成为科学研究领域的特例，不仅因为他记不起真实发生过的事件，还因为他无法想象可能发生的事件。当科学家们意识到这一点时，有些出乎意料。

那么，对于科克伦来说，没有未来感是什么感觉呢？他是一个冷静、和蔼可亲、口齿伶俐的人，能够表达自己的想法。据报道，他很乐于回答心理学家的好奇问题，尽管他不记得以前见过他们。他说话轻声细语，常常带着灿烂的笑容，仿佛在他说话的那一刻找回了自己的记忆。

心理学家恩德尔·图尔文（Endel Tulving）花了多年时间研究科克伦，以下是 20 世纪 80 年代图尔文与科克伦的一次简短交流。[21]

图尔文："你明天要做什么？"

（15 秒停顿）

科克伦（微微一笑）："我不知道。"

图尔文："你还记得刚才那个问题吗？"

科克伦："关于我明天要做什么？"

图尔文："是的。当你想到这个问题时，你是怎样的心态？"

（5 秒停顿）

科克伦："我想是空白的。"

在其他时间，让科克伦描述这种"空白"的时候，他说这"就像睡着了"或是"就像在一个什么都没有的房间里，有人让你去找一把椅子，但那里其实什么也没有"。还有一次，他说："这就像在湖中央游泳，那里没有任何东西可以支撑着你，也做不了其他任何事情。"

科克伦的案例提供了一些最早的经验证据，证明我们需要在脑海中描绘过去的情节，以便预测未来。

试想一下，这是有道理的。如果我让你想象放下这本书后你会做什么，你可以在脑海中形成一个场景。也许你会喝杯咖啡，走下火车，或者躺在床上。最重要的是，你的大脑只能通过将这些行为的情景记忆拼接成未来蓝图来产生这些画面。

在某些方面，我们生来就和科克伦一样。幼儿的记忆方式与成人不同，他们对未来的认识也不多。虽然他们从出生开始就如饥似渴地学习——无论是识别他们母亲的声音，还是咿呀学语，或者蹒跚学步——但在接下来的几年里，他们几乎没有表现出具有情景记忆或预见性的迹象。

托马斯·苏登多夫和他的同事们已经表明，儿童只有在 4 岁左右才能获得心理时间旅行的技能，成功完成他们超前思考和满足未来需求能力的实验任务。[22] 他们做的这些实验的灵感来自爱沙尼亚的一个故事，故事讲述的是一个小女孩想吃甜点，梦想着去参加一个生日派对，在那里客人们可以吃巧克力布丁，但遗憾的是她不能吃，因为她没有勺子，每个人都必须自己带。所以第二天晚上，女孩拿着勺子上床睡觉，把勺子握在手里，然后将其藏在枕头底下。[23]

苏登多夫和他的同事们决定不使用勺子和巧克力布丁进行道德性问题的实验，因为这有可能让学龄前儿童大哭起来。因此，他们分别向3岁、4岁和5岁的孩子展示了缺少一个部件的拼图——《穿着睡衣的香蕉》。然后在另一个独立的房间里，让这些孩子有机会选择一件东西带回有拼图的房间。这件东西可以是拼图遗落的零散部件，也可以是其他玩具。4岁和5岁的孩子选择了零散部件，以便他们能够心满意足地完成拼图，但只有一半的3岁孩子这样做。

在他4岁的儿子"通过"他的一项测试的那天，苏登多夫记下了后来发生的一件令人惊讶的事情。[24]男孩把手放在他父亲的腿上说："爸爸，我不想让你死。"

苏登多夫咽了咽口水，说："我也不想。"

4岁的孩子继续说："等我长大了，我会有孩子，你会成为爷爷，然后你就死了。"

苏登多夫回忆说，就好像他儿子的思维被打开了，他突然开始思考其新发现的心理时间旅行所提出的存在主义问题。

如果我们在更新世的远古祖先从未进化出这种技能——如果他们保留了一个幼小孩子的思维，或者甚至进化出像科克伦那样的思维，也许对智人来说，人类历史的发展会大不相同。或许我们这个物种会感到更满足，不会因为思考死亡或更黑暗的未来而感到不安。毕竟，有一种安全感和稳定感来自对时间轨迹的不了解，即使它是毫无根据的。

顺便说一句，科克伦说自己很幸福，在 2014 年去世之前他一直过着健康的生活。在早期的采访中，图尔文询问了他的幸福感。

图尔文："你觉得你的生活总的来说是怎样的?"

科克伦（笑得很灿烂）："我说不好，总体来说我的生活是安逸的。"

图尔文："如果 5 分为满分……你会给它打几分?"

科克伦："4 分。"

图尔文："你有什么不满的地方吗?"

科克伦："我感觉没有。"

图尔文："你觉得自己怎么样?"

（思考 8 秒）

科克伦："我想相当不错。"

然而，如果没有心理时间旅行技能，我们就不可能建立起现代文明，也不可能发明出救命药物、创造出伟大的艺术作品、造访月球或发现我们在宇宙中的位置。正如苏登多夫的合作者迈克尔·科尔巴里斯曾经说过的那样，这是"想象力的本质"。[25]当想象力与我们这个物种结合在一起，将我们的思想和语言天赋联系起来，我们就开启了一段令人惊奇的生活之旅。

心理学家马丁·塞利格曼（Martin Seligman）曾写道："我们可能选择称自己为智人——聪明的人类——但这更像是一种自夸，而不是一种描述，更准确的名称应该是'智人前世'。[26]我们因有远见而茁壮成长。高瞻远瞩使我们变得更加明智。"

但就我们的大脑如何处理时间而言，这远非最终定论。我们尚未接触到的是我们的心理特点。

想象一下，我给你一个选择：你可以以今天拿100美元，或者一年后拿120美元。你会怎么决定？面对这样的问题，大多数人会选择现在拿较少的金额，而不是获得丰厚回报的滞后满足。当人们想象他们未来的自己时，他们往往会看到一个陌生的人。

这种"眼前偏见"已经在生活的许多领域被观察到，诸如人们无法为退休做好准备而甘愿暴饮暴食高糖、高脂肪的食物；同时也解释了为什么人们不花钱购买家庭保险，为什么他们在冲动购买后会感到后悔，等等。

但是，这种众所周知却不会选择滞后满足的心理只是触及了我们时间心理学的表层。正如我们所了解到的，人类对过去、现在和未来的看法在本质上可能是独一无二的，但为了获得这种能力，我们不得不选择一些捷径。这些心理把戏是不完美的，它们带有无形的习惯和偏见，潜移默化地影响着我们的态度和行为。正如心理学家丹尼尔·卡尼曼（Daniel Kahneman）所言：“人的大脑善于讲故事，但似乎并不善于处理时间。”[27]

那么，这些心理盲点是如何影响人们的思维的呢？

有些人是否比其他人更容易出现这种情况？如何避免这些问题呢？为了寻找答案，让我们先看看伊卡洛斯（Icarus）的名画中隐藏的含义，正如我们将发现的那样，这幅画的层次比表面上看到的要多。

过去、现在和未来的心理学

对远在天边的人的同情要比对近在咫尺的人的同情苍白无力得多。

——大卫·休谟（David Hume）[1]

《伊卡洛斯的
坠落》

当你第一次看到创作于 15 世纪的《伊卡洛斯的坠落》
（*Landscape with the Fall of Icarus*），你可能需要一点时间才能
发现其真正的悲凉之处。[2]

在前景中，是一位农民带着犁和马，作者将其绘制得十

分细致，你甚至可以看到灌木丛中的叶子和男人长袍上的褶皱。当你的视线随着画作移动时，你可能会看到地平线上的群山，或者海洋中的船只，船帆随风舞动。也许只有看到这里，你才会注意到右下角的伊卡洛斯，他从天上坠落下来后，双腿在海浪中不断拍打。你甚至可以看到几根羽毛飘落在海面上，但看不到被太阳融化的蜡。他快要淹死了，但其他地方的生活依然照旧。

威斯坦·休·奥登（Wystan Hugh Auden）在他 1938 年的诗歌《美术馆》（"Musée des Beaux Arts"）中引用了这一场景，他观察到这位艺术家敏锐地捕捉到了一个普遍的真理：

尽管有人受难了，但旁观者却依旧悠然自得、漠不关心。

但这幅画包含着更深层次的意义，它阐明了我们的大脑是如何构建出一个或近或远的未来的景象的。

要探究原因，我们首先必须代入农民的视角，艺术家和观察者也都是从这出发的。给他的态度贴上冷酷无情的标签是很简单的，但心理学上的问题比这复杂得多。在一定程度上来说，农民的反应可以理解成大脑是如何处理近处或远处的事件的。农民与伊卡洛斯溺水相隔的距离不仅仅是地理上的距离，更重要的是心理上的距离。如果他离得近一点，他就能听到伊卡洛斯的求救声，也许他会采取行动，但农民对他死亡的细节了解得并不十分清楚，因此就更抽象了。

可悲的是，这是一个普遍的人类真理。正如斯多葛哲学派首次阐明的"亲和力"的概念，即对一个人的亲近程度不同，我们对他的道德义务感和同情心也不同。后来，人们把它想象成一系列的同心圆，家人和朋友占据最内圈，而远方的陌生人则在最外圈。[3]

那么，在人类大脑中发生了什么？ 21 世纪后期，心理学家亚科夫·特罗普（Yaacov Trope）和妮娜·利伯曼（Nira Liberman）决定找出答案，探索人们如何以及为什么会出现疏远心理，以及导致这种情况的原因。他们得出了"解释水平理论"的框架。[4]该理论无论在个人层面还是社会层面对人们认识世界都有着一定的指导意义，或将成为影响信息学发展的新思潮。

简而言之，特罗普和利伯曼的理论描述了"此时此地某物与自我接近或远离的主观体验"，而且它决定了我们做各种决定和行为的所有方式。这对于理解我们如何看待过去和未来的事件也至关重要。为什么这么说呢？这就像与伊卡洛斯在空间上分离的农夫，而我们随着时间的推移，也不再有关联。时间过得越久，一件事情的细节和轮廓就越模糊。

远近效应

当你在思考时间的时候，大脑会对其进行一项简单且特别的处理，它会将时间转化为物理维度。在你想象过去和未来的时候，你会情不自禁地将自己置于一个时间景观中。这已经是根深蒂固的了，你对此也十分熟悉，你甚至可能都没有意识到你在这样做。因此，在英语和许多其他语言中，过去是"后面"，而未来是"前面"。有时精神自我穿越了这个界限（"啊，工作时间已经过去了，现在让我们尽情期待周末吧"），而在其他时候，我们什么都没有做，那些事情正在向我们靠近或是远离（"冬天来了"或"白天和黑夜都过去了"）。

也就是说，与时间上离我们"更近"的事件相比，人们会认为更深层次的过去和未来在地理上离我们目前的生活更远。

许多故事和流行文化中都出现过这种对遥远的时间和遥远的距离的无意识联想。以前的童话以这样的话开头："很久很久以前，在一个遥远的王国……"同样，《星球大战》（*Stars Wars*）的开场白是："很久很久以前，在遥远的银河系……"如果乔治·卢卡斯（George Luca）的电影以"很久很久以前，在一个很近的地方"开头，虽然说得更有道理，但可能人们就会感受不到科幻力量了。

远近效应对我们未来的发展可能也会产生影响。经济学家罗宾·汉森（Robin Hanson）曾猜测性地提出一个想法，十分耐人寻味，这个想法解释了为什么在科幻小说或企业营销中，往往把未来描绘成蓝色调。虽然也有例外，但在有宇宙飞船或未来城市的电影中，人们通常会选择更冷的色调和更蓝、更干净的布景设计，而不是当代更写实的多色调。汉森认为，原因在于眼睛感知不同距离的光线是不同的。[5]当你站在山顶上眺望整个乡村时，远处的山丘看起来会比近处的山丘更蓝，因为蓝光在大气中比红光更容易散射。画家们也深知这个色彩技巧。在画作《伊卡洛斯的坠落》中，远处的山脉是冷色调，而农民的田地则是红棕色。

所以，你在精神上穿越到未来越遥远，在物理距离上也会感觉越遥远。当把未来理解为一道风景时，就意味着明天近了，明年却远了。下一个 10 年或一个世纪还很遥远，那从现在开始的一千年后呢？好吧，它远远超出了地平线，甚至不在这道风景中。遥远的未来是在一个陌生的地方，一片粗略想象出来的横跨大洋的土地上。

这让我们回到了特罗普和利伯曼的解释水平理论。当我们对**近镜头**和**远镜头**这两种不同的镜头加以研究时，会对我们思考这个问题有所帮助。当大脑将某物想象成在近处或远处时，它会在不知不觉中与相关的态度和情绪产生许多关联，如下表所示：[6]

近处	远处
此地，此刻，我，我们	在那里，然后，他们，其他人
具体，详细	摘要，简略
细致而复杂的画法	简单而粗略的画法
从"如何"的角度来考虑	从"为什么"的角度来考虑
我怎么样才能到那里？	我为什么要去？
重要	不重要
可行的	向往的
现实的	乐观的
图片	文本

因此，除了让我们对当前距离我们较远的人和事减少关心，这还表明我们对"遥远"未来的看法也不是特别现实。解释水平理论认为，当未来临近时，我们更有可能以具体、务实和有形的方式思考它，但当思维跨越数月、数年时，画面就会变得越来越抽象和模糊，而且关键是相关的情绪也会不同。

从人们对假期的展望中，这种近镜头和远镜头体现得更加明显。想象一下，你刚刚预订了一个明年的旅行，目的地是一个阳光明媚的地方。

当你现在考虑这个问题时，通常会把注意力集中在美好的憧憬和旅行该有的样子上：在沙滩上玩沙子，喝着热带饮料放松休息。这是一幅大致的景象，但经验表明，通常假期的真实情况都不是这样的。在那些事情真正到来之前，你往往不会想到预订出租车到机场、在安检处排队或飞机着陆后寻找酒店这些具体的细节。而且你还会排除一些糟糕体验的可能性：难吃的饭菜、与伴侣的争吵和遇到无礼的服务员。你也可以喝点热带饮料，但你在时间上离得越远，画面就越不完整。

简而言之，思想越深入未来，就越抽象，而且一般都是美好的，欲望和选择就越容易占据主导地位，但随着未来的临近，这些都会被务实和有形的现实所压倒。

当然，大脑有必要用更简单的画笔描绘更远的未来：概括总结有助于我们提前制订计划并应对不确定性。未来的细节是未知的，大脑这时的行为有点像占星师。在占星术中，占星师作出各种预测，诸如"您今天将面临一个重要的决定"或"您的生活中将出现严重的问题，使您难以平静"。这些通常是准确的，但很少是精确的。正如特罗普和利伯曼指出的那样，一位即将失业的占星师会这样预测："下周二你将在火车上，旁边会坐着一位 52 岁的牙医，他会朝你的方向打喷嚏，导致你感染流感病毒。"为了更好地认识世界，我们的大脑也会玩这个把戏：开始时比较粗略，但随着事件的临近，会增添越来越精确的细节。

但重要的是要意识到，当大脑这样做时，它也会影响我们的道德行为。早在解释水平理论出现之前，18 世纪的哲学家大卫·休谟就观察到，当他的思维考虑不同时间发生的事情时，他的道德行为也会随之发生变化。他写道："在思考我将在接下来的 12 个月内会做些什么的时候，无论它离我是近是远，我总是会倾向于选择那些更有益的事情。"但是当时间临近时，我开始忽略的那些情况发生了，这影响着我的行为和情感。这种新情况的出现让我难以坚持我最初的目标和决心。[7]

当你将近镜头和远镜头代入 21 世纪的一些长期挑战，如气候变化上时，就会更容易理解为什么人们很难在道德动机的驱动下采取行动。当人们面对如失业或不平等这些近在眼前的问题时，这些问题远比未来的问题要具体得多。如果当下的一些艰难困苦带来了烦恼，那么优先考虑它们应该就是自然而然且人道的。但这并不意味着，无论是对自己还是对他人，未来潜在的苦难就应该被忽视。正如哲学家德里克·帕菲特（Derek Parfit）在 20 世纪 80 年代观察到的那样："当我们想象未来的痛苦时，我们所想象的不会那么生动，甚至会怀疑它们会变得不那么真实，或者不那么痛苦。"

解释水平理论认为，人们会把被当前有害行为破坏的未来世界想象成一个完全不同的地方，而不是现在居住的地方。当然，这是错误的，因为当我们的曾孙出生时，未来就不会太远了。除非你向前跳跃几千年，否则我们与曾孙们将在同一个星球上。他们有可能会生活在同一个国家或城市。他们的家甚至可能在同一个街区。就像画中的伊卡洛斯一样，他们将经历与今天任何活着的人一样的苦难。

那么如何避免远近效应呢？与所有认知偏见一样，指出别人的偏见比自我诊断要容易。但是，要是我们能知道大脑是如何构建时间观的可能会有所帮助。如果你能够特意寻求用更具体、更生动的细节来描绘未来，就可能可以拉近心理距离。

遥远的未来是更具挑战性的，一些心理学家表明，即使人的"现在"和"未来"的自我可能相隔一生，但拉近它们的距离至少是有可能的。在实验中，人们在看到自己的老年状态后，会更有可能将资金分配到退休账户。[8]

其他研究还应用了一种叫作观点采择的技术，即站在未来受负面环境变化影响的特定人群的立场上，来培养更强的同理心以及采取行动。[9]人们了解了一个生活在2105年的某位女士的故事，她解释了环境变化如何使她的生活变得更糟。例如，她谈到自己在没有涂防晒霜的情况下出门后是如何伤到双手的，或者她在受污染的海水中洗澡是如何患上严重的皮疹的。

与那些没有听过这位女士的故事的人，或者那些被要求更"注重事实"的人相比，那些被要求专注于从女性的角度出发的人更有可能在事后关注气候变化问题。

观点采择效应也可以解释我们在政治探索中遇到的问题。回想一下，鼓励人们穿上想象中的未来人的衣服、鞋子，突出他们的需求和愿望，培养世俗的同理心，他们会更支持有利于后代发展的政治政策。[10]

艺术家们也尝试过观点采择技术。例如，由阿纳布·贾恩（Anab Jain）和乔恩·阿德（Jon Ardern）领衔的伦敦设计工作室谷德设计曾在阿拉伯联合酋长国的一次展览会上鼓励人们吸一口来自未来的污染空气。他们根据气候变化和化石燃料排放预测，结合 2020 年空气状况，虚构并采用了 2028年和 2034 年的一系列空气样本，其中包含最有可能的污染物组合。谷德设计的设计师后来回忆说："这是有毒的东西，即使吸入少量也会让人难以承受，这种实践证实了预测和数据通常无法证实的一点。"[11]

所有这一切都表明，如果我们能掌握在心灵的风景中去有意识地和更具体地描绘未来的技巧，它就会改变其他更感性的、附着在近处和远处镜头上的态度。包括我们自己，未来的我们会变得不那么陌生，就像远处的伊卡洛斯，更接近近处镜头的"此地，此刻，我，我们"。

在第三部分中，我们将更详细地探讨这个问题——看看故事和符号是如何帮助我们更容易拉近心理距离。但是，首先让我们继续探索我们在思考时的时间习惯和偏见，因为解释水平理论的远近效应并不是影响人们时间决策的唯一心理镜头。

接下来，让我们看看 1969 年人类首次登月后发生的一件鲜为人知的事。在尼尔·阿姆斯特朗（Neil Armstrong）、巴兹·奥尔德林（Buzz Aldrin）和迈克尔·柯林斯（Michael Collins）着陆后不久，NASA 领导作出了一个非常不明智的决定。这是历史上十分少有的，而这些心理偏见汇聚在一起可能会导致世界末日。

当火箭和探测器进入太阳系时，它们会在升空前进行彻底清洁，这是为了避免不小心将微生物带入宇宙中。如果最终检测到生命，我们就能确定它不是在肮脏的航天器缝隙中搭便车的地球生物。而且如果我们不小心在其他星球上播种生命，可能会杀死那个星球上所有已经存在的生物，这才是更为糟糕的。

然而，一旦着陆器或船只离开地球，你就不好对其进行清理了，因此还有另一种危险，很少有人会考虑到，那就是如果它返回地球，船上可能会携带危险的外星生命。不是外星人，而是某种形式的微生物，原则上，它们可以战胜我们星球上的生命，或者消耗掉我们所有的氧气，引发巨大的灾难。

当 NASA 计划首次登月时，并没有考虑到搭载外星生物的可能性，但许多人认为必须考虑这种风险，因为后果是非常严重的。科学家卡尔·萨根（Carl Sagan）当时写道："也许 99% 的人都认为阿波罗 11 号不会带回月球生物，但我们不能忽视这 1% 的不确定性，因为 1% 的不确定性已经非常大了。"

为了打消这些顾虑，NASA 勉强同意在接走尼尔·阿姆斯特朗、奥尔德林和柯林斯的船上安装一个昂贵的检疫设施。协议规定，宇航员在太平洋上降落后应留在飞船内，保持舱体密封，回收船上的起重机会把整个舱体吊上船。宇航员随后将在隔离状态下度过 3 个星期，然后才能和他们的搭档与总统握手、拥抱。

他们确实被隔离了，但当那一天到来时，程序上出现了一个重大漏洞。太空舱降落后，宇航员在舱内等待，舱体在海面上上下晃动。天气很热，很不舒服，而且他们已经一个多星期没洗澡了。终于在最后一刻，NASA 官员为了让这 3 位民族英雄能舒适一些，告诉他们可以开门了。

原则上，这一刻可能是人类的一个关键转折点。一旦太空舱打开，里面所有的空气全都涌了出来。如果它携带着月球生命，那么这个优先考虑人类短期舒适的决定可能会将致命的外星生物释放到海洋中。

如果这种最坏的情况真的发生了，杜克大学的法律学者乔纳森·B. 维纳（Jonathan B. Wiener）将其称为"公地悲剧"，这种事件虽然极少发生，但一旦发生很可能是灾难性的。公地悲剧是众所周知的"兄弟姐妹效应"，它阐述了自私是如何破坏造福人类的资源，例如森林资源或水资源，而非公地悲剧所描述的是一种特殊形式的盲目决策。如果公地悲剧描述的是对共享资源的忽视，那么非公地悲剧则描述的是对共担风险的忽视。

这也不是人们唯一一次冒着非公地悲剧的风险。几十年前，一群美国科学家和军方官员也曾站在另一个转折点上。

在 1945 年第一次原子武器试验之前，"曼哈顿计划"的科学家们进行了计算，提出了一种令人不寒而栗的毁灭的可能性。在他们策划的一种情况下，裂变爆炸产生的热量非常大，可能会引发失控聚变。也就是说，该测试可能会点燃大气层并烧干海洋，从而摧毁地球上的大部分生命。他们非常肯定这不会发生，但不能 100% 保证。

三位一体试验的日子终于到了，官员们决定继续进行。当闪光比预期得更长、更亮时，有些团队成员想到了最坏的情况。其中一位是哈佛大学校长，他从最初的敬畏迅速转变为恐惧。他的孙女珍妮特·科南特（Jennet Conant）在《华盛顿邮报》上说道："他不仅没有信心炸弹会起作用，而且炸弹爆炸时，他就知道他们搞砸了，造成了灾难性的后果，正如他所说，他正在目睹世界末日。"[12]

虽然非公地悲剧主要是为了描述人们对罕见的潜在灾难性事件的态度，但该效应背后的心理学也可以描述人们对不熟悉的未来事件作出错误判断的各种情况。

每天都会发生许多看似罕见的事情，如果你事先询问人们发生这种情况的可能性，得到的答案都是可能性很小。每篇新闻报道都汇集了各种罕见事件：年轻名人的早逝、建筑物的倒塌或一起特别可怕的犯罪。而每隔一段时间，就会出现一件足以颠覆历史的重大事件，即所谓的"黑天鹅"事件。

那么，究竟为什么会产生这种对罕见事件的错误认识呢？从心理学偏见来说，原因之一就是受"获得性启发"影响，即人们的判断和决定是基于现成的记忆中最突出的东西。正如上一章科克伦失忆症的例子所示，人们的大脑会根据过去的经历拼接成一种可能的未来的蓝图。这在实践中意味着，我们更有可能根据我们现有可用的经验对即将发生的情况作出预测和决策。

除此之外，还有一些其他相关的心理因素在起作用。第一个是"正常化偏误"，它是指人们不相信或忽视未来危险的警告，因为他们的经验表明灾难只发生在其他人身上，离他们自己还很遥远。第二个是"显著性偏见"，它描述了"大声、局部和紧急"的干扰如何成为我们在未来作出决定的主要依据。一些事件、记忆和经历将自己推到了突出的位置上，忽视了那些更安静、更微妙的证据。

这些偏见普遍存在于日常生活中。我们的大脑喜欢建立一种模式来预测世界。例如，如果你有很多朋友都体会过疫苗的副作用，如果你的公交车连续 3 天都晚点，如果你在生活中遇到过 3 个叫杰夫（Jeff）的人而且他们都很讨厌，那么这些经历会使你的预测出现偏差。你会认为你也会有疫苗的副作用，明天的公交车依然会晚点，下一个杰夫也是个混蛋。[13]

这些错误的预期效应也解释了为什么人们会误判未来发生罕见事件的可能性，比如中彩票。英国头奖的中奖率为四千五百万分之一，欧洲乐透彩的中奖率约为一点四亿分之一。因此，你中奖的可能性微乎其微，但总会有人中奖，而且是非常明显的，他们会开香槟庆祝、寻欢作乐以及购买奢侈品。中奖者的心理可得性扭曲了人们对自己也获得这种机会的看法。当他们购买彩票时，这些记忆就在脑海中浮现。

同样，对于在新闻中常常能看到的危险，大多数人都有清晰的记忆和经历：恐怖主义、暴力犯罪、飞机失事等。由于具有情感分量和强大的想象力，这些更有可能浮现在脑海中，形成一种模式。例如，在恐怖袭击发生后的几周内，人们可能会越来越担心同样的事情发生在自己身上，尽管其他危险（例如心脏病发作或遭遇车祸）发生的可能性要大得多。这种误解有时被称为"冷酷世界症候群"，用来描述人们因沉浸在电视和社交媒体上的坏消息中而获得了过度消极的看法。[14]

相比之下，当完全没有任何记忆可供借鉴时，人们就更不可能预测和准备应对一个罕见的事件。NASA 和"曼哈顿计划"的官员并没有对潜在的灾难予以太多关注，因为可能性很小——但事情远不止于此。月球之旅和原子武器试验都是第一次，所以没有记忆，没有报纸头条报道，甚至没有历史书的描述。正如美国经济学家托马斯·谢林（Thomas Schelling）曾经打趣道："无论一个人的分析多么严谨，想象力多么天马行空，有一件事是他做不到的，那就是列出一份他永远都不会想到的事情的清单。"[15]

那我们该怎么做呢？为了更准确地判断长远的事件，我们必须有意识地超越近期最生动或最突出的记忆，将思想跨越到几十年或几个世纪后，在心理上进行转变，承认眼前的事物会对我们的选择产生不成比例的影响。

同样，我们将在本书后面回到"如何"这一问题上，但现在让我们继续我们的心理时间旅行，以及探索它们是如何影响我们对时间的感知的。我们还需要调查另外两个因素——规模和速度，我们可以从探索"埃克森·瓦尔迪兹号"灾难与特蕾莎修女之间的联系开始。

规模问题

1989 年 3 月，"埃克森·瓦尔迪兹"号油轮在阿拉斯加州威廉王子湾搁浅，造成了一场规模巨大的石油泄漏事件。此后，一组经济研究人员被委托计算成本并制订一个权衡的方案。如果你要对一家公司处以罚款或确定潜在的赔偿、罚款，那该如何决定赔偿生态系统受损的金额？如果你只是要计算市场价值，比如海鲜损失的价值，这还算比较简单的，但对于其他受到伤害的海洋生物和栖息地的价值，应该如何衡量呢？

该小组进行了一项调查，通过采访人们对海鸟的关注来收集数据。结果令研究人员十分惊讶。他们向参与者展示了 3 个数字——2000、20000 和 200000，并询问参与者愿意支付多少钱来保护这些鸟免于死亡。虽然没有提及漏油事件，但这些数字恰好与已知的灾难造成的损失相吻合。在这些灾难中，"埃克森·瓦尔迪兹"号造成的死亡数量最多。

你可能会认为，随着海鸟死亡数量的增加，人们会按比例增加对这些鸟类支付的平均值（以美元为单位）——200000只鸟的价值应该高于2000只。然而，研究人员却惊讶地发现，无论数量差异多大，人们对这3种截然不同数量的鸟类所支付的金额几乎相同。[16]即使死亡数量翻了10—100倍，但从人们给出的数额反馈来看，人们关心程度似乎是一样的。

这种效应被称为"范围不敏感"，它不仅存在于人们对待鸟类的态度中，还在很多方面都有体现。心理学家研究发现，无论是大流行病中的死亡人数还是地震中受伤的人数，人们的关注程度并不会随着涉及人数的增加而呈线性增长。换言之，同理心并不会随之增加。

计算机科学家内特·苏亚雷斯（Nate Soares）曾经指出，对于那些在社交网络之外离我们很近的人，我们也很难感同身受。"数十亿人生活在肮脏的环境中，其中数亿人被剥夺了基本需求或死于疾病。尽管他们中的大多数人我并不认识，但我仍然关心他们。问题在于，我的内部护理计量表是针对大约150人进行校准的，它根本无法表达我对数十亿患者的关切程度。所以计量表的指数不会上升到那么高。"[17]

在时间的维度上扩展这种同情心更是难上加难。如果你问其他人对 2100 年之前出生的 110 亿人的关心程度，他们的关心并不会是你关心今天的一个人时的 110 亿倍。

有证据表明，面对这样巨额的数字，人们的关注甚至会降低。一种道德上的无助感油然而生。如果人们认为他们不能帮助别人，他们就会失去尝试的动力。这被称为精神麻木——一旦受难者人数变多，人们就会变得更加冷漠。[18]

相反，人们更容易对心理学家所说的"可识别受害者"产生共鸣。这就解释了为什么慈善机构倾向于使用个案而不是统计数据来鼓励捐赠。相比于直接引用一个数字说有 10000 人需要帮助，具体说明一个饥饿困苦的儿童或家庭在饥荒期间遭受的苦难，会更有可能得到捐赠。[19]

你可以从两个截然不同的人的两句话中体会到这种效应。第一句来自约瑟夫·斯大林（Joseph Stalin）："一个人的死亡是一场悲剧，一百万人的死亡只是一个统计数据。"第二句来自特蕾莎修女："如果我只看整个群体，我永远不会采取行动。如果我看的是某个人，我就会。"[20]

在 NASA 决定在登月后打开舱门时，范围不敏感可能也发挥了一定的作用，官员们可能没有描绘出可能发生的潜在灾难的全部规模和影响。制订"曼哈顿计划"的官员也没有完全去想象燃烧地球大气层会造成的人类灾难的规模。

21 世纪的许多重大挑战，从气候变化、环境污染到全球贫困，都是影响着许多人，且持续时间跨度极大。这些都是哲学家、生态学家蒂莫西·莫顿（Timothy Morton）所称的"超物"的体现，它们的时间和空间维度都十分强大，以至于我们的个体心智无法想象它们。[21] 莫顿写道：（这些问题）在此时此刻，它们比我们更恒久，规模更大。试着在脑海中具象化这些问题是不可能的。

这种难以理解的情况会导致人们变得麻木，甚至更糟的是完全忽略未来的后果。因此，范围不敏感是我们这个时代最大、最复杂问题的根源之一。

加剧这种行为的是所谓的"无意行为的无过错性"的心理效应。[22] 人们通常会认为明显的、故意的违规行为比无意违规更严重，这就是为什么在著名的电车难题中，大多数人都认为牺牲一个人以拯救 5 个人是错误的原因。然而，当一个行为的后果链在很长一段时间内变得模糊不清时，人们就很难直观地感到自己有罪。

然而，如果规模的扩大导致了时间感知错位行为的出现，那么变化的速度也会如此。我们在本书的前面部分，已经探讨了政治中的类似现象，但问题并不止于此。通过检查澳大利亚橱柜中发现的一种奇怪的黑色物质，我们可以更深入地了解这一点，这将成为世界上最慢、最令人气愤的科学实验之一。

滴沥效应

20世纪60年代初的一天，物理学家约翰·梅因斯通（John Mainstone）在他工作的大学的实验室里四处闲逛，偶然发现了一个非比寻常的现象。那里存放着一个三脚架支撑的玻璃漏斗，里面装着黑色物质。它看起来像沙漏的上半部分，但里面装的不是沙子，而是沥青，沥青是一种用来加热并涂抹在船舶外壳上以起到密封作用的油性材料。在室温下，沥青不再流动，像固体一样。

四处打听后，梅因斯通发现这个装置差不多比他还大8岁，是由物理学家托马斯·帕内尔（Thomas Parnell）于1927年为他的学生设计的演示装置。帕内尔曾想证明，尽管沥青可能看起来是固体，而且在室温下可以用锤子敲碎，但它实际上是像液体一样在流动的，只是流速非常非常缓慢，它的黏度比水高1000亿倍。每隔一段时间，漏斗下方会滴下一小滴沥青，但这种情况只发生过9次。

梅因斯通没想到的是，沥青滴漏实验激励、吸引、困扰着他的一生。他在年老时向澳大利亚记者特伦特·道尔顿（Trent Dalton）讲述了这个故事。[23]

1990 年，约翰·梅因斯通和沥青滴漏实验

　　梅因斯通错过了前 5 次滴落，所以到了 1979 年时，他迫切希望能看到沥青的断裂和滴落。他已经看到了即将坠落的迹象，沥青表面出现了可见的纤维，就像微小的钟乳石。但某周工作日都结束了，什么也没有发生，他周六又突然来看，希望它能掉下来，但最终还是决定回家帮妻子做家务。周一早上，他沮丧地发现漏斗下方有新的一滴沥青。

1988 年，他再次看到了滴落即将发生的现象，所以他尽可能地待在附近观察。有一天，他口渴了，就花了 5 分钟出去喝水。在他离开房间的那 300 秒里，沥青滴落了。

因此，在 2000 年，第八次滴落即将发生时，他和同事们决定装置一个 24 小时摄像头。滴落发生了，梅因斯通收到电了邮件得知了这·消息，感到非常高兴。

但几个小时后，他的收件箱里又收到了一封邮件，它以"哦，不……"这句话开头。

梅因斯通于 2013 年去世，他生前还是没有见证到沥青滴落的重要时刻，8 个月后，沥青又一次滴落，这一次终于被摄像机捕捉到了。

从表面上看，这个故事似乎有些遗憾。但对于梅因斯通而言，观察到这些滴落瞬间并不是沥青滴漏实验对他重要的唯一原因。它代表着很多东西，不仅仅是沥青发生滴落的动作瞬间，更是讲述了人类与时间之间发生的缓慢变化，这是不易感知、漫长且眼睛看不到的。

在他去世前的几个月，他告诉道尔顿："我们正在研究一些能够超越时间流逝的东西，它以自己的步调进行着。我们萌生了一种想法，我们应该能够控制一切。但这并不是一个对照试验。我们总是试图使事物符合我们要求或其他的规定，但这次研究不属于这个范畴，这是非常独特的。"

人们天性被变化所吸引，因为变化意味着不连续性，但这个实验说明，看似永恒不变的事物，其实并不总是如此。这个主题吸引了科学家和创意人士几十年。例如，艺术家朱莉·梅科利（Julie Mecoli）受到滴漏实验的启发，制作了一系列的小雕塑。在她的"暗物质"系列中，她用沥青制成了城市或地区的轮廓，例如伦敦、巴塞罗那和纽约等。这些雕塑开始是错综复杂的，但随着时间的推移，它们逐渐变成一团无形的物体，如渗透到烧瓶里。

滴漏实验也提到了心理学上的一些重要问题：无论是在大自然还是在我们自己的生活中，我们总是很难察觉到世界上那些非常缓慢的变化。这是为什么呢？

经常有人注意到，无论是在自身还是在更广阔的世界中，人类很难注意到缓慢移动的转变。最著名的隐喻就是"煮蛙效应"，青蛙不会注意到它周围的水在变热。然而，这是一个不完美且饱受诟病的比喻，因为青蛙实际上并不是这样做的——科学家用真正的青蛙进行了测试，结果青蛙跳了出来。此外，这个比喻也不能完全捕捉到缓慢移动的事物有时会以不可预测的方式突然加速，比如两个构造板块的突然滑动、病毒的指数传播或一次社会性的大变革。

因此，我建议我们需要一个新术语来帮助我们描述这种缓慢的变化，即"滴沥效应"。这个术语指的是人们认为现状将无限期延续到以后，而实际上它正在潜移默化地发展，而且随时可能会发生转变。现实是，世界上的许多事情似乎都是恒定不变的，而它们只是移动得太慢以至于我们难以察觉，直到它们突然发生变化，就像一滴沥青的滴落。

以全球变暖为例。因为它在时间上跨越了几年甚至几十年，所以人们很难察觉到世界正在升温，直到发生了严重的事件，比如奇怪的天气、洪水或自然火灾。心理学家丹尼尔·吉尔伯特曾嘲讽地说，如果入侵的外星人想要灭绝我们的种族，他们不会派遣船只，而是会借助气候变化。这个说法暗示了人类对环境长期变化的认知不足。[24]

这同样适用于社会变革，像不断加剧的不平等或越发严重的污染，特权阶层往往不会注意到这样的长期社会转变。[25]社会学家罗伯·尼克松（Rob Nixon）曾创建了一个术语来描述这些危害——**"缓慢暴力"**。与更直接的暴力形式不同，这种暴力经过数年或几十年才会显现出来。尼克松写道："这种暴力是缓慢而隐秘地发生的，是一种在时间和空间上尤为分散的延迟性破坏的暴力行为，是一种通常不被视为暴力的消耗性的暴力行为[26]"。

也就是说，当人们非常清楚这些暴力行为的影响时，那些遭受缓慢暴力的社区已经饱受摧残。然后，它们就可能会不可预测地发展为社会动荡、抗议或骚乱等事件，让当权者摸不着头脑，不明白为什么会发生这种情况。在过去 10 年的大部分政治动荡中，至少有一部分是由于人们的福祉、收入、就业前景变化和社会结构的逐渐瓦解而引发的。

因此，滴沥效应有助于解释为什么我们在前面章节中讲到的政治家往往会忽视慢性问题，在慢性问题转变成危机之前，他们没有注意到伤害正在发生，问题即将到来。同样，获得性和显著性的偏见在这里起着重要作用。在人类进化中，我们将更倾向于对生动的“热”事件而不是“冷”抽象变化作出反应——毕竟，这种本能帮助我们的祖先在危险中生存了下来。

然而，有一种特别恶劣的缓慢变化形式我们尚未描述，而且更难以发现。它不同于滴沥效应，后者具有缓慢移动和突然滴落的周期。它是非常隐蔽的，以至于许多人终其一生都未曾察觉。

在 20 世纪 90 年代中期，科学家丹尼尔·保利（Daniel Pauly）和维利·克里斯滕森（Villy Christensen）讨论过卡特加特。这是丹麦海岸附近的一个浅海，连接着波罗的海和北海，在 20 世纪 70 年代，卡特加特是最早被指定为海洋"死区"的地方之一。那里的鱼类资源急剧下降。[27] 然而，克里斯滕森记得他的祖父曾经常在那里捕捞鲭鱼，他祖父对巨型蓝鳍金枪鱼缠住他渔网感到十分愤怒。

现在仍然可以发现鲭鱼，但蓝鳍金枪鱼在卡特加特海峡已经消失了近半个世纪。令保利震惊的是，还有许多其他类似的轶事存在，那些古老的故事和记忆，都没有被他和他的同事的科学数据捕捉到。他回忆说，在 1984 年出版的《屠戮之海》（*Sea of Slaughter*）一书中，环保主义者法利·莫瓦特（Farley Mowat）描述了他搬到加拿大大西洋沿岸生活的经历，这是他从小就知道的海洋的一部分，从中他得出了一个令人不安的结论。[28]

莫瓦特写道："现在大海发出阴沉的警告声。"他感到不安，曾经熟悉的海洋世界和海岸线上的生命多样性正在减少。他注意到海豹、海鸟、龙虾、鲸、海豚、水獭、鲑鱼等许多生物的数量明显减少，这些生物的存在曾经让他习以为常。尽管他试图说服自己这种情况只是短暂的，但在他回顾了几十年前的笔记和与当地居民的谈话后，他的不安情绪越来越明显。

当保利读到这些报道时，他和他在海洋科学领域的同事发现自己并没有考虑到这些变化。当然，如果他们查看长期数据，他们可能会发现这些变化，但其中还存在着一些更微妙的变化。每一代人进入这个行业后，似乎都会认为他们所看到的海洋状况是正常的。保利称其为"基线移动综合征"。[29] 他写道："每一代人开始其有意识的生活时，都会评估周围的世界和社会的状况，并将他们所看到的作为基线，然而，前几代人的基线往往会被忽略，因此我们评估变化的标准也发生了变化。"

移动基线的概念不仅在渔业领域引起了广泛的关注，也迅速在其他领域传播。在保利提出这个新术语几年后，华盛顿大学的心理学家彼得·H. 卡恩（Peter H. Kahn）在得克萨斯州休斯敦的黑人社区，一个完全不同的环境中，观察到了类似的现象。[30] 卡恩很好奇孩子们对他们生活的环境有何看法。

当时，休斯敦是美国空气污染最严重的城市之一。在采访中，卡恩发现孩子们完全有能力描述什么是空气污染，以及其他城市遭受空气污染的情况，但他们对自己社区污染严重的事实毫不知情。因为这就是他们所知道的一切，自己所处的环境污染对于他们来说是看不见的。卡恩将其称之为"环境世代失忆症"，这与基线移动综合征是一个意思，即一种世代的变化发生得太慢以至于人们无法察觉。

自那时起，研究人员在世界各地发现了许多改变基线的例子。无论是鸟类、大型哺乳动物还是森林构成的变化，缓慢的变化一次又一次被忽视。通过研究人们在社交媒体上的帖子，研究人员发现，人们已经逐渐习惯了越来越频繁的奇怪天气事件和不断升高的温度。[31]

当涉及不断变化的基线时，就很难发现缓慢的变化。这不仅仅是它在发生的时候人们没有注意到它，而且，新一代人到来并接受了他们在世界上看到的东西，甚至从未质疑它。改变基线的问题在于，人类自己会集体忘记世界曾经的样子，会仅根据目前的感知来作出对未来的判断。

弧线很长

然而，缓慢的变化并不全是坏处。人们认识到缓慢变化可以成为连接世代之间的焦点。例如，卡恩和他的同事蒂娅·韦斯（Thea Weiss）强调，年轻人和老年人讨论他们在自然界中观察到的缓慢变化是有好处的，如果是亲身经历，那就更好了。它并不需要那种浪漫化理想，如参观稀有的原始森林或徒步进入人迹罕至的荒野，只需要是"一次与大自然的小互动"。因此，它可以很简单，如祖父母和孩子们一起沿着水边散步、在夏日识别浆果，或者躺在草地上分享记忆和经验。他们将这种做法称为"交互模式"。[32]

另外，注意到缓慢而长期的变化还有其他好处，其中一个好处是它揭示了无数的进步，这些进步往往被我们不断变化的基线掩盖。例如，今天大多数人都承认妇女有投票权，种族主义是可恶的，虐待动物是错误的。这些公众舆论的转变来之不易，不应忘记它们曾经只是少数人的观点，这些人愿意通过数十年的努力来影响大家的思想。

因此，那些试图让世界变得更美好的人们，可能会从取得的长期进展中得到鼓舞。每一代人都面临着困难和不公，其规模之大令人望而生畏。解决这些问题可能需要个人一生的努力，但历史表明，即使在当下感到很难，但获得渐进性的改善也是有可能的。如果只关注在社交媒体或电视上呈现的世界末日故事，你可能会感到绝望。当然，我们有理由担心世界的黑暗趋势说不定会来临，但我们可以通过庆祝阶段性的胜利来获得解决这些问题的动力。

想想美国基督教牧师西奥多·帕克（Theodore Parker）的话，他生活在 19 世纪，呼吁废除奴隶制："我不敢说我理解道德世界。""弧线很长，我的眼睛只能看到一点点；我无法通过视觉体验来计算曲线长度和完成图形；我可以凭良心占卜。从我所看到的角度出发，我确信它会朝着正义的方向发展。"[33]

这种对于进步的长期态度本身就是代代传递的接力棒。帕克的话后来被马丁·路德·金（Martin Luther King）转述为："道德世界的弧线很长，但它会倾向于正义。"美国第一位黑人总统巴拉克·奥巴马也引用了这些话，他在他的第一次当选总统演说中提到了这种情况，称美国人民可以"把手放在历史的弧线上，再次将其弯曲，朝着更美好的未来迈进"。

因此，真正具有长远眼光的人，应该学会寻找和识别缓慢的变化，并相信它也是可以被利用的。

时间观念

现在你可能会想：是否有些人比其他人更能克服时间偏见？目前的答案是肯定的。每个人的思维都会受到习惯和一些无形因素的影响，但至少研究表明人们有不同的时间观念，而且有些人思考得比其他人更长远。

你可以从旨在探索人们对未来态度的研究中发现这些差异的线索。例如，宾夕法尼亚大学的布鲁斯·托恩（Bruce Tonn）及其同事曾询问来自 24 个国家的 572 人，如果他们听到"未来"这个词，他们会想到什么。普通人描述的是 15 年后的时间，超过这个时间，未来对他们来说就是"黑暗的"。[34]

托恩的这项调查经常被引用为证明人们对未来的看法是有限的。但值得注意的是，该项调查中的一些人确实有更长远的观点，答案范围长达 200 年。甚至有人回答"100 万年"，但托恩决定排除这种回答，因为它是一个异常值，会严重扭曲平均值。（就我个人而言，我很想知道更多关于这些人的信息以及他们的想法。[35]）

因此，让科学告诉我们个体在过去、现在和未来感知方面存在的差异。为了掌握这项研究和确定你在这个谱系中的位置，请花点时间回答以下问题。

阅读下面的每一项，并尽可能诚实地回答问题："这对我来说有多典型或真实？"非常不真实、不真实、中立、真实或非常真实，请任选一个答案。

1. 我想起过去发生的不好的事情。

2. 过去痛苦的经历在我的脑海中不断回放。

3. 我很难忘记我年轻时不愉快的画面。

4. 熟悉的童年景象、声音和气味常常会勾起许多美好的回忆。

5. 美好的回忆很容易浮现在我的脑海中。

6. 我喜欢听关于"过去的美好时光"的故事。

7. 现在的生活太复杂了，我更喜欢过去简单的生活。

8. 因为不管怎样结局都是一样的，所以我做什么并不重要。运气往往比努力更有回报。

9. 我会冲动作出决定。

10. 冒险让我的生活不再无聊。

11. 让我的生活充满激情是很重要的。

12. 给自己的生活注入一些激情是很重要的。

13. 当我想要实现某些目标时，我会设定目标并考虑实现这些目标的具体方法。

14. 赶在明天的最后期限前完成任务并完成其他必要的工作，然后再进行今晚的比赛。

15. 我会稳步推进并按时完成项目。

这是一个简短版的，名为津巴多时间观念问卷测试。[36]这个测试是由技术研究员约翰·博伊德（John Boyd）和心理学家菲利普·津巴多（Philip Zimbardo）开发的，完整版本有 56 个问题，衡量人们对过去、现在和未来的看法以及这些看法如何与他们的行为、个性和态度交织在一起。[37]

这是心理学家设计的各种测试之一，旨在了解人们的时间观念。另外，还有别的测试，如"对未来后果的考虑量表""未来时间观念量表"。"未来时间观念量表"主要测量人们看待时间流逝的速度，未来的规模和内在的联系，以及他们现在愿意为未来作出牺牲的程度。[38]

这些测试能告诉我们什么？虽然它们没有专门探讨人们对非常长的时间的态度，但它们确实提供了关于人们持有什么样的"导向"的线索。

你刚刚读到的简短版津巴多测试中的前 6 个问题主要探讨你对**过去的关注程度**。第 7—12 个问题主要探讨你对**现在的关注程度**，第 13—15 个问题则主要是衡量你对**未来的关注程度**。

有了更多答案，我们可以将人们分为以下 5 个类别。

过去 - 消极型。津巴多和博伊德将受这种观点支配的人描述为"受创伤、失败和挫折困扰的史密森主义者"。他们"对过去有一种普遍消极、厌恶的看法……充满了创伤、痛苦和遗憾"，并且"即使在现在生活得很好，他们也在不断回顾不可改变的过去"。

过去 - 积极型。这种类型的人对过去有一种温暖、怀旧、积极的态度。在这项指标上得分高的人有"一种随着时间的推移而形成的连续性或稳定的自我意识，一种根深蒂固的感觉"。这种生活观通常受到传统、宗教和家庭价值观的影响。

总的来说，过去导向型的人"往往保守，关心维持现状……他们不冒险，也不喜欢用新的、更有效的方式做熟悉的事情"。这也是一种合作而非竞争的思维方式，因此根据心理学家的说法，在崇尚个人主义的美国这种思维方式比较少见，相比之下，在中国、韩国、危地马拉或墨西哥等更崇尚集体主义的社会中更为常见。

现在导向型的人更多地被"现在是什么"，而不是"过去是什么"或"未来会是什么"所定义。这些人更愿意抓牢手中的一只鸟，而不愿冒险去追求可能得到的两只鸟。

现在导向–享乐主义型。简而言之，这类人就是持有美好生活的信念。此项指标得分高的人追求享乐，他们充满激情，在工作场所可以成为创意人士。缺点是他们容易逃避艰苦的工作或不愿制订前瞻性计划，因此他们在学习中表现不佳，而且他们"肆意妄为"的态度使他们更容易沉迷于成瘾行为。当可获得明显的快乐和需要避免即时的痛苦时，对他们来说，延迟满足感是很困难的。

现在导向－宿命主义型。这是指那些对未来和生活持宿命论、无助和绝望态度的人。他们相信未来已经注定，不受个人行动的影响，而现在必须默默承受，因为人类处在"命运"的摆布之下。这是一种将自己视为别人游戏中的棋子的观点。他们在学业上的表现也不太好，并且更有可能遇到心理健康问题。从积极的方面来说，他们相信运气可以改变环境。如果他们有任何对未来的看法，那就是消极的，生活在对负面结果的期待中。

未来导向型。这是对前途持积极看法的人，具有"计划和实现目标"的性格特点，以及"如果－那么推理、概率思维、逻辑分析"的思维特点。在这一指标上得分高的人"愿意未雨绸缪，接受及时行动可以避免以后不必要的麻烦的观点"，因此更擅长延迟满足感。他们往往注重健康——他们使用牙线并且吃得健康，在学业上表现也更好。也有证据表明，他们更有可能采取环保行为和态度。[39]

但如果一个人在未来导向方面得分很高，在当下导向方面得分很低，那么也有劣势，意味着他们不太能够活在当下，享受生活的快乐，因此容易成为工作狂，患上焦虑症和出现中年危机。

一般来说，人并不是单一的属于上述某个类别，而是由各个类型共同构成的一个整体的个人。根据津巴多和博伊德的说法，理想的组合是在负面指标上得分较低，而在其他指标上得分较高。更具体地说，你要避免受过于消极的宿命论影响，而要采取一种积极的态度，这样才能从过去中学习，活在当下并计划未来。

自测试发布以来，已经进行了修改，特别是在"未来"方面。当测试其他地区的人时，有了新的发现。例如，瑞典心理学家确定了一种额外的**未来消极**类别，其特征是人们会焦虑和悲观地认为未来将很糟。[40]换句话说，持这种观点的人就是世界末日主义者。这种类别在其他地方也可能存在。同时，津巴多和博伊德还增加了另一个未来类别的人——**未来超越型**，以不同的问题量表来衡量这种类型的人。这种观点与我们在第一章中探讨过的一种永恒长远的观点有关。

好消息是，人们在各个类别中的得分不一定是固定的，而是可以改变的。例如，一组心理学家对人们进行正念训练，发现这种训练培养了一种更平衡的时间观念。[41]其他人发现，与我们之前讨论的"观点采择"类似的辅导干预可以提升未来前景。例如，要求人们写下他们想在葬礼上对自己说些什么，或者想象90岁时坐在摇椅上回忆着自己的一生的情景。[42]

但正如我们接下来将要看到的，这种干预并不是唯一一种可以通过外部压力对人们的过去、现在和未来的感知产生积极影响的方法。为了理解其中的原因，让我们从时间观念回到偏见。

2017年，心理学家贝蒂娜·拉姆（Bettina Lamm）及其同事邀请了两组来自截然不同背景的孩子参加一项实验。[43]第一组是住在德国的相当典型的西方中产阶级儿童。第二组来自喀麦隆恩索族。这个由乡村农民组成的社会具有清晰的社会等级制度特征，希望儿童从小就融入其中。长辈受到尊重，同龄人之间团结一致，他们的思维方式更倾向于集体主义。

拉姆和他的同事给每组孩子都赠送了一种棉花糖，但告诉他们如果他们再等待一会，他们会得到更多的棉花糖。这就是著名的"棉花糖实验"，一项于20世纪60年代首次进行的科学实验，研究人员让孩子们陷入了两难境地：忽略眼前的短暂快乐或吃掉他们面前美味的棉花糖。你可能已经在YouTube或电视上看过这个测试，在这些视频中，隐藏的摄像机拍下孩子们在试图抵制棉花糖的诱惑时，会闻闻和戳戳棉花糖。其中许多孩子都失败了。（成年人可能认为他们不会受到这种影响，但如果这是真的，他们就需要证明他们从未食用过不健康的食品，从未冲动购买过或冒过不必要的风险。）

尽管"棉花糖实验"存在很多不足之处，特别是关于它对孩子未来前景的预测能力的争议。[44]但拉姆及其同事所做的实验仍然值得关注，因为它暗示了文化如何影响当前的偏见。

为什么？他们发现，与德国孩子相比，恩索族的孩子延迟满足感的能力要强得多。[45]近70%的恩索族的4岁孩子选择等待，而只有28%的德国孩子这样做。

研究结果引出了一个诱人的问题：强调集体主义原则的社会是否比强调个人主义的社会更具有长远思考能力？虽然应该谨慎对待这些发现，但它们与其他关于社会差异的研究不谋而合，而这种差异不仅仅出现在儿童之间。

在过去的几十年中，心理学家吉尔特·霍夫斯泰德（Geert Hofstede）一直致力于了解民族文化如何影响人们的行为、选择和态度，他称之为"头脑的集体编程"。在多项调查中，他测量了6个维度，其中之一是社会的长期导向，在实践层面上可以定义为"培养以未来回报为导向的美德，特别是毅力和节俭"，但也可以在更广泛的层面上定义为一种文化如何及时定位自己。根据霍夫斯泰德的方法，"每个社会在应对现在和未来的挑战时都必须与自己的过去保持某种联系"。[46]所以，它与津巴多和博伊德的时间观并没有太大的区别，只是应用在国家层面上。

果然，像美国或澳大利亚这样的个人主义国家，在霍夫斯泰德的长期导向测量中的得分远低于日本、中国或俄罗斯这样的集体主义国家。[47]例如，日本人普遍倾向于"将自己的生命视为人类漫长历史中的一瞬间"，而美国人却受到"人人享有自由和正义"的理想的影响，这种理想虽然在许多方面都是积极的，但同时也促使了以监管松散、短期主义为特征的商业规范的形成。虽然美国在技术方面可能是一个着眼未来的社会，但霍夫斯泰德认为它在社会态度上更为保守，"倾向于保持悠久的历史传统和规范，同时以怀疑的眼光看待社会变革"。当然，这些描述非常笼统，甚至有点刻板，但霍夫斯泰德仍然认为他的评分可以反映一个国家主导的文化规范和习惯。

有趣的是，甚至有一种比较牵强附会的理论，认为一种文化的长期方向可能与其祖先在前工业时代种植庄稼的方式有关。[48]在16世纪之前，农业和气候条件促使可以获得更高产量的地区往往会在其文化和语言方面表现出长期导向。这种理论认为，丰富的剩余产品使人们具有前瞻性思维。

根据不同的观点，这些见解可能会带来正面或负面的影响。如果你认为文化是一成不变的，那么这就意味着一个社会的短期或长期导向也是不变的。

然而，也有一些影响是积极的。一方面，它表明短期主义行为并非人类天生具有的，而是受文化影响的。此外，几个世纪以来，国家层面的文化价值观可以而且确实会发生变化。[49]但还有另一个原因，越来越多的证据表明，对个人施加心理暗示可以克服周围文化环境的影响，帮助他们进行更长远的思考。

从表面上看，棉花糖实验的结果对西方儿童来说是个坏消息。但在 2018 年，另一组心理学家对美国儿童进行了研究，发现通过巧妙的社会暗示，可以减少对短期满足的偏见。在他们的研究中，一些男孩和女孩被告知他们属于一个同龄人群体，并穿着同样的 T 恤。在美味的棉花糖出现之前，孩子们还被告知他们组的成员已经等待了一段时间。为了适应团队，这些孩子后来比没有被置于团队中的孩子更有可能进行自我控制。[50]

对成年人来说，与同龄人保持一致的冲动也是一种强大的力量。大量的研究表明，这种社会效应是显著存在的，即使人们并没有意识到，他们也常常会改变自己的行为以与他人保持一致。[51] 例如，如果告诉人们他们所在社区的其他成员使用的能源比他们少，他们就会倾向于减少自己的使用量以符合这个规范。[52] 类似的社会暗示也已成功地应用于鼓励其他超越当下的亲社会行为，例如健康饮食、纳税，甚至器官捐赠。[53] 这表明，如果你的同伴表现出了一种长期的态度，那么你也更有可能接受这些价值观。总之，长远的眼光有推广的潜力。

但在所有承诺培养长期思维的社会暗示中，或许最有趣的是一个叫作"代际互惠"的概念，它鼓励人们思考他们的社会关系在时间上的连续性。这组研究表明，当人们被要求更深入地思考他们的祖先和后代的规范和特征时，就会影响他们自己的行为，从而他们会长期采取更善意的行动。

这项工作始于一项实验，在这个实验中，要求人们将自己想象成一家渔业公司即将退休的首席执行官。这位首席执行官需要决定留给继任者多少股份。值得注意的是，如果人们知道过去的几代人都很慷慨，他们就更有可能作出相同的决定。

在另一项研究中，参与者被赠予一笔钱，并被要求决定如何使用。同样地，如果人们知道他们的祖先曾经十分慷慨，即使这意味着他们要损失一笔钱，他们也会更愿意慷慨地将钱给予自己的后代。这些只是实验室实验，但它们暗示了强调集体责任感确实是一件很有力量的事情。[54]

后来，心理学家对这种责任感能否更广泛地应用产生了兴趣，因此进行了一项研究，要求人们思考以下问题（为简洁起见进行了简化）：

"你的父母、祖父母或曾祖父母在哪些方面所做的牺牲让你过上了今天的生活？"

与另一组人只被要求思考他们的祖父母关于时尚潮流选择的人相比，被这样问到的人更有可能表达出在气候方面的道德义务感。[55]

在另一项研究中，心理学家询问他们希望如何被后代记住，即所谓的"好祖先"。结果，他们比其他人更有可能表达出环保态度。[56]研究人员得出结论："鼓励人们思考自己想要如何被记住（或者他们不想因为什么被记住）的提示，可以通过将决策框架定位为'现在和未来世代都受益'的'双赢'的方式，从而有效地促进环保行为。"

最后，心理学家通过让人们想象未来人的特征，观察到另一种代际互惠效应。在一项研究中，研究人员让 600 名参与者想象 2050 年的世界，设想各种与气候变化或毒品相关的政策变化。[57]研究人员发现，如果人们被要求将未来的人想象成拥有"仁慈"的属性——温暖和富有道德责任感，这些人更有可能支持目前会导致这种未来的政策或个人行为变化。

研究人员建议，如果政治家或活动家想要鼓励人们采取行动解决气候变化等问题，他们可能会将至少一部分的信息重点放在互惠和仁慈方面，而不仅仅是警示危害和危险。科学家总结说："总的来说，人们更有动力为创造更好的人类社会而行动（更温暖、更有道德），而不是仅仅为创造更有利于人类居住的社会条件。"

那么，这些研究告诉我们什么了呢？总体来说，它们表明当人们被要求回溯思考他们祖先的特质或后代的属性时，它们可以提供一种鼓励人们思考得更长远的社会助力。归根结底，人是社会性动物，正是通过我们的关系和社群，我们才超越了原始的本能和习惯。虽然心智容易受认知偏见影响，但综观历史，人们已经创造并嵌入了一些积极的社会规范，这些规范已被证明是更强大的。虽然文化有缩小视角的力量，但也有可能将视角放大。在第三部分中，我们将从各个角度全面探讨这个想法，通过介绍一些世界上最具长远思维的人和社群的经历，展示他们如何与祖先和后代建立更强的联系，以及如何共同将视角延伸到更深层次的时间。

但在我们开始之前，还有一种心智对时间感知的怪异现象值得关注——它涉及语言如何影响人们对过去、现在和未来的态度。事实证明，我们所说的特定词语也有可能具有缩小或放大视角的潜力。

为了弄清原因，让我们来到巴布亚新几内亚的一个山谷边，那里有一群人拥有与地球上任何其他人都不同的时间观。

语言的力量

我认为，思考时的灵魂就是语言。

——柏拉图（Plato）

一天，在巴布亚新几内亚的一个山谷旁，认知科学家拉斐尔·E. 努涅斯（Rafael E. Núñez）和他的同事与一个名叫丹达（Danda）的人进行了交谈，他们发现丹达对时间的认知方式非常不寻常。随着丹达讲的话越来越多，他们就越意识到丹达与他们对时间的感知不同。对丹达来说，时间是往"上"流的。[1]

　　丹达属于尤普诺土著居民，他们居住在新几内亚岛的山区。这里地形崎岖，没有柏油路，也没有通电。

　　努涅斯采访了丹达，询问他对过去和未来的看法。

　　"昨天和明天有什么区别？"他问。

　　丹达停顿了一下，思考了一会儿。他回答时还做了一些手势。说到昨天，他向后摆了摆手，指向山谷的底部，提到明天时，他做了一个上坡的手势。

当努涅斯和他的同事反向提出同样的问题时，丹达改变了手势——仍然向下指向过去，向上指向未来。[2]由此可知，尤普诺人对时间的理解是基于地形的。

努涅斯和他同事认为，尤普诺人对时间的理解可能基于该群体的长期历史：他们的祖先从海上来到这里，开始时生活在低地，然后开始攀登，最终在海拔2500米的山谷定居。

但当他们进行更多的访谈时，情况变得更加复杂。在尤普诺人的房屋内部，人们对时间有着略微不同的理解。虽然他们的家里是平坦的地面，但是当他们提到过去时，人们会指向门口，提到未来时则指向背离门口的方向。[3]无论房子面向山谷哪个方向，人们都使用相同的方式理解时间与空间之间的关系，但认知框架在室内发生了微妙的重构。

尤普诺人只是众多例子之一，这些例子引出了一个引人入胜的问题：语言是否会影响我们对时间的看法？

几个世纪以来，这一想法一直困扰着知识分子。哲学家伊曼努尔·康德谈到了语言和思想之间的关系，并指出"思想就是与自己交谈"。[4]最近，心理学家和语言学家接过了这个话题。他们中的一些人甚至认为可以将语言视为"想象力的指导"。[5]这是否真实呢？

正如我们从伊卡洛斯的坠落和远近效应中了解到的那样，人们往往通过构建一个时空框架来想象时间。这在我们使用的词语中也有体现："上一章已经过去了，让我们期待下一章。"人们也经常使用空间隐喻。在英语中，时间可以是一个物理对象：你可以把时间留给自己，或者把它给别人。时间也可以是一个容器：你可以用活动填充它。英语中一个更为不寻常的空间隐喻是"大好时光"，将"大"与愉快的时间长度等同起来。

这种使时间具体化，使其具有空间感的方式在许多文化中都根深蒂固，但不同的语言有着特定的表达方式。

正如我们所见，说英语的人倾向于用距离或长度来描述持续时间。如这本书的英文书名是 *The Long View*。然而，其他语言，如希腊语，则会用数量来描述持续时间。在希腊语中，"makris"一词的意思是"长"，用于描述绳索、道路、臂膀等。但是说希腊语的人更可能使用"megalos"这个词来描述长时间的会议、夜晚或关系，这在空间环境中的意思是"物理上的大"。而在西班牙语中，"long time"的直译——"largo tiempo"，这听起来不自然，所以更倾向于用"mucho tiempo"（很长时间）。

尽管如此，希腊语和西班牙语与英语也有共同点。在大多数欧洲语言中，过去、现在和未来都是水平可视化的，时间箭头指向右侧。如果你给说英语的人一系列照片，要求他们排列照片，以展示一个人在他不同年龄段的情况，他们很可能会将最年轻时候的照片放在左边，最年老的照片放在右边。

有些语言有不同的方向，这反映了它们的书写方向。给出相同的老年人照片集，说希伯来语的人更倾向于从右到左排列照片。而说汉语普通话的人，他们的书写方向从上到下，通常将过去视为"上方"，将未来视为"下方"。当你要求人们用手势来表示"下个月"或"昨天"时，说汉语普通话的人会倾向于使用垂直轴。较早的事件被描述为"向上"，后来的事件被称为"向下"。[6]

垂直式的时间表达在英语中也有出现，但是并不常见。一个与长远眼光相关的词语是"传承"，即将知识、故事、遗产和责任代代相传。

澳大利亚波普雷瓦土著社区使用的库克萨优里语，对过去、现在和未来的定位方式非常有趣。[7]在任何时候，波普雷瓦人都知道自己的方向，如东南西北，并使用这些方向来描述事情（例如，"向东挥手"）。他们一般不会说"你好"，而是问"你去哪里"。通常，他们的回答与罗盘方向有关。

当被要求排列老年人的照片时，他们将照片从东到西排成一行。他们选择的排列方式取决于他们此时所面对的方向。[8]研究该社区思考方式的美国心理学家莱拉·博罗迪茨基（Lera Boroditsky）说道："这是一个美丽的图案，波普雷瓦人以其他人不能理解的方式思考时间，因为他们缺乏必要的空间知识。许多美国人即使想这么做，也无法用绝对坐标来感知时间。"[9]

博罗迪茨基出生于白俄罗斯，居住在美国，当她被问到她来自哪里时，她无法描述方向，也无法指出正确的方向，她感到很尴尬。她也不确定应该怎么从美国的加利福尼亚到澳大利亚。

就像巴布亚新几内亚的尤普诺人一样，你可以发现不同文化在时间的三维建模方面的有趣差异。对于说英语的人来说，过去就在他们身后，未来是值得期待的，正如这句话所说："最糟糕的已经过去，最好的还在前面。"大多数印欧语言以及其他语言如日语或希伯来语都是如此。

对于南美洲的土著群体艾玛拉人来说则不是这样的。在努涅斯访问巴布亚新几内亚的尤普诺人之前，他和同事曾前往安第斯高原，在那里他们与艾玛拉人进行了多次交谈。

艾玛拉语将未来描述为"后面",而在谈论过去时,说话者手势则指向他们的前方。[10]因此,艾玛拉语中表示过去的词是"nayra",意为"眼睛""视线"或"前方",而表示未来的词是"q'ipa",意为"后面"或"背后"。因此,说艾玛拉语的人往往会更频繁、更详细地谈论过去,而不是未来。努涅斯写道:"事实上,经常说艾玛拉语的年长者拒绝谈论未来,理由是关于未来几乎没有什么可说的。"(值得注意的是,年轻成员也会说西班牙语,他们不像长辈那样分享他们的时空观点。)

艾玛拉语并不是唯一一个将过去描述在前、未来描述在后的语言。在马达加斯加的马尔加什语中也有类似的描述,即过去的事件被描述为"在眼前"。如果你考虑到过去是已知和可见的事实,而未来是未知的,那么这种观念出现在多个地方是合乎逻辑的。[11]一位讲马尔加什语的人告诉一位研究人员,未来的事件显然应该已经过去了,因为"我们中没有人能看到自己的后脑勺"。[12]

玻利维亚的多巴语对过去、未来的界定看似特别复杂,但实际上非常合乎逻辑。近期的过去从正前方开始,但随着时间推移,它向上弯曲,直到最终它远高于头顶。它与遥远的未来融合在一起。关键在于,过去和未来都是不可见的。

然而，眼前的未来就在身体的后方，因此人们转身越过肩膀，就可以看它，因为它很近。[13]如果你把它画成图表，它看起来像一个圆圈，观察者位于底部。[14]

与此同时，在塔希提语中，人们用"I mua"和"I muri"分别表示"前进"和"后退"，但是当谈到走向未来时，人们用"I muri mai"表示，这从字面上理解就是"往后走得好远"。[15]

然而，不同的人对自己在时间轴上移动（或不移动）的情况也存在不同的看法。在英语中，人们倾向于想象自己向未来前进，在这种心理画面中，时间轴是静止的，而他们则是主角，走向未来。

然而，说汉语普通话的人不是这样的。虽然他们也使用"未来在前、过去在后"的术语来谈论时间，但与其他语言不同的是，汉语普通话使用者倾向于将自己看作固定在一个想象中的时间轴上，而时间是穿过他们流动的。[16]因此，在某种程度上，时间更像是一阵风，而不是一条轨道或一条路径。

巴西亚马孙的阿蒙达瓦族群根本没有"时间"这个词，也不讲小时、星期、月份或年份，缺乏日历系统或时钟。他们的语言也不使用空间来表示个体在时间中的位置。[17]相反，他们使用其他参考物，例如用太阳来描述大致的时间间隔和事件。夏天的开始是"太阳诞生"了，当他们接近季节结束时是"小太阳"。一天不是以 24 小时计算的，而是简单地分为 3 个部分：早晨、中午 / 下午和夜晚 / 凌晨。

阿蒙达瓦人也不用数字来衡量他们的年龄，因为他们使用的数字不超过 4 个。个体在进入新的生命阶段时会更改他们的名字。例如，一个新生女婴可能开始的时候叫塔佩（Tape），成年之后叫昆哈特（Kunhate），老了之后叫迈塔格（Mytag）。如果你在成长过程中也采用这种做法，你的自我意识可能会随着时间的推移而发生变化。

这意味着什么？这些不同的语言能否唤起不同的长远观？目前还没有确定的答案，但我们可能会从科学家迄今为止发现的关于语言如何影响思想方面得到一些线索。

语言在很大程度上决定了我们在脑海中构建现实的方式。文字和隐喻帮助我们组织和理解我们周围杂乱无序的事物以及我们遇到的抽象概念。而每种语言，在几千年的发展中，提供了不同的探索世界的方式。

但需要明确的是，这并不意味着语言会限制思想。在 20世纪中叶，一些研究人员认为，如果一种语言缺少一个词或概念，它可能会阻止说话者深入思考这个概念。这个想法与居住在美国亚利桑那州的美洲土著霍皮族人恰好一致，一些研究人员认为他们没有关于时间的词汇和语法。正如语言学家本杰明·李·沃尔夫（Benjamin Lee Whorf）在 20 世纪 40 年代所断言的那样，霍皮族人"没有关于时间的普遍概念或直觉，认为时间是一个平滑流动的连续体，在这个连续体中，宇宙中的一切都以相同的速度通往未来、经过现在、进入过去"。[18]

然而，事实并非如此。显然，沃尔夫从未真正前往亚利桑那州研究霍皮族人，他的论点是基于与一个住在纽约市的霍皮族人的对话。几十年后前往当地研究霍皮族人的语言学家详细说到霍皮族有多种描述过去、现在和未来的方式。[19]

但即使霍皮族人确实缺乏关于时间的词汇，也未必会束缚他们的思维。毕竟，在自己的语言之外，很容易找到所谓"不可翻译"的单词的例子。[20]例如，作为一个说英语的人，我无法翻译德语的"Schadenfreude"或法语的"savoir-faire"，但我几乎可以确定在不认识这些词汇之前就感受到了这些情绪。

同样地，有些语言有时间词汇，而有的却没有。比如来自澳洲土著维拉杜里语的单词"guwaya"，它可以表示"过了一会儿；稍后，过了一段时间"，但更具诗意的翻译是

"始终如一，永不止息……所有时间都是不可分割的；时间永远不会结束；所有的时间都未完成"。[21] 你可能不会说维拉杜里语，但这并不意味着你无法理解 "guwaya" 的含义，你只需要别人对此稍作解释就行了。

然而，尽管语言不会限制我们的思想和信仰，但它确实要求我们用特定的方式去表达它们。当你的语言要求你描述具体的细节时，这也意味着你必须在探索世界的同时注意并记住这些细节。这是一个微妙的观点，为了更好地理解它，可以看看语言学家盖伊·德茨彻（Guy Deutscher）在他的书《透过语言之镜》（*Through the Language Glass*）中讲述的关于生与死的故事。[22]

班比和小船

1980 年，美国昆士兰州的一位土著人杰克·班比（Jack Bambi）在乘船运送服装和其他物品时遭遇了暴风雨。他和另一名男子在船倾覆后弃船，游了 5 千多米才游回了岸边。

在海滩上，他们祈祷着看向大海，发现一条鲨鱼在他们刚逃脱的海域内游动。然后他们步行数小时到了当地一位传教士的家中，但是这位传教士并不怎么同情他们，让他们回去取回小船。

班比后来向语言学家约翰·B. 哈维兰（John B. Haviland）讲述了这段经历。哈维兰多次听他讲述这个故事，并记录下了一些有趣的观察。

班比说的是古古伊米希尔语，用东南西北来描述自身和物体的位置。因此，他在讲述故事时使用了罗盘坐标，并配合手势来表示方向。例如，班比描述了他向西跳下船，鲨鱼朝着北方游动。两年后接受采访时，他几乎以完全相同的方式讲述了这个故事。即使在生死存亡的情况下，班比显然也准确地注意到了所有空间方向，以便能用他的语言表达这个故事。[23]

虽然古古伊米希尔语远非通用语言，但许多更广泛使用的语言也包含一些奇特的习惯和特点。这可能会产生意想不到的后果，影响我们对世界的认知、我们的交流，以及我们建立的其他联系，甚至可能会影响我们的感知和推理。正如德茨彻所说："我们没有充分意识到语言能够创造习惯的力量。"[24]

举个例子，有些语言要求说话者在描述邻居或朋友时注明性别。如果你用英语说"我今天和一位同事共进午餐"，你不必说那个人是男是女，但在一些语言中，你必须要说。博罗迪茨基和她的同事发现德语和西班牙语使用不同的形容词来描述桥梁，前者用阴性名词，后者用阳性名词。[25]说德语的人使用美丽、优雅、脆弱、宁静、漂亮和苗条等词。讲西班牙语的人使用大、危险、长、强壮、坚固和高耸等词。[26]有趣的是，在德语中，"过去"和"未来"两个词都是阴性名词，而在西班牙语中它们则是阳性名词。

但是，当涉及语言如何创造思维习惯时，一个更引人注目的特点是通过语法实现的，特别是一种语言是否具有"强烈"的将来时态。与英语、西班牙语或法语不同，德语、日语、汉语普通话的将来时态都是比较"弱的"。[27]一些研究人员甚至认为它们是"没有未来的"，但这有些误导。它们并不是没有未来时态，而是在语法上表达方式不同。例如，如果有人想用口语化的德语告诉你明天天气看起来很糟糕，通常会说"明天下雨"，而不是说"明天将会下雨"。

这种强弱区别的差异之所以如此引人入胜，是因为它可能会微妙地影响人们对未来的感知和规划。这个假设可以追溯到 2013 年，行为经济学家 M. 基思·陈（M. Keith Chen）对人们在退休、储蓄和健康方面的行为态度进行了跨语言的大数据分析。[28]他比较了在财富或社会地位等方面非常相似的人，但发现那些以弱将来时态为母语的人（比如说德语的人）在同一年中投入储蓄的可能性要高出 31%，退休时积累的财富要多出 39%，身体活跃的可能性要高出 29%。他们也不太可能吸烟，而且肥胖的可能性稍微低一些。

为什么会这样呢？在类似"明天下雨"的句子中，用现在时态的动词形式表示可能会使得天气感觉更加接近和具体。因此，在理论上，说德语或说汉语普通话的人也可能会这样考虑他们的未来自我。

在小说中也可以看到类似的现象。在讲述故事时，作家通常会使用现在时态来描述事件，以使读者感觉更直接。查尔斯·狄更斯（Charles Dickens）深知这一点，他在《荒凉山庄》（*Bleak House*）的大部分篇章中都使用了现在时态。[29]

值得注意的是，陈的说法是一个假设——他通过对大数据的分析观察到了这种影响，而不是通过访谈或实验来得出结论，因此它可能是一种人为的现象，还可能存在其他未知的文化影响。[30] 但如果这是真的，它将与我们在上一章探讨的心理远近效应相一致。

后续的研究证实了这个假设。例如，在企业中，使用弱将来时态语言的人更愿意进行储蓄和投资研发。[31] 此外，它还与环保行为和支持面向未来的政策有关。心理学家比较了说汉语普通话（弱）和韩语（强）的人环保态度，发现说汉语普通话的人具有更强的紧迫感，需要采取行动来解决环境问题。另一组人则比较了俄语（强）和爱沙尼亚语（弱）的使用者，即使在控制了其他可能的影响因素之后，结论也是如此。[32]

其中一项更巧妙的研究涉及采访居住在意大利梅拉诺市的大约 1000 名小学生。这是检验陈假设的好地方，因为一半人口讲德语，另一半人口讲意大利语，意大利语是具有强未来时态的语言。孩子们过着非常相似的生活。这个实验有点像棉花糖实验，目的是了解孩子们愿意延迟满足感的程度，但这次的奖励是一些小令牌，可以用来兑换糖果、贴纸、弹珠或气球之类的奖品。至关重要的是，当孩子们在选择现在 2 个代币或稍后 4 个代币之间时，说德语的孩子比说意大利语的孩子更有可能延迟即时的奖励，并等待更大的奖励。[33]

同样，孩子之间未知的文化差异有可能发挥了作用，但 2020 年的另一项研究表明并非如此。在这项研究中，研究人员采访了会说两种语言的人：一种是说德语、荷兰语或汉语普通话（弱）的人，另一种是说英语、法语、西班牙语、印地语（强）的人。[34] 令人惊讶的是，当这些双语人士在接受德语或汉语普通话的指示时，他们在经济游戏中比接受英语或其他具有强未来时态语言的人更有可能延迟满足感。换句话说，这不能归结为文化差异——因为同一个人在不同语言环境下改变了他们的行为和选择。

不幸的是，据我所知，目前还没有任何科学研究可以比较不同语言如何影响人们对长远未来的感知。探索这些不同语言中更深层次的时间是如何被理解和感知的将会是一件有趣的事情。

尽管如此，推测仍然很有趣。你所说的语言和所接受的文化，可能会在你思考和交谈的时候唤起你不同的心理习惯。

正如我们所看到的，那些鼓励说话者将自己视为更接近未来的语言可能比其他语言更适合延迟满足感。那么，这些说话者是否比其他人更适合从长远角度进行讨论和思考？当我用英语说话时，我发现自己希望有更丰富的语法和词汇来表达未来，而不是将它框定在遥远的地方，在心理上与现在保持距离。在这方面，英语有所欠缺。

我无法修正母语的语法，但我相信选择不同的词语也会造成差异。例如，我发现对长远或深远未来的描述在脑海中会唤起不同的画面。长远的未来是从我们现在所在的地方开始延伸，而深远的未来则是指地理上的距离，即一个横跨海洋、不可知的岛屿，且居住着无关紧要的人。

我还在思考，我的西方时间观是否与我的语言倾向相互交织，将我描绘成穿过它、面向前方的移动者。如果我经常说自己是主角，在数小时、数年和数十年中开辟道路，那么这就将我置于时间宇宙的中心——这是一种相当个人主义的观点。我只能猜测用其他语言的人是如何思考的，但如果时间经常被形容为像风一样从自己身边刮过，如果总是在讨论未来的同时回望自己的祖先，是否会培养出一种稍微不那么以自我为中心的思维习惯？

也许有些词汇可以更好地促进与过去和未来的代际联系。正如我们在第三部分中所发现的那样，有些文化对时间的概念无法轻易翻译，例如澳大利亚土著人的非线性视角，大致将时间描述为"每时每刻"。[35]这与更个人主义的西方习语截然不同。

也许我们通常使用的隐喻也发挥了一定作用。心理学实验表明，人们的态度可能受到他们意识不到的隐喻的影响。例如，当把犯罪描述为"感染城市的病毒"时，人们更有可能支持社会改革和预防性政策；当把犯罪想象成"掠夺城市的野兽"时，人们更可能支持惩罚性的监禁。[36]

诸如此类的研究让人想知道西方将时间视为金钱的观念是如何塑造思维习惯的。时间可以花费、浪费、借用或耗尽。有些研究人员认为，在 18 世纪末和 19 世纪初的工业化时期之后，将时间视为商品的语言才开始在西方使用。只有当劳动开始按天或按年支付报酬时，人们才开始理解时间是一种可以获得或失去的东西。《古兰经》等古老的文本就不涉及关于时间的隐喻。[37]

近两百年来，根据英语书籍的参考资料[38]，人们开始把时间看作对手：想要打败时间、与时间赛跑或者消磨时间。某些表达甚至更为现代，譬如说时间是"贱人"或"敌人"等。

将时间视为有限的资源或敌人，让我开始思考一个单词"lifetime"，它在英语中是指"（我的）一生"，而不是"（我的）寿命"。虽然后者在英语中听起来很奇怪，但或许对于一些人的思维来说，后者更为合适。

我们的全球语言调查表明，无论你的母语是什么，人们在谈论过去、现在和未来的方式在世界各地有很大的差异，因此可能在人们的意识之外潜移默化地影响了他们的观念。我们使用的词语比许多人意识到的更重要。

但这不应成为悲观的理由。毕竟，语言也是人类最伟大的发明之一，帮助我们理解混乱、复杂和抽象的世界。它也是我们可以更新、发展和改进的东西。

　　正如心理学家莱拉·博罗迪茨基曾经写过的："思维中的一个伟大谜团是，我们如何能够思考我们永远看不到或触摸的事物？我们如何能够表达和推理关于时间、公正或思想等抽象领域的事物？认知超越物质的能力是人类智慧的真正标志之一。" [39]

　　当我们的远古祖先开始互相交谈时，他们就可以将想法植入另一个人的脑中。然后这些想法可以被精神操纵、迭代、扩展，然后传递下去。所有语言都在不断地演变。也许我们还没有找到最好的表达方式来谈论长期的时间。

　　同时，我们可以通过其他方法找到解锁远见的方法。这就带我们来到了第三部分，我们探索了通往真正长远思考的多种途径。

　　我们已经探讨了如何识别和超越那些缩短时间视角的文化压力和心理习惯。现在，是时候将我们的视野扩展到真正的长期层面——跨越数百年、数千年甚至数百万年。在接下来的章节中，我们将从一些领域中寻求智慧和见解，这些领域包括哲学、宗教、艺术和科学。

　　这可能是一项具有挑战性的任务，但正如我们将发现的那样，通往同一目的地的路线不止一条……

第三部分

远见：

拓展我们对于时间的感知能力

令人愉悦的畏惧：深度时间的宏大规模

无限性有这样一种能力，在让人恐惧的同时又让人感到愉悦，这也是对崇高的最好检验。

——埃德蒙·伯克[1]

在 19 世纪 60 年代，科学家卡尔恩斯特·冯·贝尔（Karl Ernst von Baer）试着构想出一种完全不同的时间意识。他描绘了两个人，一个叫"瞬息人"，他能在一小时之内经历一生；另一个叫"千禧人"，他的寿命长达数百万年。这是一个思想实验，它能让我们更加了解自己的时间感知力——什么是我们能直接体验的，以及什么是不能直接体验的。

冯·贝尔是一位博学多才的科学家，被称为"胚胎学之父"。他对哲学很感兴趣，他发表了关于生物圈内时间感知如何变化的演讲，他也乐于人们由此展开对自然的广泛讨论。[2]他在演讲中进行了大胆的推测，虽然有些地方不对——例如他提出动物的心跳速度与其感知速度相关。但他提出的一个问题至今仍能引起人们的争论：人类能以不同的速度感受时间的流逝吗？

因此，他构想出了"瞬息人"，"瞬息人"能以比常人更快的速度感受一切。实际上，到我们这个时代，"瞬息人"的一生只持续了大约40分钟。对于"瞬息人"来说，我们的世界似乎冻结了：一颗子弹几乎能静止地定格在空中，与闪闪发光的雨滴一起盘旋。冯·贝尔说："如果这个人的耳朵结构和我们的一样，他肯定听不到我们能听到的声音，但他可能会听到我们听不到的声音。"

他构想的第二个人的生活节奏要慢得多。"千禧人"的生命会跨越数百万年，他的心脏每隔几个世纪会跳动一次。对于他来说，我们世界上的一切都在飞快流逝，以至于他看不到：因为所有的生物在他能够感知之前就早已出现、死亡甚至腐烂。但那些远超我们感官能力范围的变化会在他眼前上演：山脉活动像海浪一样起伏，大陆在地表漂移，银河系的星系在天空中重新排布。在他的注视下，因自然选择带来的物种兴亡以宏大的叙事方式得以呈现。

回顾冯·贝尔的实验，我们能够理解"瞬息人"的生活，但不能理解"千禧人"的生活。我们很容易就能化身为"瞬息人"，如我们可以用相机定格时间。但我们有点难以理解"千禧人"的体验。就像"瞬息人"无法在春日赏花，于秋日观叶，或者看着孩子长大，我们的大脑也难以理解以百万年为单位的时间变化。我们可以通过理论模型模拟山脉的均衡隆起或物种进化，但实际上它已超出了我们可感知的能力范围。

因此，思考真正遥远的事情会让我们望而生畏。大自然通过地层年代的演化发展来记录时间。文明以宗教和帝国为单位来进行衡量，社会以国家和革命为单位来进行演进。然而，对于个体而言，重要的时间度量单位仍然是年、年代，抑或短暂的生命。

人类大脑难以在更深远的时间范围内思考个体角色，因为这与我们的日常经验相去甚远。深度时间是一个巨大的、看似无底的深渊，是海洋向各个方向延伸的地平线，或是恒星之间的无限黑暗。越把思维扩展到更长的时间维度上，你就越会意识到个体生命的短暂。我们每个人都像是河流中的沙粒，但我们却永远无法真正体验这种感受。

具有远见需要你将视线延伸到日常经验之外，甚至要超越你的生命维度。但是，如果我们都不能真正了解自己，又怎么能具备这种能力呢？

地质学家查尔斯·莱尔（Charles Lyell）曾以一种既忧郁

又敬畏的心情描述了思考"时间的无限"所面临的挑战，他将其描述为"我们无力构想出一个如此浩瀚无垠的存在，所以深感痛苦"。[3]在他生活的时代，地球科学正在开始研究存在长达百万年之久的年表，在探索中，人们深感自身知识的匮乏，他的阐述唤起了人们的敬畏之心。[4]

为了表达他的感受，莱尔描绘了一个向黑暗中扩展的光圈——一边行进，一边发光，但随着光圈的扩大，光明与黑暗的边界线也变长了。换句话说，我们对自己在时间和自然中的位置了解得越多，我们就越能真正意识到自己的渺小，以及我们所知甚少。莱尔写道："宇宙的格局在时间和空间上都是无限的，所以如果有人认为我们所有怀疑和困惑都将得到解决，那未免太过狂妄。"

后来，科学作家约翰·麦克菲（John McPhee）提出，人类可能根本无法完全理解这一概念。麦克菲曾在 20 世纪 80 年代向人们普及了深度时间的概念。他在颇具影响力的著作《盆地与山脉》（*Basin and Range*）中写道："人类的意识可能在更新世的某个阳光明媚的日子里飞跃并沸腾起来，但总的来说，人类仍以动物的方式来感知时间。让人类体验五代人的生活——两代之前，两代之后——特别是中间那代人。这可能是悲剧，也可能是别无选择。"[5]

麦克菲认为，一旦时间冗长，作为人类理解时间的常用单位——年就会变得没有那么实用。用数字的形式来理解深度时间似乎不太管用。他写道："任何超过两千年的数字——五万、五千万——都会让人类深感敬畏，甚至难以想象。"

但我们也不要太悲观。

综观世界历史，那些具有远见意识的人、群体，通过反思他们在深层时间中所扮演的角色找到了自身意义、价值及目标。在接下来的章节中，我们的目标是向他们学习。我们会发现，有许多方法可以让我们拥有远见，比如通过文化活动、艺术手段等。有些人通过科学或哲学探究形式得出了新的见解，而有些人则从世界各地的信仰和传统中汲取智慧，使他们团结在一起的是我们可以拥有远见的信念。

虽然可能不能直接体验冯·贝尔构想的"千禧人"的感受，但这并不意味着我们无法体验几千年、数百万年甚至数十亿年的变迁。这也并不意味着我们不应该尝试。

至高无上的伙伴关系

那么要从哪里开始呢？在这本书的开篇几页，我描述了自己想要寻求远见的出发点：伴随着女儿的出生，我想象她在22世纪时变成老妇人的模样。

这让我想起了 18 世纪保守派政治家和哲学家埃德蒙·伯克的话，他将社会定义为一种伙伴关系。

以下是他更详细的陈述：

社会的确是一个契约……我们应该以另一种崇敬之情来思考它。因为它不是一种只依附于所有动物短暂存在的伙伴关系，它存在于所有科学中；存在于一切艺术之中；存在于所有美德之中，存在于所有完满之中。社会的伙伴关系的维系在几代人之内都无法完成，因此它不仅存在于活着的人之间，还存在于活着的人、死去的人和将要出生的人之间。[6]

最近，我开始思考伯克的伙伴关系怎样可以从我的生活中延伸出去，这让我备受启发。这是一项任何人都可以做的练习，这揭示了个人可以与遥远时期产生怎样的联系。

所以，如果格蕾丝的年龄与我为人父母的年龄相仿时有了自己的孩子，她的孩子可能会活到 22 世纪 30 年代。假设医学科学能继续提高人们的寿命和生育能力，她的孙辈可能活到 22 世纪 60 年代以后，她的曾孙们有望活到 23 世纪。较为遥远的时间可能很难在人类头脑中被概念化，但如果以年代为单位来进行思考，就会容易一些。

用同样的思维模式来思考，过往也只是几代人的更迭。当格蕾丝出生时，我会思考我父母在初为父母时会是什么样子，以及那个时候世界会是什么样子。我出生于1980年，当时罗纳德·里根以压倒性优势获胜，约翰·列侬（John Lennon）被暗杀。与此同时，我的祖父母在20世纪40年代末生下了他们的第一个孩子，当时世界仍笼罩在第二次世界大战的阴影中。我可以通过我父母的血亲关系追溯到200多年前，我父亲的祖先生活在英格兰南部，是被人遗忘的马车夫和洗衣妇。他们出生于18世纪80年代，他们的父母在英国与美国交战的年代生下了他们。

在历史的时间轴上，所有这些世界事件都可能离我们相距甚远，但当我想象我的祖先生活的时代时，我就感到离这些时代更近了。这种想象祖先时代的精神之旅也让我充满感激之情。如果少了任何一位曾祖父母，都不会有我的存在。

两代人之间的联系绝不止于家族纽带。令人难以置信的是你、我和其他人的祖先联系——它比最初的联系要紧密得多。如果你能画出完整的族谱（我就画了），你最终会在族谱上得到一个相匹配的名字。如果再往前追溯，几乎所有人的家族都会联系在一起。[7]

我们通过简单的数学计算能够知道，你的族谱内部之间一定在过去有过关联。因为你曾祖父母的后代数量会翻一番，这可能表明你在 1000 年前有 1099511627776 个祖先。但这是不可能的，因为 1 万亿人远远超过了当时地球上的人口，而当时只有 2 亿—3 亿人。[8] 因此一定是远房表亲们相遇并结婚了，和正统的家谱分支搅在了一起。

遗传学家亚当·卢瑟福（Adam Rutherford）在他的《人类简史》（*A Brief History of Everyone Who Ever Lived*）一书中写道："族谱在几代人之前就开始交错在一起，变得不太像树状图，而更像错综复杂的网格图。你可能是，而且事实上是一个人多重身份的后代。你的曾祖母的曾祖母可能会在你的族谱中出现两次或多次，她的家族血脉由她延续，但可能会在你这里结束。"[9]

这种错综复杂的关系也导致了一些反直觉的结论。数学和遗传模型表明，在 3000—4000 年前，人类有一个共同的祖先。无论我们住在哪里，无论我们是什么肤色，无论我们是谁，他将我们所有人都联系在一起。[10]

能够与祖先如此接近似乎让人难以置信。但正如卢瑟福所言："我们不太能够想象某一代人所处的时代。我们将家庭视为会离散的单位，事实也的确如此。但在我们看不见的更长期内，它们是流动而连续的，我们的家族向各个方向蔓延。"

这种融合也将持续到未来，并可能随着全球移民的增加而加剧。某一血统很可能会灭绝，但如果没有，你可能会成为未来数百万人的共同祖先。也许有一天，当你的后代们相遇并结合，你甚至可能成为许许多多人的曾祖父或曾祖母。

你不需要通过孩子才能在这个故事中占有一席之地。每天，我们每个人都会作出一些影响到他人未来轨迹的决定，这样的决定可能是小到买杯咖啡或开车去超市。[11] 也许你稍稍耽误了在咖啡馆排队的人的时间，他们就不会遇到他们的伴侣了，或者因为你开车上路就正好改变了交通状况，从而避免了一场车祸。这似乎有些牵强，但人的平均寿命约为 3万天，所以你在地球上至少有一个时刻会显著改变别人的人生轨迹。某天，你的行为将意味着会有一个新生儿降生：精子与卵子结合，这个孩子将会在 3 万天的生命中与外界相联系。

虽然深度时间听起来可能很遥远，你可能会觉得在漫长的世界轨迹中自己无足轻重，但事实并非如此，你很重要。你的存在是由于数百万祖先所做的一系列决定，你自己的选择也会影响几个世纪。因此，伯克的代际关系理论远比其最初提出时要广泛和深入得多。你的生命穿越数千年，深入过去和未来。

我想知道伯克会怎么思考这一切。他的理论发表于 18 世纪，在那时，他不可能了解深度时间的全部内容，也不知道进化论和基因论，这些观点印证了一个人可以跨越很多时代。伯克在 1790 年发表了关于代际关系的文章，在 20 年后达尔文出生。

但伯克确实为我们提供了一个与今天相联系的思考深度时间的角度，事实上不只能与今天相联系。

他从道德的角度来呼吁我们关注对祖先及后代的责任，这被称为"伯克长期主义"——一种特定类型的长远思考模式，这不同于纯粹的未来论。[12] 简而言之，伯克的长期主义认为，当我们在祖先和后代之间传递时间接力棒时，我们应该更深入地思考我们所扮演的角色。它的时间跨度很长，但要以人为核心，我们每个人应该更深入地思考我们要传承什么、传递什么。

伯克的长期主义既展望未来，也回顾过去；既汲取祖先的智慧，也关照后代的发展。正如伯克所说："从不回顾过去的人也不会展望未来。"[13]

我们将在下一章中知道，伯克不是唯一的也可能不是第一个得出这一结论的人：代际互惠的概念在世界各地的各种文化、实践和信仰中出现。尽管如此，他提出的个体在代际关系中扮演着重要角色的理论搭建了一个简明有力的框架，我经常会回到这一点上。人们很容易认为，把眼光放长远仅仅意味着展望未来。未来确实很重要，但我相信，通过将思维投射到整个时间跨度上，可以获得一个更丰富、更全面的视角。

这并不是我们可以从伯克的观点中得出的唯一指导原则。在他年轻的时候，他提出了另一种观点，我相信这可以加深我们对当下的理解，与其说该观点是一种道德呼吁，不如说是一种表达情感的形式。那时他风华正茂，虽然他可能没有意识到地球十亿年的时间跨度，但他用引人共鸣的语言表达了对于崇高的敬畏之情。

他称之为"令人愉悦的畏惧感"。[14]

当伯克和他同时代人在思考崇高时，他们往往想到自然界的物理尺度——高山或汪洋使人深感"寄蜉蝣于天地，渺沧海之一粟"。但我相信，崇高是一个值得重新探索的概念。

正如伯克所写："很少有事物可以成为我们感官的对象，因为它们在本质上是无限的。"但是视觉不能感知许多事物的边界，这些事物似乎是无限的。

我们似乎不能完全理解崇高。诗人塞缪尔·泰勒·柯勒律治（Samuel Taylor Coleridge）曾说，这会导致"比较能力的中止"。[15] 因此，人们会感到一种矛盾的情绪。正如哲学家伊曼努尔·康德所说，崇高激发了一种无力感，类似于当一个人处于这样的情境中——"悬崖陡峭险峻，雷云高耸入天……火山具有毁灭一切的力量，飓风过后遍地狼藉，海洋开始狂怒，瀑布高挂于广袤河流之上"。[16]

但至关重要的是，在与崇高的邂逅中我们也能发现奇迹，甚至是惊喜。伯克写道："自然界中伟大崇高的事物所激发的热情以最有力量的形式发挥作用时令人惊讶。"康德对此表示赞同，他将崇高描述为"提升灵魂力"的力量。它的威慑力会引起一种敬畏感，它的内涵可以在美学和精神层面上得到深化。当我们仰望勃朗峰这样的高山，或者欣赏威廉·透纳（William Turner）的一幅描绘海上风暴的画作时，会感到这些景色不仅美丽，而且意义深远。

后来，诗人威廉·华兹华斯（William Wordsworth）写道：

崇高，带来愉悦，

这神秘的重量，

这难以理解的世界的重量，在崇高的沐浴中都减轻了。[17]

作为一种"令人愉悦的畏惧"，深度时间令人振奋，也令人恐惧。

远见常常带来问题：这种想象似乎超出我们的认知范围，比如对子孙后代的负责，在巨大的时间跨度内接受生命的短暂。但首先要在你的前人和后代之间认同一个简单的伙伴关系。在这个过程中，你的灵魂甚至可能得到升华，这个难以理解的世界乍现光明，有片刻欢愉。

在接下来的章节中，我们将会发现更多远见带来的好处。但首先我想讲一个自己的故事，关于远见对我意味着什么，为什么我觉得它如此有价值，以及我的观念是如何演变的。

地质损失

在我 19 岁的时候，父亲让我开始为他收集石头。那时，我喜欢做那些瞬间能吸引年轻人注意力的事，所以我不能完全明白为什么要让我收集石头。但按照他的要求去做很容易：我在大学里学的是地质学，所以无论我走到哪里，都会在地上寻找不寻常的石头。

在新西兰的一个峡湾的边缘，我捡到了一块花岗岩。在每小时喷发两次的斯特龙博利火山的侧翼，我找到了一块玄武岩，里面还凝结着气泡。在阿尔卑斯山脉上的一个滑雪村里，一块菊石化石瞬间使我兴奋，它的外壳像公羊角一样盘绕在一块新崩解的石灰岩中。在苏格兰的一次实地考察中，那天下着雨，我发现了一块28亿年前的有着黑白条纹的岩石。

我父亲把这些岩石放在他办公室的窗台上，因为这是他儿子去过的地方的纪念品。然而直到多年后，当我在不同的地方再次发现这样的岩石时，我才知道它们的意义。

2010年，我姐姐的第一个孩子出生了，我父亲很高兴。看起来，这将是一个以建立新一代关系为标志的一年。但我不知道的是，这也将是一个打破关系的一年。那时，我父亲60岁出头，他决定提前退休，这样他就可以整天钓鱼和逗鸟了。在这两方面他都是新手，但我们都很高兴他可以做他喜欢的事情，而不是下班后在扶手椅上睡觉。

6月16日，当我正乘电梯要去办公室时，我电话响了。那时，在电梯里还有要去另一层的两个女人在说笑。电梯门开了，电梯里的人走了，只剩下我一个人。

波动对时间具有奇怪的影响。我所记得的都是半凝固的时刻：我的手指按在电梯按钮上，我走到老板的办公桌前告诉他我必须离开，然后一个小时后，下午3点左右，我在回家的路上看到了半空的火车车厢。窗外是红砖，绿色的牧场，模糊的车站。世界不再稳定，我生活的不同轨迹不再同步。我在减速，风景在加速，我的父亲停下了脚步。

在这样的日子里，我们不应该用深度时间的视角来审视一切。在特殊时刻，过去和未来消失了，只剩下当下。应该如此。否则，我们就不能陪在我们所爱的人身边。

我很幸运，在我的一生中只有几次这种短暂的感受：短暂的波动打断了原本幸福和稳定的生活。它们教会我的一件事是，寻求远见是生活在安全环境中的人所享有的特权。对许多人来说，创伤一个接一个，所以过去和未来对他们来说总是遥不可及。我知道要求每个人以完全相同的方式体会深度时间是不切实际的。

也就是说，我所知道的是，在经历了困境之后，通过远见意识让我对自己有了更深刻的认识——甚至带给了我慰藉和目标——在其他情况下可能不会这样。这让我在父亲去世后重新审视自己。我女儿的出生让我明白了伯克的代际关系的意义。最近它又一次起到了作用。某天在我写这本书的时候，我完全失去了时间感，同时我对我家庭的未来也没有概念。我不知道怎么找回这种感觉，但渐渐的，我恢复了一种新的时间感。

2021 年 3 月的一个周一早晨，我的妻子克里斯蒂娜（Kristina）在日出前把我叫醒，告诉我她感觉不对劲。她已经怀孕 35 周了，那个周末我们在为她的分娩做最后的准备。我清理好了厨房的一个橱柜来放一排瓶子，把婴儿床放在卧室的角落里，也收拾好了带去医院的护理包。在准备儿子的睡衣时，我们试着想象他会有多重。我们想给他起名乔纳（Jonah）。

克里斯蒂娜担心自己的情况，于是给 24 小时值班的助产士打了电话。不久后我们起床穿好衣服，把昏昏欲睡的 8 岁女儿从床上抱起来，驱车前往医院。

在新冠疫情期间，儿童不允许进入产房，所以我和女儿在停车场等着，克里斯蒂娜打电话告诉我她只能一个人在产房里。

人们在怀孕的时候经常会想象要发生什么。当想到未来，你就会想到"潜力"这个词，因为你要迎接新的生活，一切都是崭新的。当你是个成年人的时候，你已经作出了很多选择，这些选择让你走上了特定的道路——有时选择一条道路就意味着另一条道路的结束。但当你把一个孩子带到这个世界上，他们的生命充满还未发挥的潜力，这种力量会不由自主地补充到你的生命中，这很美妙。

如果一个婴儿拥有最纯粹的潜力，那么死亡就是对这种可能性的最残酷的否定。

当我得知我的儿子乔纳去世的那一刻，我以为我能释怀。或许用"错位"来形容更好，因为就在那一刻，时间脱轨了。时间似乎断裂了，和当时的经历分开了。至于未来的自己呢？也消失了。我不再期待未来，我只有转瞬即逝的现在。

我没有更长远地思考这件事。在这件事里，对深度时间的反思并不能为我提供任何经验。我所能做的是讲讲我和妻子是如何共同应对当时的状况的。

几个小时后，克里斯蒂娜躺在手术室里，我握着她的手。外科医生、护士和麻醉师在周围忙碌着。8年前，我来过这里，当时我们的女儿格蕾丝出生了。当时情况很棘手：格蕾丝感染了疾病，她非常痛苦，被紧急送往手术室。我当时被吓得讲不出一句话，不知道该对躺在手术室的妻子说些什么。

有了那次经验，我本以为自己除了关心手术情况外什么也做不了。但这次克里斯蒂娜和我试着做点别的事情来分散注意力。我们都很害怕，但出于本能，我们分享了过去的点滴回忆——结婚前我们在美国自驾游，第一次带着女儿去欧洲郊区度假。令我惊讶的是，我们还谈到了未来几个月的生活：我们即将能见到因疫情而与我们分开的好友和家人，我们还计划去旅游。

在生命中的至暗时刻，我们对过往表达感激之情，并对未来充满希望。在那个时刻，我能够与我的妻子在精神世界一起穿越时光，逃离当时的处境，就足够了。

乔纳去世几周后的一天，我和女儿走在送她上学的路上。我们经过一个教堂墓地。那是个春天，那里散落着风信子。园丁们一直让绿植茁壮生长，让鲜花开遍各个角落，以建造一个野生植物保护区。

在中心位置，有一棵很大的树，树干裂开了，在一个洞周围重新合并，然后向外伸展至墓碑上方。

伦敦西南部的那棵树

那天，看着那棵树，我把树枝当成小路。如果树干代表的是已知的现在，那么它的每一个张开的枝杈都代表着未来无数的可能性之一。继续往前走，穿过悲伤之地和野花盛开的风景，我顿感自己恢复了自我。这是一个小小的潜意识提醒。

知道乔纳将永远不能活着看到这个世界，这总是令人伤心的。在这里，长远的眼光让人感到痛苦：当我展望未来几十年时，我总是看到一个缺憾——他本可以拥有的生活。

但现在，每当我走过这棵树和它交叉的枝干时，我就会看到一个关于时间的真理，它一直指引着我：过去可能是单数的，但未来永远是复数的。通过这些知识，我们有了目标感。它塑造了我如何看待未来的轨迹，它告诉我，只要我活着，我仍然可以在跨越几代人的伙伴关系中发挥作用。

后来，随着我的时间视角恢复和进化，我会在长期视角中找到其他安慰的来源——具体地说，是通过遥远时间的物品。

一天下午，克里斯蒂娜、格蕾丝和我参观了英格兰南海岸的一个鹅卵石海滩。天气很冷，所以我们没有逗留，但当我们坐下来时，我想起了一段记忆和一种仪式，在我父亲去世十多年后，它给我带来了一些安慰。

父亲去世几年后，我回到曼彻斯特的花园，发现了他留下的一些东西。我来到了一个花坛边。在这些参天巨树的遮挡下，花坛的土壤缺乏养分，很少有植被可以生长。

看到地上有一些我为父亲收集的石头，让我想起了少年时对他许下的承诺。父亲一定是退休后把这些石头搬到花园里来了。距离我上次拿着这些石头已经过去了好多年。我掸去石头上的泥土，拿给我母亲欣赏。我们谈到了我记忆中的父亲和母亲记忆中的丈夫。后来，母亲把石头放在厨房窗外的墙上，这样她每天都能看到它们。

我母亲花园
院墙上的石头

所以，当我和家人坐在海滩上，想着父亲的时候，我捡起了一块风化了的鹅卵石并将其带回家。之后每次去海边，我都会捡一个新石头，即使去异国他乡，我都会为父亲捡回新石头。

从科学的角度来说，每种岩石都有不同的密度和成分。我可以把它们标记为火成岩、沉积岩或变质岩。但当我捡起一个岩石，它则会呈现出不可估量的价值。

遵循这一形式，我想起了一种被地质学家马西娅·比约内鲁德（Marcia Bjornerud）称为"时效性"的心理练习。她将其定义为"感知时间如何构筑世界的敏锐意识"。具有时间意识就是接受和崇敬我们每个人生命所拥有的永恒。她说，这样做可以宣泄情感。欣慰的是，我们生活在一个亘古持久的而不是一个不成熟、经不起考验，或者很脆弱的星球上。生活在地球上，我的生活会因为想到这里有着记忆和传承而丰富充实。[18]

坦诚地说，我仍在努力调和个人的经历的总和——时钟，日历，代际交织，喜悦，温柔，悲伤——这些很快消逝，成为神秘地质年表中一闪而过的存在。当想到时间不会对我父亲和儿子存留任何温情时，我有时会感到不知所措。但就像捡起一块石头，是我拼接时间碎片的方式——不仅如此，它还给我带来了一种时光慰藉。收集很久以前的物品，并对它赋予情感意义，这是我能想到的人类最好的迈进深远未来的方式之一。这就是远见对我的意义。

因此，当我回顾自己通往长远思维的道路，以至最终持有今天的时间观时，我能知道这个过程是如何在波动中演变的。我对深度时间的思考始于我是地质学专业的学生的时候，大约在 10 年前我就开始考虑创作这本书的可能性。但在这一过程中，我不能确认它是否是一个稳定拓展的故事。和所有人一样，我在生活中也做过很多短见的决定，曾经历过一个"迷茫、反思、重塑时间观"的过程。

我学到的是，拥有远见能让我们跨越时间长河。有时，它是一种视角，能让我们摆脱当下的压力。有时，它指导我们如何应对特定时间。而更多时候，它提供了在这个世界航行的准则。但最重要的是，我们能更清楚地知道此时此刻什么才是最重要的事情。

多年来，我也逐渐意识到，如果我们选择完全沉浸在漫长的时间长河中，可能会处于道德危险中，可能会与当下的不公正和困境相脱离。作家罗伯特·麦克法兰（Robert Macfarlane）说得很好："你会在深度时间中获得一种危险的慰藉。当智人在地质学的角度上转瞬即逝，我们所做的事情又有什么意义呢？从沙漠或海洋的角度来想，人类的道德实属荒谬，以至于无关紧要。"

我们应该抵制这种诱惑。相反，麦克法兰写道："我们可能会把'深度时间'视为一种激进的观点，激发我们采取行动，而不是无动于衷。因为在深度时间中思考不是逃避当下，而是重塑当下。"[19]

我永远不能直观地感受冯·贝尔"千禧人"的时空视角，但这没关系。事实上，如果我只通过他的眼睛看世界，那将是一种不幸。冯·贝尔写道："我们无法感受瞬息万变。我们甚至不会注意到太阳，只会把它看作是一块发光的煤，在一个明亮的圆圈里不停地旋转，我们只会看到它是天空中一条发光的弧线。"[20]最糟糕的是，"千禧人"不会知道现实世界是什么样子；所有的人类和自然的存在对他而言转瞬即逝，无法感知。他对任何事物的运动、呼吸或行为都没有概念——他所能做的只是从遗留下来的死去很久的化石中推断，猜测他永远不知道的故事。

我们每个人都能获得更好的东西：当下的有利位置——探索对于人类的意义——如果我们敢于寻找，我们可以到达更深度的时间。

因此，有了这个基础，现在让我们来探索远见的各种形式以及变化。正如我们将看到的那样，远见有许多种表现的形式，所以让我们从一些最古老的形式开始——宗教、仪式和传统，看看世界上燃烧最久的火，由木头和茅草建成的不断翻新的神社，等等。

时间观：信仰、仪式与传统中的启示

让我们做有益于未来的事情。

——查拉图斯特拉（Zoroaster）

有善始者实繁，能克终者盖寡。

——《谏太宗十思疏》

如果生活在一个工业化发达的国家，很难感受到时间的差异。

但工业时代占主导地位的时间观念与人类近代历史的发展有关。大约在 200—250 年前，钟表普及，时间与雇佣关系联系起来，这种精确的时间形式更通用，世界上大部分地区都采用了相同的年表。

正如历史学家 E. P. 汤普森（E. P. Thompson）在他 1967 年完成的论文《时间、工作纪律和工业资本主义》（"Time, Work-Discipline, and Industrial Capitalism"）中所述的："大多数人并不总是朝九晚五地工作，按时上下班。[1]某一周或一晚的工作时间可能会延长或缩短。无论人们是否可以掌控自己的工作生活，这种工作模式始终是以一种高强度劳动和无所事事的交替形式呈现。"

然而，工业时间观的加强带来了特定的价值观：时间伦理。随着越来越多的行业用时间来约束和规范劳动力，道德主义也随之兴起，他们将贫穷归咎于懒惰，鼓励努力勤奋工作。"整个 19 世纪都在教化劳动人民要节约时间，浮夸变得卑鄙，永恒的呼求变得肮脏，教化变得平庸。"

记住时间就是金钱……如果你渴望财富，通往财富之路就像通往市场之路一样简单。这主要取决于两个词：勤劳和节俭。也就是说，不要浪费时间和金钱，而要充分利用它们。[2]

本杰明·富兰克林（Benjamin Franklin）不是第一个把时间和财富联系起来的人，但他的话道出了他那个时代的大环境。充满活力的资本主义者强调时间的经济价值，这也意味着时间在未来有多重要，获取当前收益为狭隘短期主义时代奠定了基础。

人们可能会认为，其他所有文化都别无选择，只能被工业时代的观点所牵引。但这只说对了一部分。几个世纪以来，许多人都形成了自己的世界观，使其能够抵御资本主义带来的压力。他们可以通过信仰、族群和传统来定义远见的不同表现形式。这些形式都有其相关的时间伦理、管理形式以及连接关系。

虽然工业化进程不能倒转，但这并不意味着你不能在工业时代放松。

那么，有哪些可采纳的时间观？我们又可以从中学到什么？

人们很容易想到，为了塑造未来，为了传承，你需要创造可以传给后代的东西。这就是为什么古往今来的人们要建造图书馆，建立纪念碑，或者制作精美的物品。想想埃及金字塔、印度泰姬陵或英国巨石阵，或者明代的花瓶、文艺复兴时期的绘画，这些都是一种传承。

我把这种传承的方法称为"百达翡丽战略"。为什么？几十年来，这家手表制造商一直在拍摄以父母和孩子为主题的广告，广告标语是："你永远不会真正拥有一块百达翡丽手表。你只是暂时保管它，传承给下一代。"

然而，在实践中，很难创造出既能够受到尊敬，而且能长期保存的东西。旨在传承的遗产容易受到未来变化的影响。比如，你的后代丢失了手表，图书馆倒闭了，或者纪念碑不建了，遗产就永远消失了。

如果实物如此，那么思想更是如此。假设你想把某些知识或经验传给后代，这可能是一种信仰、一种价值观或一个警示；又如你们经历了一场疫情，伤亡严重，而你希望这个错误不会再犯，你想怎么做呢？记下对未来的警示供人们阅读，或者建一座雕像让人们参观？

就像建筑需要长期维护一样，想法或知识亦是如此。大多数信息不会完全消失——它可能存在于一本晦涩的历史书中、非正式的家族史或铭文中——但这并不意味着思想不会逐渐从集体记忆中消逝。

然而，有些方法可以确保思想能够传递——可以在宗教中找到最有效的方法。大多数信仰都有实物载体——礼拜场所、遗迹和圣物——但这并不是使信仰持久的原因。与工业时代的思维模式不同，这里强调的是促进其长久的行为和行动——包括信仰本身、实践、道德教义以及与之相关的代际关系。我称之为连续时间视图。这是人类最古老的远见表现之一。

为了更好地理解这一点，我们来看几个例子——从伊朗永不熄灭的火焰到每 20 年则会系统重建一次的日本寺庙。

永不熄灭的火焰

在 5 世纪后期，西罗马帝国灭亡了，伊朗法尔斯省的一群琐罗亚斯德教祭司点燃了一把非常特殊的火。日子一天天过去，火焰一直燃烧着。几年过去了，几十年过去了，几百年过去了，火焰在不同的地方燃烧。1934 年，人们在亚兹德建造了一座新寺庙来放置它，直到今天它仍在燃烧。它是世界上仅有的九个仍在燃烧的火焰之一，这一火焰已经燃烧了 1500 多年。

今天的亚兹德大清真寺坐落在一条繁忙的街道上，那里有咖啡馆、服装店和一个旅游咨询中心。然而，当你一进入大门，外面的喧嚣就会消失在背景中。游客会进入一个宁静的花园，里面有一个圆形的水池，水池里有长凳和圆锥形的树。再往外是一座浅色的单层砖砌建筑，门廊上方是琐罗亚斯德教的"法拉瓦哈"标志。从高处看，这个标志就是一只展开翅膀的鸟，而其头部是一个神圣的男性形象。

在建筑内部，永恒的火焰在高脚杯里燃烧着。每天几次，穿着一身白衣的祭司会把燃烧已久的硬木和芳香的软木混合在一起来点燃火焰。但游客可以从入口大厅看到这个房间。透过一扇有色玻璃窗，你可以看到游客们拿着相机往里窥视的微弱倒影。

琐罗亚斯德教是世界上最古老的宗教之一，大约成立于 3500 年前，其创始人是伊朗先知查拉图斯特拉（也被称为琐罗亚斯德）。在亚兹德大清真寺，他被描绘在一幅画中，他有着浓密的胡须和长发，头后有一个光环，手持一根手杖，他举起一根手指，目光向上凝视。

由于信徒主要在伊朗和印度，琐罗亚斯德教比全球主要宗教要小得多，据估计，信徒数量在 10 万到 20 万之间。³ 但几个世纪以来，琐罗亚斯德教的活动和著作对其他信仰产生了重大影响，并与政治产生了交集。它为基督教提供了见证耶稣诞生的三位智者——学者们认为他们是琐罗亚斯德教的祭司——据说还促使了犹太教来世神学的诞生，即你在地球上所做的事情会影响你死后的命运。此外，在《以赛亚书》（ the Book of Isaiah ）中，将光描述为"善"，将黑暗描述为"恶"，这与琐罗亚斯德教有着不可思议的相似之处，暗示着数千年前这两个宗教之间的对话。

琐罗亚斯德教教徒与火的关系特别密切，他们将火视为仪式和冥想的焦点。这种古老火焰被称为阿塔什·巴赫拉姆火焰，意思是"永恒的圣火"。印度有一个被称为帕西的琐罗亚斯德教少数群体，他们的祖先在 7 世纪逃离了伊朗的伊斯兰教迫害。

人们不崇拜这些火，但当信徒站在附近时，他们会觉得自己是在阿胡拉·马兹达神的面前。火焰可以象征各种事物，表达灵感、同情、真理、奉献，以及连续性和变化。[4]

阿塔什·巴赫拉姆火焰非常难采集，这也是它们少见的原因。例如，印度最古老的火焰已经在孟买北部一个小镇燃烧了1000多年。为了点燃它，琐罗亚斯德教的祭司们必须走回伊朗去取被称为"alat"的神圣物品，比如圣灰、戒指和公牛的毛发。在途中，他们不得不躲藏起来以躲避敌人的军队，也不能穿过任何河流或海洋，因为水火不容。这是个会花费14000个小时的仪式。但真正困难的地方在于一个阿塔什·巴赫拉姆火焰必须结合16种不同的火，由来自不同职业的人采集，如瓦匠、面包师、战士和工匠，再加上燃烧的尸体和闪电带来的火。闪电带来的火特别难找到，因为必须要有两个琐罗亚斯德教教徒亲眼看见闪电，并在暴风雨中祈祷闪电能点燃什么东西，这样才能算闪电带来的火。[5]

当然，我们无法证实古代的火焰是否曾经熄灭过一两次。可以想象，它肯定曾因战争、疾病或自然灾害而被破坏——它在1500年的历史中，有很多次死里逃生。但是，守护阿塔什·巴赫拉姆火焰仍可以作为世界上持续时间最长的承诺之一。值得注意的是，这是通过世界上最不易保存的物质之一——火焰，这一媒介得以传承。

那么，除了虔诚的奉献，琐罗亚斯德教信仰的哪些因素使其教义得以传承？在回答这个问题之前，让我们再看一个连续性时间观的例子。在这里，远见被隐藏在另一种短暂的媒介中，即森林中由木头和茅草搭建的日本寺庙。

不断修建的神殿

7世纪的一天，日本伊势的神道教信徒开始重建他们宏伟的神宫，这不是最后一次。他们有条不紊地、精心地对它进行了66次重建，这种做法已经持续了1300年。

每隔20年，神道教的神职人员们都会穿着长袍举行仪式，为了纪念新建筑的完工，他们会在新旧寺庙之间搬运成箱的珍宝。这一涉及传统和工艺的传承被称为"式年迁宫"。学徒向建筑大师学习，向木工师长学习，向神职师长学习。

把这种非凡的传承放在具体环境中思考有助于了解神道教。作为日本的本土信仰，神道教至少有8000年的历史，它强调和谐、集体主义和合作的观念。（正如我们在第二章中了解到的那样，它的观念可以说也渗透到了美国的商业文化中）。它的追随者崇拜神明，这些神明与自然世界交织在一起，代表着海洋、山脉、风或雨。祖先也被尊为古代家庭的守护者，对社会作出重大贡献的个人也会被记为神。每个神都被认为在世界秩序中扮演着角色。对于神道教信徒来说，取悦神明是平息自然灾害，比如干旱、疾病、饥荒、海啸和风暴等的重要方式。

虽然没有教义或创始人，也没有一个万能的神，但神道教的起源故事已经流传了几代人。其中一个比较重要的，尤其与神宫、神社相关的是天庭洞的故事。[6]

在地球运转之初，一对名为伊邪那岐（Izanagi）和伊邪那美（Izanami）的神夫妇创造了日本岛屿和其他神明。他们生下了天照大御神（Amaterasu-Omikami，太阳女神），月读命（Tsukiyomi-no-kami，月神）和须佐之男命（Susano'o-no-kami，风暴神）。然而，风暴神浮躁又懒惰，他放弃掌管海洋，投奔了天照大御神。他的行为迫使天照大御神躲进了洞穴，光明从此消失了。神明们开会讨论如何解决这个问题。他们举行了一个仪式，并用跳舞的形式成功地把天照大御神哄了出来。风暴神很后悔，他来到地球，杀死了一个八头怪物并在怪物的尾巴上发现了一把剑，把它献给了天照大御神。

天照大御神最初供奉在江户（今日本东京）的皇宫里，但在大约1300年前的一场流行病之后，官员们决定将她的象征物——八咫镜——搬到一个新的地方，她在那里可以不受打扰，被人供奉。

日本约有 8 万个神社，但伊势的神社尤为重要，它标志着徒步朝圣路线的终点。在那里，神道教信徒和神职人员定期举行祭典的仪式，这些仪式通常与历法有关，比如感恩农业、祈祷未来的丰收，或向皇室表示敬意。

然而，新大神社的启古仪式特别罕见，因为它每 20 年才举行一次。这一传统已经持续了 13 个世纪，只是在战争时期偶尔暂停。

该仪式从砍伐周边地区的柏树开始，筹备工作持续 8 年。许多原木都是在山上砍伐的，然后人工运向下游。过去，伐木工人从附近的一个森林里砍柏树。但随着时间的推移，获取所需的 1 万根原木变得困难。在 17 世纪至 19 世纪的江户时代，数百万朝圣者来到伊势朝圣，但他们使用当地森林中的大量树木作为柴火。因此，大约 90 年前，神社官员开始种树以供后代使用。神社官员种植的这些树木的四分之一用于仪式。[7]

一旦神道教的木工收集并装载好神社的木材，接下来的 4 年里他们就将木材浸泡在池塘中以提取油脂，然后放在空气中，最后再锯。[8]横梁、柱子等被放置在推车上，由当地人拉到现场，年轻人会唱歌伴奏。

　　渐渐地，主神社被一点点搭建起来，直到两座建筑并排矗立。该设计类似于传统粮仓，有地板、柱子和茅草屋顶。

2013 年 9 月
伊势大神社
和新内宫建
筑群图

　　有趣的是，随着时间的推移，建筑的设计比最初的会更具流动性。人们认为它严格遵循了设计师最初的设计图，但现在的版本与第一个版本会有细微的不同。例如，金铜配件是在几百年前中国的技术变革和文化移民浪潮中引进的。[9]神

社永远不会被混凝土或其他严重背离传统的东西所取代，但
至关重要的是，它是一座有生命的建筑，每一代人只要想的
话就都能参观。

当新神社建造好时，就会举行仪式，届时会有皇室成员
出席将圣镜搬到新家。它并不是真正为公众娱乐而设计的，
所以只有几百名旁观者参加。恒今基金会的亚历山大·罗斯
（Alexander Rose）参加了 2013 年的最后一次仪式，他描述
了自己的所见所闻。[10]

院子里用绳子隔开了一堆箱子。其中一些是纯木的，一
些是喷漆的。这些箱子里装着从旧寺庙搬到新寺庙的"珍
宝"：有些由日本最伟大的工匠每 20 年重新制作一次；有些
从一个寺庙转移到另一个寺庙，已有 14 个世纪了；还有一
些宝物是只有神职人员知道。因此，神道教的神职人员会在
新寺庙准备就绪时搬这些宝藏，神明们也会在晚上的某个时
候跟着他们搬到新家。

没有大吹大擂，日本公主会带领数百名伊势神职人员沿
着小路行进。在将近 30 分钟的鞠躬仪式之后，这些箱子被
抬进圣殿，放进新的神龛……一切都很平静、很简单，没有
任何欢呼。

1849 年的一幅版画，描绘了神职人员在寺庙之间搬运珍宝的场景

仪式结束后，旧神社将被拆除。老化的柏木并没有被丢弃，而是被重新设计，用于制成其他地方的拱门或丝网印刷的框架，或用于建造其他神社。

然后，大约 12 年后，新神社的准备工作再次开始，在那之后的另一个 8 年进行建造。所以，如果你碰巧在 2025 年到 2033 年的某个时候路过伊势，你可能会看到下一个神社在建造——这将是第 67 次的建造。

仪式传承

琐罗亚斯德教永恒的火焰和伊势的神社表明，如果你想跨越长期时间，并不一定要留下一些设计成永恒的东西。虽然神道教和琐罗亚斯德教都有它们宝贵的财富，比如圣镜，但可以说这些宗教最宝贵的传家宝是各自的社区习俗和传统。正是这些定义了连续时间观。

像许多信仰和文化一样，神道教和琐罗亚斯德教强调代际之间的联系。通过共同的活动，日本的神社重建确保了每代人都能在群体内接受专业技能的培训。通过守护火焰，琐罗亚斯德教教徒将神圣的责任传递给了他人。[11]

在这个过程中，这些人在个人受益的同时，也被灌输了一种可以传递给他们孩子的信仰体系。百达翡丽的战略是，唯一的激励是成为固定遗产的监护人，因此每一代新人都能获得与上一代相同的个人奖励和地位。

十年树木，百年树人。

但这并不是我们从连续时间观中得出的唯一具有远见的经验。像琐罗亚斯德教和神道教这样的宗教——或者任何成功的宗教——跨越时间传递思想的另一个关键方式是通过仪式的力量。

仪式的表现可以追溯到人类的史前时代。那时，有组织的宗教不存在，人们生活在部落里。所以，他们更有可能遵循部落的那种不常见但带创伤性的仪式。例如，在巴布亚新几内亚的塞皮克地区，人们在仪式中要把自己的皮肤雕刻成鳄鱼的样子。[12] 彼此的信任与凝聚力对生存至关重要。这种痛苦的仪式让个人能切实地致力于满足群体的需求。

但随着社会规模的扩大，越来越多的常规性群体信仰仪式开始形成，比如祈祷、音乐、点火等。牛津大学人类学家哈维·怀特豪斯（Harvey Whitehouse）认为，仪式有助于培养信任、合作力和凝聚力，使文明得以蓬勃发展，它是一种社会黏合剂，将跨越时空的人们联系在一起。

仪式有助于传播"好"公民应具备的观念，并将异质社会紧密联系在一起。每当诵读祈祷文或举行仪式时，它都标志着不同人群对共同的道德信仰和集体目标的承诺。当人们彼此不认识，因距离或时间而分开时，这种仪式提醒他们，他们是联系在一起的，这有益于社会信任和合作。正如伊斯兰学者伊本·赫勒敦（Ibn Khaldun）在 14 世纪观察到的那样，仪式塑造了"社会凝聚力"，将团结从直接亲属关系转移到国家层面。[13]

随着时间的推移，宗教仪式越来越深入到有组织的宗教——基督教、伊斯兰教、印度教、佛教、锡克教和犹太教中。它们在细节上各不相同，但也有许多共同之处。许多都有相同的仪式，比如伊斯兰教的祈祷或基督教唱赞美诗。食物经常出现，比如在天主教的圣餐仪式上，或者佛教中为饥饿的鬼魂（被忽视的灵魂或祖先）准备的供桌上。在不同的国家和宗教信仰中也有点火或焚香——点燃蜡烛标志着安息日的开始。洁净也是如此，比如进入寺庙前有各种程序，或者印度教节日前要在圣河中洗澡。

对于琐罗亚斯德教教徒来说，守护火源本身就是一种仪式，也是纪念特定场合的仪式：要准备水果、坚果、小麦、布丁，同时还有牛奶、葡萄酒和鲜花等，把它们装在金属托盘里，放在白色的布上，由一个祭司指导，另一个人照看火源。对于神道教的神职人员来说，举办仪式可以依据 3 个时间尺度。神社 20 年重建是一个周期，但也有每天或每年的活动，如感恩水稻丰收，以及纪念皇室和日本繁荣的活动。

许多仪式没有以特定的方式或特定的理由举办，一种文化的仪式规范在另一种文化中可能会令人惊奇。但细节并不重要，重要的是他们的理念，以及他们的行为。

除了鼓励重复和记忆，这些仪式也是一种与长久时间建立关系的方式，它标志着开始和结束，以及与祖先的联系。通过遵循传统和虔诚的特定程序，他们允许个人追求比自己更重要的东西。因此，仪式是一种人类行为，通过仪式，思想可以跨越几十年甚至几个世纪。

如果一个无信仰者或组织希望变得更有远见，想创造出能延续的思想，他们最好问问自己是什么仪式和传统能将他们的群体团结在一起的？

可能一些理性的怀疑论者不愿进行精神实践，但并不是所有的仪式都涉及神明或崇拜。我最喜欢的一个体现远见的例子是牛津大学百年一次的唱"野鸭之歌"，它最近一次举办是在 2001 年。

在万灵学院，每隔 100 年，就会有一群杰出的学者在广场上游行，一边唱着一首关于鸭子的歌，一边举着一只木制的绿头鸭。[14]

这个传统起源于中世纪晚期，据说是一只鸭子在 1437 年学院刚建的时候飞走了。[15]

> 爱德华国王的血统，
> 爱德华国王的血统，
> 来交换，交换野鸭！

这首歌太古老了，以至于不清楚它指的是哪位爱德华国王，也不清楚为什么这样唱。在 17 世纪，人们抱怨这首歌："这首歌是在凌晨 2 点或 3 点唱，这给士兵们敲响了警钟，然后，他们就会强行打开大门来平息喧嚣。"所以，如果你的后代在 2101 年的某个深夜出现在万灵学院外面，他们很可能会听到这首歌。

这是一种比较不寻常的仪式，不可否认，很多日常仪式没那么浮夸。问问自己和祖先有什么共同之处，比如在聚餐、玩游戏和庆祝节日，享用食物，或者哀悼死亡等方面。这些是人类传统的永恒特征。在几百年的时间里，人们拥有完全不同的技术，但肯定仍会遵循仪式——这是我们拥有的最长远的习惯之一。

当然，连续时间观并不是唯一一种植根于信仰的可替代的时间观。另一种是我们所谓的超验时间观。这个问题我们已经讨论过几次了，所以我就不再赘述细节了，但它的表现之一是人类的末日即将来临，通过死亡（个人的）或末日（社会的）来实现天堂的永存。如果有未来，那将是一个即将结束的未来，在那之后将是永恒不变的，也许甚至意识也是如此。重要的是，这种观点带来一种时间伦理观：今生有同情心、乐于奉献和对人友善，这样你就可能在来世得到回报。

然而，并非所有这些超验时间观都涉及末日观念，因为有些没有涉及时间概念。中国道教著作《庄子》谈到了无尽的非时间的状态，或没有秩序的"原始混沌"。[16]

超验时间观结合了周期观和深度时间观。它们涉及类似地质年代的令人敬畏的年表，其中包含毁灭和重生的循环。例如，印度教和佛教的宇宙学谈到了业力，这是一个时间单位，它定义了宇宙创造和再创造之间的阶段。该概念有不同的定义版本，在印度教中它被定义为 43.2 亿年，在 2000 多年前的《薄伽梵歌》（*Bhagavad Gita*）中，它被定义为 3 万亿年以上。

几个世纪以来，宗教学者们一直在使用具有唤起性的隐喻来强调"业力"有多大。例如，一些人将其描述为，用一块丝绸或一只鹰的翅膀来擦拭一座山所需的时间；另一些人则将其描述为用芥菜种子以每 100 年一颗的速度填满一个宽 26 千米高 26 千米的立方体所需的时间。但我最喜欢的是一只不太可能存在的海龟的隐喻。想象一下，在每个世纪都把一个木轭（负重动物的项圈）扔进海洋。业力是指你需要等待多久，一只独眼龟才会恰好出现在轭孔上。[17] 这些比喻在科学上没有一个是准确的——山不会存在数十亿年，海龟也不会——但这不是重点。其目的是强调在超越时空的极长时间尺度内，个人经历是多么的短暂。

虽然这种时间观似乎与地质深度时间的观点相呼应（而且明显早于地质深度时间），但它对重生的强调可能反而使它更接近物理学的一些理论。一些宇宙学家提出，从极长的时间来看，宇宙是循环的。所以，大爆炸是存在的，但它将被大收缩所终结，所有的时空都将重新开始。按照这种观点，宇宙永远在膨胀和收缩。[18]

对于那些对时间的看法根植于地质知识的人（包括我自己）来说，想到可能有超越我自己理解得更深刻的远见，我感到很惭愧。我假设时间是线性的，在宇宙诞生之前是不存在的……但如果未来的科学家确定发现时间没有开始也没有结束呢？那将是一件多么富有意义的事情。远见有很多种表现形式，我必须不断提醒自己，我自己的远见是建立在对世界的认识和假设之上的，而这些认识和假设很可能是不完整的。

本土观念

当然，信仰并不是远见卓识和不同的时间观的先决条件。许多其他非工业文化也发展出了自己的时间观。

汤普森指出，许多文化会根据周围环境来发展。汤普森认为，农民可能会根据日照条件耕作，渔民会根据大海情况捕鱼，在一些文化中，比如马达加斯加的文化认为，"时间可能是用'煮一顿饭'（大约半小时）或'煎一只蝗虫'（片刻）来衡量的"。[19]

总的来说，这种观念可以被描述为一种环境时间观，它采用了一种与周围环境（包括自然过程、生物和周期）更紧密一致的时间视角。在接受其本地文化的过程中，它还经常伴随着一代人的时间观，在这种时间观中，过去、现在和未来都是通过个人的关系和责任来进行的（后一种观点与我们在前一章中讲到的伯克关于后代的观点相呼应，也与连续性时间观点重叠……但正如我们将看到的，它延伸得更深入一些）。

如果你习惯于将过去、现在和未来视为一条线或一幅风景，那么很难将其概念化，但有些人试图将时间视为一汪水。在水里，过去和现在是一样的，未来是无关的。换句话说，时钟并不是生命的主要控制者。[20]

想想印度东北部土著居民的居住环境和他们时间观念。[21]他们住在生物多样性极其丰富的密林中。这里是濒临灭绝的老虎新的栖息地。自然资源保护主义者认为，这些土著人保护了这些老虎。他们是万物有灵论者，他们相信所有自然的事物都是与人类拥有共同文化的灵魂。正如歌曲中所讲述的那样，老虎是人类的一部分，所以禁止捕杀它们。正如他们的精神领袖西帕·梅洛（Sipa Melo）曾说过："无论你多么发达、多么成功，如果你现在不拯救森林、山脉、河流和湖泊，没有上帝会拯救你……我们的子孙将一无所有。"

这种态度也可能具有连续性。就像思想通过宗教传播一样，所谓的"传统生态知识"也可以传播。这种经验需要很长时间才能获得，而且只能通过在一个地方生活的几代人——几百年甚至几千年——来积累。[22]

研究人员亨利·亨廷顿（Henry P. Huntington）和尼古拉·迈林（Nikolai Mymrin）在北极研究白鲸时，曾发现这种通过长期实践获得的知识是多么得有价值。在长期跟踪动物行为时，科学仪器能揭示的东西是有限的，除非你把它们放在原地几年或几十年。

通过与当地土著人交谈，亨廷顿和迈林能够记录下该地区白鲸出现的时间、位置和前进方向的新细节，这些都是科学工具无法轻易获得的。他们后来写道："对白鲸生活的翔实了解决定了人们的生存。人们的确把生命赌在了实践经验的准确性和循环性上。"[23]

这对夫妇还了解了一些他们没有想到的事情，以及一些他们想要问的事情。在一次小组采访中，我们突然谈论到海狸，而不是白鲸。我在想，我是否应该试着至少把讨论引回到海洋上，这时一位参与者向我阐明了其中的联系。海狸在鲑鱼和其他鱼类产卵的地方筑坝。由于海狸的数量在增加，这可能意味着鱼类产卵栖息地的丧失，并改变了白鲸赖以为生的鱼类种群。因此，海狸的活动可能会影响白鲸。

与此同时，许多被接受的代际时间观意味着代际互惠的价值被体现出来了。例如，有无数庆祝祖先的节日。墨西哥和美洲有亡灵节，中国有中元节，柬埔寨有亡人节。

我们在第六章中强调，过去几代人的学习可以为未来提供指导。尊重你的祖先，这是智慧，作为回报，他们会帮助你。毛利人群体有一个很有价值的族谱概念，用来描述祖先和世系。它在概念上与"家族树"的隐喻不同，因为它更经常被描述为一种叙事，是一层一层地讲述的，每一代都覆盖在另一代上——也许更像一块随着时间生长的沉积岩，而不是延伸到过去的分支。

有趣的是，与"家族树"相比，这个比喻可能会鼓励人们采用一种不同的思维模式。"家族树"把个人置于中心——树干，通过"枝干"连结起祖先。相比之下，岩层将祖先安置在底部，随着时间的推移，岩石的大小和规模不断扩大。它既考虑了过去，也考虑了未来，并承诺积累的岩层会形成一个跨时代的群体。

但是，如果你要强调代际时间观在哪里得到了最显著和最具影响力的阐述，那就是在美国文化和"第七代"管理的概念中。

该概念可以追溯到几个世纪前的易洛魁联盟的《伟大的法律》（*Great Law*）中，对象涉及包括居住在美国东部和加拿大的莫霍克人、奥奈达人、奥农达加人、卡尤加人、塞内卡人和塔斯卡罗拉人。虽然在这部宪法中没有直接提到七代人，但它至少有 500 年的历史——起源于 1390 年至 1500 年之间——并被口口相传，直到翻译人员后来用英语记录下来，这也许并不令人惊讶。

《伟大的法律》的英文译本包含了一条格言，呼吁领导人"着眼于和倾听全体人民的福祉，始终不仅要考虑现在，而且要考虑未来的几代人，甚至那些面朝黄土的人，以及未出生的人"[24]。

目前，对于第七代原则的含义有不同的解释。它通常被认为是呼吁为七代之后的后代（大约 150—200 年后）做正确的事情。这种具有前瞻性的观点受到了为美国本土文化之外的后代争取权利的活动人士，以及美国消费品牌"第七代"的创始人的热烈欢迎。"第七代"目前归联合利华所有。

然而，现已去世的美洲学者维恩·德洛莉亚（Vine Deloria）认为，七代人不一定只指未来未出生的人，他对这一带有浪漫主义色彩的概念表示不满。当他第一次在往届领导人的演讲中了解到这个词时，他以为这是一种没有精确计时的文化中表示"很长时间"的说法。但仔细思考后，他认为事实并非如此。

相反，德洛莉亚认为，这样做是为了描述过去和未来几代人的对称分布——从曾祖父母一直延伸到曾孙。他在1988年写道："我们可以说，每个人都是第四代，回顾三代，展望三代。""当老酋长们谈到第七代时，他们基本上是在说他们想要他们的曾孙，他们希望有一天他们能拥有和自己一样的权利甚至特权。因此，七代人并不是一个模糊的时间术语，而是在家庭背景下的现实和精确计数。"[25]

学者大卫·E. 威尔金斯（David E. Wilkins）提到这种对称性的阐释"在人类的尺度上更有意义，消除了神秘的、能看见一切的破坏性神话"。[26]（事实上，我们的民族是有远见的。我们积极地照顾我们的家庭和宗族关系，把七代人的生活、记忆和希望紧紧联系在一起。每一代人都有责任教导和保护前三代人、自己的后代以及下一代。就这样，群体维持了几千年。但无论哪一种解释在历史上是最准确的，两者都有力量。更广泛的观点是，这样的代际时间观可以将有时感觉没有人类情感的"对后代的责任"转化为家庭、亲密关系和群体的语言。有时，跨越很长一段时间来表达同理心是很困难的，但如果你从最亲近的人开始，就会变得容易一些。）

21世纪工业化、消费化的文化观念已经完全裹挟了生活在其中的人们的态度和价值观，包括人们对时间的看法。然而，正如我们从不同的宗教中发现的那样，世界各地有许多不同的时间观。虽然每种文化可能都发展出了自己对过去、现在和未来的看法，但这些时间观背后的伦理原则没有理由得不到更广泛的认可。所有这些都是人类普遍的愿望，因此可以整合到每个人的时间视角中。

考虑到这一点，现在让我们继续探索另一种植根于伦理原则的时间观。这种时间观仅出现在几年前，但它已经改变了成千上万人如何看待他们对未来的道德责任。这种方法被称为长期主义，其起源和影响值得详细讲述，长期主义加速了社会运动，如果你还没有听说过，你很快就会了解到。

长期主义：关心后代的道德原因

为什么要关心后代？他们为我们做过什么？

——阿农（Anon）[1]

应该强调的是：只通过想象未来的生活会与现在同样美好，这种做法在道德上是站不住脚的。

——弗兰克·拉姆齐（Frank Ramsey）[2]

设想在一个森林里有一块空地，很久以前有人在那里挖土，他们在地下留下了一些危险的东西。

在森林里，一个孩子正在赤脚玩耍。她的脚踩在长满苔藓的地上，一边跑一边踢起落叶，周围是灌木丛的气味。她离那块空地只有一小段距离。

想象一下 100 年后出现了类似的场景。有另一个小女孩，在同样的地方光着脚玩同样的游戏。有些树倒了，有些树长出了更多的年轮，但那片空地仍然在那里。

上述两个孩子中的一个跑到了那块危险的空地上。忽然她痛得大叫起来，因为在草丛下面藏着数百块玻璃碎片。

是现在的孩子踩到玻璃，还是 100 年后的孩子踩到玻璃，哪个更糟？

这一设想是由哲学家德里克·帕菲特提出的，这一设想体现了我们对后代受到伤害的想法。从道德上来讲，很难说要伤害哪个孩子，因为无论伤害哪个都很糟糕。

现实中，我们这一代给后代留下了许多有害物质，如比玻璃更有害的东西——海洋中的塑料纤维、用过的核燃料棒、升温的大气层等。正如我们从《伊卡洛斯的坠落》中所了解到的，人们的思想越深入到未来，未来的生活就会越抽象，心理距离就越遥远。

然而，近年来出现了一场由哲学家和慈善家组成的有影响力且经费充足的活动，该活动旨在研究人们对这些心理距离遥远的未来人们的道德态度。这是一个被称为"长期主义"的思想流派——在本书中也介绍了他们关于远见的态度。

受帕菲特及其思想的启发，长期主义者认为，我们在决策时也应该关注后代——不仅是那些生活在几十年后的人，而且是数千年或数百万年后的人。无论是现在的还是未来的孩子，即使有的还未在世，生命都应该被平等地对待。

虽然长期主义在名义上听起来类似于"长远思考"，但实际上它是从伦理和数学的角度来进行思考，思考得也更深远。如果长期主义的观点是正确的，那我们这一代人需要做的事情很多。长期主义者认为当谈及未来时，我们应该在道德层面以及时间维度上思考现在的行为对人类会产生怎样的影响——但这个观点无关人们的日常职责，也无关宗教意义上的对错，而是关于数万亿人福祉的事情。

你可能并不完全同意长期主义者所信奉的一切观点——他们的一些观点意味着要采取苛刻的行动以及遵循有争议的结论——尽管如此，他们的观点还是提供了一个全新的视角，让我们从长远角度来思考我们的角色和责任。那么究竟什么是长期主义，我们可以从该思想中获得什么？

帕菲特和无底洞

如果你要追溯长期主义的哲学根源，那么大多数路径都指向德里克·帕菲特。帕菲特是牛津大学的哲学家，有着极大影响力。他在很多方面都极具远见。

了解帕菲特的一个方法是通过他的怪癖。他以不同寻常的行为而闻名，他留着一头乱蓬蓬的白发，不喜欢闲聊。剑桥大学的 S. J. 比尔德（S. J. Beard）在晚年认识了他，比尔德写道：“他渐渐成了一个传奇。帕菲特只吃能用一只手吃的食物，这样他就可以一边读书一边吃饭。他喝的是用水龙头里的热水冲的速溶咖啡，这样就不用等水壶烧开。即使在圣彼得堡的冬天，他也总是穿同样的衣服，这样就不用考虑早上穿什么了。"不同寻常的是，这一切都是真的。[3]

　　然而，多数受帕菲特影响的人都是通过他的思想认识他的。他追求客观事实，即使这些事实似乎遥不可及。他与同时代哲学家的不同之处在于，他愿意在人类角度上解决有关道德和福祉的问题，比尔德将这些问题描述为"末日无底洞"。但比尔德说，通过探索这些无底洞，他将获得其他人没有发现的宝藏，他的继任者几十年后也将继续探索这些问题。

　　其中最具影响力的问题是我们对后代亏欠了什么？帕菲特认为，未来几代人的生活很重要，我们可以做更多的事情来思考我们今天的选择如何影响他们。孩子们在森林里踩到玻璃的比喻表明我们有道德义务不去伤害她们，即使她们还不存在。现实的例子如核废料可能会杀死毫无防备的人。[4]

　　与前人一样，帕菲特强调，迄今为止，人类的历史与未来漫长而广阔的发展轨迹之间可能存在着巨大的不对称性。"人类文明只开始于几千年前。如果人类不毁灭，这几千年可能只是整个人类文明史的一小部分，"他写道，"如果我们把这段历史当成一天，到目前为止所发生的只是占用了一秒钟的几分之一时间。"[5]

因此，对帕菲特来说，今天的人们肩负着重大的责任。他认为我们可能生活在塑造未来生活的力量从未能够如此巨大的时代。他写道："我们生活在历史的关键时刻。考虑到过去两个世纪的科学和技术发现，世界的变化从未如此之快。我们很快就会拥有更强大的力量来改造我们的环境，改造我们自己和我们的继任者。"[6]

我们最终留给后代的可能是有害的遗产——比如森林里的玻璃——但也可能是让后代能够发展的好的遗产。生活可能是美好的，也可能是糟糕的，我们将越来越有能力使生活变得美好。既然人类的历史可能才刚刚开始，我们可以期待未来的人类，或超级人类，他们可能会取得一些我们现在甚至无法想象的伟大成就。我们的一些后继者可能会创造世界，尽管过去的困难可能不会带来些什么，但这足以让我们所有人，包括那些受苦最深的人，有理由为宇宙的存在而感到高兴。[7]

简而言之，我们不仅对地理距离遥远的人有道德义务，对时间距离遥远的人也有道德义务。我们的同理心和责任的范围应该跨越时间和空间。

在这个过程中，帕菲特发现这件事远不像最初看起来那么容易或直接，也不像森林里的孩子的故事所暗示的那么简单。他探索这个无底洞也引起了一些争议（其中一些内容我们将在后面讨论）。

但是通过他的长期主义观点来思考人类——将遥远未来的人们重新定义为比以前认为的更重要的人——这会为其他思想家进一步思考奠定了基础。新一代的思想家能够以他的理论为基础，进而将其转变为一场思想运动。

长期主义的利他根源

如果这些长期主义者在 21 世纪末的某个聚会上相聚，你可能不会知道他们会有什么共同兴趣。

在派对的一个角落里，你会发现研究人工智能的人正在与超人类主义者就超级智能机器的威胁和益处进行激烈的辩论。在另一个角落里，有经济学家、理性主义者和数学家，试图用概率计算出他们宿醉的可能性。在自助餐桌上，你可能会遇到决策理论家沉浸在他们的选择中。在酒吧帮忙的是利他主义者。站在屋顶上的是天文学家，他们想知道星星上是否有其他文明。最后在舞池里，你会看到存在风险主义者在花了一整天时间思考人类灭绝问题之后放松了下来。

虽然从表面上看，他们在日常工作中都做着不同的事情，但他们有几个共同点。首先，大多数人都专注于分析未来，而且很多人都是量化思想家。其次，许多人也相信最大化人类整体幸福的重要性，以及个体行为应该由什么能带来最大益处来决定。换句话说，他们在道德观上更有可能是"结果主义者"，他们受自己行为后果的指导，而不是受对错的具体规则约束。最后，相当一部分人倾向于将这些理论想法付诸实践，作为他们如何生活、捐款和优先考虑事业的指导——即使这会得出违反直觉的结论或棘手的决定。

哲学家托比·奥德（Toby Ord）是假想聚会参与者之一，他即将作出一个棘手的决定。奥德不会说自己是长期主义者，因为这个词当时还不存在。但受帕菲特的思想启发，他同其他人一起播下了一种新的、具有更长远思维的种子。

2010 年，奥德 30 岁出头。他在澳大利亚长大，后来到牛津大学读哲学。他跟随帕菲特学习。

但有一天，奥德作出了一个后来具有巨大影响力的决定——他公开承诺将捐出 100 多万英镑用于扶贫。记者好奇而略带怀疑地问他，靠他的薪水怎么能实现。毕竟他不是比尔·盖茨（Bill Gates）。他解释说，他计算过，除去税、房租和一些储蓄，他每月大约靠 330 英镑的个人津贴就能过上较好的生活，所以他打算把剩下的钱捐出去。[8] 在他的一生中，他将每年至少捐出收入的 10%（实际上他定了一个更高的数额）。记者们在深入报道他时，也了解到了他的朴素生活方式。当时奥德和他的妻子住在一套简陋的一居室公寓里，他的妻子是一名初级医生，她也作出了类似的决定。奥德穿着朴素，每两周去吃一次晚餐，每周买一杯咖啡。

尽管按照西方标准，他的学术收入并不算高，但奥德解释说，他已经意识到自己仍然是世界上排在前4%—5%的最富有的人之一。而且关键的是，把一英镑花在发展中国家比花在西方国家更有价值。在非洲农村，你只需要捐赠几千英镑就能拯救一个人的生命。

奥德受到他的导师帕菲特的影响，帕菲特认为，富人对穷人负有强烈的道德义务。还有哲学家彼得·辛格（Peter Singer），他提出了一个著名的思想实验，叫作"池塘救援"——你是否愿意为了拯救一个拼命挣扎的蹒跚学步的孩子而涉入脏水中，毁掉你的新鞋和衣服。很少有人会说不。所以辛格问道：这和花你的可支配收入去拯救一个在遥远的地方身患致命疾病的孩子有什么不同？

从那以后，奥德捐出了很大一部分储蓄，并鼓励数千人通过一些机构捐出至少10%的工资。辛格和帕菲特也作出了同样的决定。

奥德和辛格以及当时的其他人所做的证明了把抽象原则

和思想实验应用到现实世界中去做善事是可能的。这种方法也是长期主义的核心。

奥德的经历使他与另一位年轻的牛津哲学家威廉·麦卡斯基尔一起发起了一场颇具影响力的社会运动。据说，二人在牛津大学第一次见面，他们聊了好几个小时。在这场对话中，他们迸发出了拯救生命的想法。他们称之为"有效利他主义"。

有效利他主义旨在运用哲学理论和合理性理据，帮助人们最大限度地利用他们的金钱和时间做善事。它成功地将数亿美元用于提供抗疟疾蚊帐或儿童驱虫等项目。尽管这种方法受到批评，但它帮助拯救了世界上许多生命。[9]

那么，是什么吸引了奥德、麦卡斯基尔和其他人践行长期主义呢？非洲农村的慈善事业与遥远的未来有什么关系？这要从一个简单的问题开始，如果我们现在有能力拯救一个人的生命，难道这种义务不应该延伸到未来吗？

其中一个节点是 2013 年哲学家尼克·贝克斯特德（Nick Beckstead）博士发表了一篇题为《塑造遥远未来的重要性》（"On the Overwhelming Importance of Shaping the Far Future"）的论文。[10]贝克斯特德接过了帕菲特留下的接力棒，并将这些思想与如何最大化做好事的论点结合起来。在近 200 页的文章中，他阐述最重要的是在未来数百万年、数十亿年甚至数万亿年里，致力于为子孙后代做好事。这比帕菲特想得更远。贝克斯特德是在论证长期主义的重要性。并不是每个人都赞同这种观点，但最终结果是许多人能更加坚定地思考长远未来这个观点。

与此同时，许多研究人员也开始从另一个角度考虑长期主义、未来的生存灾难。这一时期发表的一些有影响力的论文引发了人们的担忧，即我们可能走向灭绝。在此之前，关于世界末日的研究更倾向于神学问题，但研究人员如牛津大学的博斯特罗姆（Bostrom）描绘了未来可能出现的可怕的场景，这建立了一个全新的研究领域。在此背景下，博斯特罗姆所在的牛津大学人类未来研究所的同事奥德开始以帕菲特关于生存风险的观点为基础进行研究。该研究也与长期主义思维相关。

帕菲特曾经提出过一个简单的思维实验，你需要思考以下三种情况：

1. 和平。
2. 一场导致世界现有 99% 人口死亡的核战争。
3. 一场导致所有人死亡的核战争。

　　上述三种情况的区别是什么呢？显然，和平比99%的人口死亡要好得多。但后两者的区别是什么呢？这两种情况都很糟糕，但大多数人在被问及时，倾向于认为它们同样严重。如果99%的人都死了，那和100%的人死亡一样糟糕，对吧？并不是只有你同意这个想法，研究人员发现大多数人在被问及这个问题时都持这种想法。[11]

　　对于帕菲特和奥德来说，这个想法是错误的，而且严重低估了第三种情况会有多可怕。如果人类灭绝了，你不仅消灭了今天所有的人类生命，你还失去了所有人类生命可能存在的潜力。如果我们愚蠢到导致自己灭绝，那将是一场几乎无法想象的悲剧。所有摆在人类面前的繁荣、幸福、爱、联系和成就都将消失。帕菲特写道："我相信，如果我们像现在这样毁灭人类，结果将比大多数人想象得更糟糕。"[12]

　　奥德将在这些想法的基础上，分析这种灭绝可能发生的所有不同方式，试图从概率上估计它们发生的可能性。他研究了小行星和超级火山等自然因素，也研究了人工智能灾难等人为因素。他总结说，我们现在可能正生活在有史以来最危险的时期之一。他意识到，我们是第一代拥有毁灭自己技术的人，但我们还没有得出确保自己不会毁灭自己的智慧。奥德把这段时期称为"悬崖"[13]，它始于1945年7月16日的第一次原子武器试验，从那时起，我们的社会步入了人造危险行列。

奥德秉持着对未来的人们负有责任而不去伤害他们的信念，像帕菲特一样进行研究。他说："我们正站在一个未来的边缘，这个未来可能非常广阔，非常有价值。"因此，我们有道德责任确保我们不会把这个未来从我们的后代那里夺走。

长期主义兴起

越来越多的人开始更深入地思考我们对人类未来的道德义务。对于利他主义者来说，还不能确认他们的钱是否能在未来帮助拯救生命。对于概率预测者和决策理论家来说，更深层次的时间维度为他们提供了考虑未来行为和后果的新方法。对于向往科幻的人来说，它提供了一个更严格的知识框架，来讨论定居银河系的可能性，或者通过超人类主义（一种专注于评估如何通过技术提高人类的运动）来思考明天的人类将如何改变。

因此，需要一个口号来召集人们。贝克斯特德曾用过"遥远的未来"这个口号，但奥德认为"长期主义"这个口号更好。"遥远的未来包括从现在开始的所有时间，而不仅仅是指一个遥远的时间点，"奥德告诉我，"正是这种扩展解释了为什么它如此重要。一百万年后只有一年，但在那之前有一百万年"。（他的观点与我们在第二部分中探讨的心理影响相一致，在第二部分中，"远"这个词变成了无关紧要的距离。）

长期主义者会质疑关于未来的许多假设，以及我们在社会中的优先事项。他们的早期目标之一是呼吁人们关注一种具有时间盲点的做法，即贴现，这种做法已经应用到世界各地的治理中。长期主义者不喜欢它的原因是它不考虑之后的结果，这可能会深刻地影响人们未来的生活。

贴现是什么意思？它为什么重要？这不是一个特别直观的概念，但它值得解释，尤其是因为它作为本书前面探讨的许多短期主义的经济和政治决策的理论依据。因此，长期主义的故事先讲到这里，想象一下一位新当选的政治家——我们称她为克拉丽莎（Clarissa）——陷入了困境。

打折的未来

某天，克拉丽莎和她的内阁正在权衡是否要花几十亿英镑建造一个巨大的小行星探测器，而这个探测器在某一天可以拯救许多人的生命。科学家向她保证，某天人们可能会急需它，她的曾孙们会对她感激不尽。但这个工程前期成本很大，所以她很矛盾。她的选民迫切需要投资资金，媒体对她充满敌意，并且她参选时承诺要削减税收。

克拉丽莎手下的一位公务员提出了一个建议，他拿出了财政部的"绿皮书"①——用来指导人们评估政策、计划和项目。绿皮书上提到了贴现的概念。

一位初级内阁部长尖声说道："我不知道这跟折扣有什么关系。商店促销？现在打八折？"

"不，把它想成动词，贬低或无视它。"一位公务员回答道，"比如我决定不理会部长的建议。从本质上讲，我们不需要像今天这样重视经济利益。别担心，全世界的政府都在这么做！"

他解释贴现这个概念可以追溯到 19 世纪，当时经济学家约翰·雷观察到无论是个人还是国家，都倾向于把眼前的短期回报看得比无形的未来的收益更重要。约翰·雷通过经济学观点来思考这种现实的偏见，他的研究为量化这种偏见奠定了基础。

20 世纪最有影响力的经济学家之一保罗·萨缪尔森

---

① "绿皮书"通常指的是政府的一种指导性文件。这个文件是政府用来评估公共支出项目的方法论和指导原则，旨在确保这些项目的效益和成本得到合理的估算。——编者注

（Paul Samuelson）将约翰·雷关于人们有"时间偏好"的观点纳入了一个经济模型中。在一篇长达5页的文章中，萨缪尔森旨在阐述社会对于未来观念是如何随着时间的推移而减弱的，他将其称之为贴现率。从那时起，贴现的含义发生了重大变化，至今影响深远。

经济学家认为，时间偏好是存在的，这是人类的天性，如果我们不重视现在，那么我们将不得不把几乎所有的资源都花在未来上。这就像要求你过一种极其节俭的生活，把你赚到的每一分钱都存进养老基金一样——这要求太高了。因此，为了维持和提高目前的生活水平，有必要进行贴现。经济学家还指出，如果经济增长持续一段时间，这将意味着明天的社会将更加富裕，社会能够承担更多的成本费用。

克拉丽莎和那位公务员用比喻的方法来进行计算，得出投资小行星探测器将带来巨大的经济效益——美国的企业能够生存下来——但这些益处在许多年，甚至几个世纪内都不会有所体现。由于时间遥远，最好还是把钱花在更直观的事情上。了解这些后，克拉丽莎选择让她的继任者来完成这个项目。

虽然投资小行星探测器的例子有些夸张——人们可能不会用太空巨石来拯救世界——从建设交通基础设施到投资医

疗行业等，这些领域中的许多其他重大政策都是依据贴现率制定的。英国财政部的"绿皮书"是真实的，每年的标准贴现率为 3.5%，影响健康或生活水平的政策贴现率为 1.5%。它确实会随着时间的推移而下降，但绝不是零。[14]

当制定相对短期的经济决策时，贴现是有意义的，比如它能够帮助政策制定者决定一个大型公共交通项目是否值得投资。但这种做法也可能导致判断失误和短期主义的成本削减，比如建造不坚固的桥梁，这些桥梁在几十年后就会倒塌。当它被应用于在较长时间内降低人们未来福利的政策时，它就会成为问题。

即使是一个世纪前想出第一个贴现方法的经济学家也清楚这一点。1928 年，英国哲学家弗兰克·拉姆齐提出了一个贴现的数学框架，但在同一篇论文中警告说，在这些计算中贬低人们"后来的享受"是"在道德上站不住脚的，只会产生于想象力的弱点上"。[15]

贴现率的伦理影响一直是气候变化争议的根源，随着气候变化加剧，如何加大投资来预防和缓解气候变化也变得更加迫切。大多数经济学家都承认，为了避免未来的气候灾难，我们现在有必要承担一些成本。但是，多少支出是可接受的？当经济学家们争论这个问题时，他们实际上是在争论应该裁定多大的贴现率。[16]

但是如果环保主义者不赞同贴现，那么长期主义者就更不赞同了。他们表示，如果在非常长的时间尺度内——比如1000年或1万年——对人们的福祉应用贴现率，它最终会让未来人们的生活贬值到几乎为零。

由此得出的结论不仅在道德上站不住脚，而且是荒谬的，这表明今天一个人的福祉可能与未来数百万人的生命价值相同。这就是帕菲特关于森林里的孩子与玻璃碎片的观点。折现率表明，两个孩子中，现在的孩子能获得更多福祉。他还指出，如果古埃及人知道贴现率，他们有权力作出影响我们当前福祉的决定，那么你的生命价值对他们来说几乎一文不值。他写道："想象一下，你刚刚度过了21岁生日，却发现自己患上癌症，即将死去，只因为某一天晚上克利奥帕特拉（Cleopatra）想要多一份甜点。"[17]

我们可以通过一些方法来解决其中的一些问题——随着时间的推移应用不断下降的贴现率就是其中之一。英国财政部的"绿皮书"提出了健康生活的建议。但对许多人来说，这还远远不够。

2021年，奥德和长期主义中心联合撰写了一份报告，呼吁修订"绿皮书"中的贴现率概念。[18]他们认为，目前的贴现率为每年 3.5%，这一数据太高了，应该要比建议的下降速度更快。他们还指出，"绿皮书"中没有体现可能危害后代的重大灾害的成本和经济损失，并且需要补充更多解释政策二级效应的细节。

但对长期主义者来说，呼吁人们关注贴现问题实际上只是一个开始。随着这些思想开始深入人心，其他哲学家也开始参与进来，长期主义进入了一个新的领域——它也提出了一些带有争议的观点。

未来人类的规模

帕菲特从广义的角度表示人类只是位于一个可能非常漫长的未来的开始点上。如果你用一些数据来解释，未来会有多少人呢？

几年前，我为 BBC 粗略地计算了未来几代人的规模。为了说明问题，假设出生率保持在 21 世纪的平均水平，全球人口在未来 5 万年保持稳定，那么肯定会有 6.75 万亿人出生——这是有史以来人类数量的 60 多倍。[19]

这是图解。

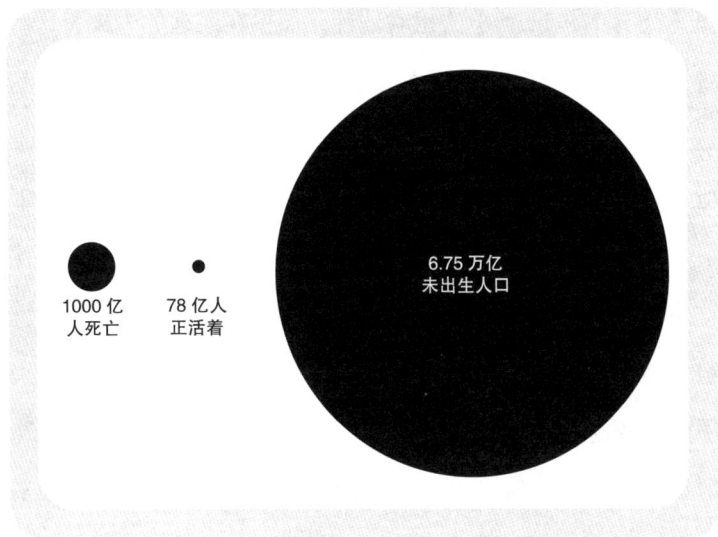

我的计算后来被广泛引用，如罗曼·克兹纳里奇在他的《好祖先》一书中引用了它。他用这张图提出了一个天平理论，一边是所有现在的人，另一边是未出生的数万亿人。"我们怎么能忽视他们的幸福，而认为自己的幸福更有价值呢？"他写道。

尽管 6.75 万亿人如此庞大，但我意识到我还是有可能低估了它，未来几代人的规模实际上可能要大得多。

我们这个物种存在的时间有可能远远超过 5 万年。事实上，长期主义者有充分的理由相信我们的后代有可能活上数百万年，甚至数十亿年。根据牛津大学的托比·纽贝里（Toby Newberry）的粗略估计，如果在遥远的未来，这些曾孙在地球上待到太阳消亡，那么未出生人口的总数可能超过 100 万亿人。他的假设与我的不同，这几乎是现有世界上所有人口数量的 1000 倍。[20]

诸如此类。几十亿年？很多人可能会认为人类的灭亡比这更迫在眉睫——他们可能会说，我们能挺过下个世纪就很幸运了。长期主义者确实认识到，我们正生活在一个特别不稳定的时期，这就是为什么奥德称我们的时代为"悬崖"。但奥德等人也相信，如果我们能够想出如何减少我们在未来几十年面临的人为风险，那么未来可能会更漫长。

现在就灭绝，对于哺乳动物来说是相当不寻常的，它们通常平均存活 100 万年。持怀疑态度的人可能会回答说，其他动物不能用它们的技术消灭自己。没错，但我们人类有智慧、语言和远见，可以创造新技术和预测我们的未来，而且人类这个物种在地球表面的分布范围也比其他任何大型脊椎动物要广泛得多，人类几乎占据了地球的每个角落。

可能有人仍然不相信人类有十亿年的未来。但正如纽贝里所言："我们的未来将短于 100 万年，或预期的生命数量将少于 100 万亿个，这既需要对这些更宏大的未来持极度怀疑的态度，也需要对人类将在相对较短的时间内不会自我毁灭抱有极高的信心。"

根据一些长期主义者的估计，100万亿人甚至还不是上限。

如果我们的后代遵循所谓的"天文轨迹"，向宇宙扩张，那么数据就会大得多。如果他们定居太阳系，生命的数量可能是10亿亿。如果它们散布在银河系呢？要在上述数字后面再加9个零。如果他们能超越宇宙，那再加9个零。

一些长期主义者——你可以给他们贴上"技术乌托邦派"的标签——甚至在他们的推理中加入了未来的"数字思维"。最著名的数据来自牛津大学的博斯特罗姆，他曾经计算过："即使在非常保守的假设下，也可以在模拟中创造至少1058个生命。"[21]

应该说，这些带有科幻色彩的愿景并没有被普遍接受。长期主义的核心论点并不依赖于星系间的移民或数字人，一些长期主义者认为，谈论这种投机性的未来会分散我们对当前面临的风险的注意力。[22]

数十亿、数万亿……这样的数据太大了，很难想象，所以让我们试着从物理的角度来理解它们。想象这本书的每一页都是一个人。[23]要代表目前地球上的人口，它必须要有780千米左右厚，这是从伦敦到马赛的路程。因此，代表100万亿人口的这本书必须要有 1000 万千米左右厚，这是到月球距离的 26 倍，大约是赤道处地球周长的 250 倍。

让我们回到更具体的角度，现在想象一页代表了今天地球上所有活着的人，那么 100 万亿人，你就需要近 1.3 万页，大约相当于 10—11 本《圣经》、24 本《远大前程》（*Great Expectations*）或 300 本《共产党宣言》（*Communist Manifestos*）的页数。[24]

或者用一个恰当的时间比喻，你也可以想象每个人都是时钟上的一秒钟。要数到 100 万亿，你必须耗时 320 万年。

如果你浏览业余数学家的网站，你会发现各种各样的类比。[25] 例如，地球的质量约为 5.972×10^{24} 千克，但我最喜欢用下豌豆雨来阐述 10 万亿的大小。

首先，想象一下，如果一场豌豆雨从天而降，覆盖了整个地球表面，那么所有的大陆都会被覆盖 1.2 米左右厚的豌豆。这场豌豆雨 10^{21} 个豌豆。

这还不够。

那么，接下来想象一下，海洋冻结了，豌豆也落在了海面上，这样就得到了 10^{24} 个豌豆。

还不够。

如果要得到 10^{27} 颗豌豆，你就需要下超过 25 万颗地球大小的行星的豌豆雨。[26]

强烈长期主义

正是这些潜在未来人口的惊人数量，使哲学家希拉里·格里夫斯（Hilary Greaves）和威廉·麦卡斯基尔将长期主义提升到了一个全新的高度。他们称之为"强烈长期主义"。

和其他许多长期主义者一样，他们从不同的领域开始研究。格里夫斯的职业生涯始于物理哲学，集中研究量子力学和"多世界"理论，她提出的"多世界"理论解释了多重宇宙的存在。麦卡斯基尔帮助奥德在大学期间开启利他主义运动，他还许下至少捐出收入的 10% 的承诺，他以哲学神童的身份成名，在 28 岁时就成为牛津大学的副教授。此后，他成为长期主义最受人瞩目和最有影响力的支持者之一，他还准备出版一本书为这场运动辩护，书名为《我们欠未来什么》（*What We Owe the Future*）。[27]

当麦卡斯基尔和格里夫斯把帕菲特、奥德等人的想法与未来人口的预计规模综合起来思考时，就会知道长期主义在塑造当前应该优先考虑事项方面有多重要。强烈长期主义者认为，如果人类的未来可以像看起来那样深远，那么我们今天最重要的行动就是维护长期主义，改善未来人们的生活。

如果我们能找到可靠的方法来确保这一庞大人口的存在和繁荣，那么这件事就应该优先考虑。

因此，强烈长期主义远不止要求政治家调整贴现等经济习惯。强烈长期主义者认为，如果我们想做对我们最有益的事情，就应该把更多的时间和金钱花在对未来有长远利益的事业上。

那么长期主义在实践中会是怎样的呢？格里夫斯和麦卡斯基尔选择从慈善事业和政府资助的宏观角度而不是从关注个人的日常选择来思考这个问题。例如强烈长期主义会思考病毒大流行是由人为因素导致的可能性。迄今为止，尽管美国、俄罗斯、日本和其他地区的几个实验室已经对病毒进行了研究或将其武器化，但各国政府在降低这种风险的措施上投入相对较少。正如奥德所表达的那样，《联合国生物武器公约》（ *The UN Biological Weapons Convention* ）的年度预算还不到一家麦当劳餐厅的平均预算。如果新冠病毒比过去更致命，那真是让人不寒而栗，这种致死率高得多的病毒可能是人为制造的。

花钱来防范这样一种致命病毒似乎是毋庸置疑的事情。但是，格里夫斯和麦卡斯基尔表示如果考虑到对未来人类的影响，就更应该行动起来。计算表明，我们只需要在这个问题上花费 2500 亿美元，就可以将这种走向灭绝的可能性降低约 1%。[28]这可能不是一个很大的比例，但格里夫斯和麦卡斯基尔表示这样的投资能带来很大的回报。如果想拯救生命，他们认为这是最有效的方法了。为什么呢？因为算上地球上潜在生命的数量，即 2500 亿美元中每增加 1000 美元，未来生命的数量就会增加 2 亿。根据这一逻辑，没有比这更有效的方法来让生命繁盛起来了。

格里夫斯和麦卡斯基尔认为这样做符合道德规范，但他们也提出了务实的论点。撇开道德不谈，如果我们只想做最有成效的事情，那么未来才是具有最重要的价值。所以如果你作为一个政治家或慈善家的目标是投资能带来最有成效的项目，他们认为就应该投资能在遥远的未来改善所有人生活的事情上。

大多数涉及这类问题的学术论文都只是发表在期刊上，偶尔也会在大学演讲厅里进行研讨。但是，像格里夫斯和麦卡斯基尔这样的观点已经对世界的资金分配产生了切实的影响，激励了许多慈善组织和捐赠者将资金用于可以造福未来人们的事业。截至 2021 年，开放慈善基金会已经向长期事业领域捐赠了资金。这并不意味着这些组织已经停止了其他资助，比如为发展中国家提供抗疟疾蚊帐，现在它们也支持流行病防范，并努力降低其他潜在的全球灾难性风险。

这一哲学理念迅速引起一场运动，激励了成千上万的人将时间和精力集中在长期研究领域。像"80000 Hours"这样的网站建议人们如何选择有利于长远未来的职业道路，人们在世界观和信仰上自我定位为长期主义者这一现象变得越来越普遍。在我创作这本书时，该运动虽然主要集中在学术方面、科技行业和研究机构，但其发展速度也很显著。

如何成为长期主义者

那么，我们其他人应该如何对待这一切呢？如果个体想有更长远的想法，那么我们是否必须遵循长期主义呢？

首先，值得指出的是，在长期主义内部，对于优先考虑什么以及对其结论采取行动的紧迫程度，已经出现了意见分歧。毕竟，长期主义仍是一个新的观点。例如，并非所有的长期主义者都赞同技术乌托邦派，即将人类的道路重新定位到应用特定的技术和天文知识。这种更为乐观的做法已经招致了批评，因为它被认为脱离了当今的困难和气候变化等风险。[29] 对另一些人来说，长期主义只是把钱花在赈灾的事业上，这些投资可以让我们自己、我们的孩子和未来的人们受益，比如减少核战争、流行病、气候变化等存在的危险。

在这种观念下，长期主义更像花钱买一个骑自行车的头盔。虽然你死于自行车事故的可能性很小，但这是有前期成本的——要采取保护措施。

但通俗来讲，在多大程度上接受长期主义的观点，可能取决于个体的道德框架。如果你是结果主义者，相信做好事是为了让最多的人幸福最大化，那么强烈的长期主义论点就有更坚实的依据；如果你不是，你可能会对强烈长期主义的道德理由无动于衷。

为了验证他们的论点，格里夫斯和麦卡斯基尔确实做了一些假设。例如他们在最大限度上忽视了所谓能够影响人的观点。如果你是影响人的人，你会相信现在存在的人的幸福比还不存在的人的更重要。对你来说，更多人来到这个世界既不是好事也不是坏事。一位哲学家曾经说过，我们的道德目标难道不应该是让人感到幸福，而不是仅仅让幸福的人更多吗？[30] 帕菲特也思考过这个问题。

还有人担心长期主义可能需要投入过多。一些专家也提出了担忧，认为这些想法可能会演变成一项事业，消耗过多精力和金钱。[31] 如果所有人都成为强烈长期主义者，这是不是意味着我们应该把几乎所有可用的资源都集中在创造一个繁荣的未来上？正如哲学家吉姆·霍尔特（Jim Holt）所认为的那样，极端的长期主义观点可能会导致人们得出这样的结论："在极限条件下，我们应该把 100% 的时间和精力用于保护人类的长期未来，抵御哪怕是最遥远的生存威胁——然后把自己裹在气泡膜里，这样做只是为了更加安全。"[32]

那么，当今的贫困、难民危机甚至气候变化等问题要怎么处理呢？尽管强烈长期主义没有忽视这些问题，但仍有批评者认为长期主义是一种"勒索"，未来巨大的人口规模可能被用来证明当前高要求，甚至不当的牺牲是合理的，这是错误的政治策略。这种"坏人"角色的恐惧适用于许多政治导向的主义。因此，这并不意味着整个思想体系都是危险的，至少对一些人来说，长期主义可以为目前的伤害辩护。甚至彼得·辛格——许多长期主义者的哲学偶像——也认为这是一个潜在的危险。[33]

长期主义的支持者并没有忽视长期主义的苛刻性。支持这些观点的结果主义哲学之前也面临过这样的质疑，其最有代表性的就是"幸福泵"思想实验。电视剧《善地》（*The Good Place*）中的角色道格·福塞特（Doug Forcett）也表达了该观点。福塞特认为，让更多人幸福是他一生的责任，即使这让他痛苦，但他一生还是尽他所能去让别人快乐。他过着极其节俭的修道生活，把他的时间和财产分给任何需要的人，甚至允许一个十几岁的孩子欺负他。想象一下，如果福塞特是一个强烈长期主义者，他也会觉得有必要为了未来人们的幸福而牺牲自己。

另一个挑战是未来的大多数事情都是不可知的，对那些支持干预政策的长期主义者来讲尤其如此。预防危险是需要考虑的一件事，但那些试图引导人类走向单一轨迹的人很可能是在盲目行事。从很长一段时间来看，今天积极的行动实际上可能是在浪费时间和金钱，或者对未来的影响是消极的。[34] 想想如果古希腊出现了长期主义，哲学家们可能会认为对子孙后代来讲最好的事情就是确保 4 种体液，即血液、黄胆汁、黑胆汁和黏液的平衡。重要的是随着时间的推移，我们的科学知识、技术甚至我们的道德价值观都会发生变化，而且很难预测如何发生变化。

这些想法让我们又一次迷失在帕菲特的"末日无底洞"中。这些矛盾的观点没有简单的答案。在思想史上，长期主义是一种相对较新的哲学，其激进观点具有争议性。它可能需要更多的时间来完善，甚至可能需要另一代思想家来接过接力棒。

我不知道帕菲特是否会把自己描述为一个强烈长期主义者，因为他在 2017 年去世了。但麦卡斯基尔没有在他的书中为读者辩护，他认为"我们不应该对这种观点抱有高度信心"[35]，奥德喜欢的长期主义方式更类似于环保主义，即"这并不意味着环境就是最重要的，它只是人们关注的一个核心部分，并能给予人们很多思考"[36]。他说："关于长期主义……重要的是我们这一代人只是一个冗长故事中的一个片段，我们最重要的角色可能是我们如何塑造——或未能塑造——这个故事。努力保护人类的潜力是达到这种持久影响力的途径之一，或许还有其他途径。"

如果这就是长期主义，那么它可以与其他形式的长期思想观点结合起来在社会上广泛传播。我不太相信这一论点的更极端的数据迭代也能得到同样的结果。我个人支持长期主义的一般原则，但不支持其最激进的形式或技术乌托邦形式。通过阅读这本书，你可能已经发现，我受到了帕菲特、奥德等人思想的影响。我相信，未来可能比我们现在想象得要长远，我们可以做更多事情以确保后代过上美好生活。我还认为，通过谨慎投资以降低人类灭绝的可能性是有意义的。我认为长期主义不仅是对未出生人数进行假设，还需要考虑我们与前人的关系。

我没有完全接受强烈长期主义还有一个原因，即这种时间观大量谈论人类未来的潜力，但到目前为止，对自然的潜力谈得很少。许多利他主义者非常关心改善动物环境，并将其个人收入和职业生涯的大部分精力用于解决这一问题。但至少到目前为止，很难看到将对自然和非人类世界的担忧融入涉及未来人类福祉的计算中。

21世纪，我们迫切需要与自然系统、动物和地球建立一种更和谐、更长远的关系。我们已经谈到了非工业文化的环境时间观的观念，所以现在让我们用科学时间观的见解来完善它。研究非人类世界的学者揭示了我们在自然中的位置，以及改善我们与生态系统长期关系的方法、知识。那么我们能从世界上最有远见的自然科学家那里学到什么呢？

时间窗口：科学、自然与人类世

线的强度并不在于某一根纤维贯穿整个长度，而是在于许多
纤维的重叠。

——路德维希·维特根斯坦（Ludwig Wittgenstein）[1]

对自然的热爱与对科学的热爱是不同的，尽管两者可以共存。

——约翰·巴勒斯（John Burroughs）[2]

我所听过的最令人震惊的科学事实是你和我是非生命体的延续。

　　所以，为什么呢？进化生物学家斯蒂芬·C.斯特恩斯（Stephen C. Stearns）曾在耶鲁大学的一节课上解释过原因。[3]

　　想想你的母亲，也可以想想她的母亲，想想你母亲的母亲，继续往前追溯……加快速度……现在是1000万年前，1亿年前，10亿年前……一路走来，人生的每一步都有父母的陪伴。

　　39亿年前，有趣的事情发生了。

　　你来到了生命的起源，那时你还没有父母。在这一点上，你与非生命体相同。

　　这意味着生命之树不仅将你与地球上所有的生物联系起来，而且生命的起源将你与宇宙中的所有物质联系起来。这样的思考很深刻。你体内需要大量比铁元素还要重的元素，它们都是在超新星爆炸中合成的。

　　所以，当人们说我们都是由星尘组成时，这不仅仅是诗意的陈词滥调，更是真真切切的事实。或者更具体地说，构成人体97%的原子也分布在整个星系中。[4]碰巧的是，这些基本构件的排列方式造就了你——事实上，也造就了地球上所有其他生物。

　　我们现在仍不知道地球是否是宇宙中唯一具有生命起源的地方。但事实是，在经历了数十亿年的荒芜和混乱之后，生命确实出现了，这一事件如此重要且深远，以至于很难用语言来描述。我最喜欢的一个词是托尔金（J. R. R. Tolkien）在1947年创造的，即"快乐转点"，用于童话故事中，是一个"突然而神奇的恩典：难以复现"。[5]

　　这种关于生命繁盛和亲缘关系的远见，只是科学帮助人类重构在时间和自然中位置的一个例子。但这种观点来之不易。它历经数百年时间，而且几乎可以肯定，它也不是最终的定论。关于人类在生物圈中的长期作用和自然的深层轨迹，我们仍有很多不了解的地方。科学的非凡之处在于它永远不会结束。正如天文学家卡尔·萨根在 1979 年所说："科学是一种思维方式，而不仅仅是一种知识体系。"它的目标是发现世界如何运转，寻求可能存在的规律，并探寻事物之间的联系。[6]

在我们寻求更深刻的远见时，这种科学的思维方式会教给我们什么呢？科学涵盖了许多探索领域，它的出现提供了一个特别深刻和具有启发性的时间视角。理解我们在自然界中的角色，这将是我们接下来的重点。毕竟，大自然太复杂了，人们无法一下子理解全部，当把它深远的过去和漫长的未来也计算在内时，范围就变得更大了。科学家们用什么方法来克服这些挑战？换句话说，科学家们的发现可能会告诉我们人类与自然是怎样的长期关系？

让我们从两位科学家的故事讲起。有一天他们从望远镜中注意到了一个令人费解的信号。起初，他们认为这可能是鸽子粪便引起的怪异现象，但事实是，这是一种更古老、更宏伟的东西。

时间窗口

一天，天文学家阿诺·彭齐亚斯（Arno Penzias）和罗伯特·威尔逊（Robert Wilson）被一种噪声所困扰。那是在 20

世纪 60 年代，两人在新泽西州霍尔姆德尔镇操作一个小型无线电天线，他们将天线指向天空，试图探测来自遥远宇宙物体的无线电波，但他们的读数中有一种无法消除的背景嘶嘶声。[7]

会不会是附近纽约市的声音？他们排除了这种可能性。会不会是来自地表或是大气层的自然噪声？可能不会。难道是天线边缘出现了故障导致了这个问题吗？他们用胶带解决了这个问题。

透过望远镜，他们猜想会不会是那些站在天线上的鸽子的声音？当然不是鸟的声音，所以他们必须调查。于是他们有条不紊地爬进天线里，擦掉了鸽子的粪便。他们还抓住了鸽子，并人道地把它们送到了一个很远的地方。然而，排除了这些因素之后，噪声依然存在。

1964 年 12 月，彭齐亚斯某次乘飞机旅行时，向一位天文学家提起了这件事。之后天文学家给他讲了一些有意思的事情。普林斯顿大学的两位物理学家最近发表了一篇关于大爆炸遗产预测的文章，并且他们就在距离彭齐亚斯 30 英里以外的地方工作。

当时，大爆炸理论缺乏像今天这样丰富的观测证据。但普林斯顿大学的物理学家认为，它可能留下了一些甚至可以用射电望远镜探测到的背景辐射。换句话说，大爆炸会留下微弱的嘶嘶声。

彭齐亚斯和威尔逊意识到他们意外地发现了一些很古老的东西。那不是鸽子的粪便，不是纽约城市声音的干扰。它实际上是科学发现的最古老的东西之一——"宇宙微波背景辐射"，它也被称为大爆炸的余晖。当用现在的望远镜观察天空地图时，它看起来就像杰克逊·波洛克（Jackson Pollock）的画作，蓝色、黄色和红色的斑点代表不同的区域，表明宇宙远非井然有序。

这种电磁辐射形成于130多亿年前，可以追溯到宇宙仅由高温等离子体和光子组成的时代。它渗透到整个空间——如果你调低了模拟电视的频率，它就会构成一部分静态信号。隐藏在其中的波动为恒星和星系的形成提供了线索——更不用说更深层的谜团了，比如一些宇宙学家认为可能是大爆炸之前留下的圆形斑点等。[8]彭齐亚斯和威尔逊的发现非常重要——他们由此获得了1978年的诺贝尔奖。这使科学家们认识到了一种长期的时间旅行的形式，进而认识宇宙初始的样子。

宇宙微波背景就是我所说的"时间窗口"，通过它，自然科学家可以窥视到更深的时间尺度。几个世纪以来，科学发现了更多这样的窗口：冰芯、骨骼化石、年轮、钟乳石、矿物包裹物、古代花粉或线粒体 DNA 等。你不一定需要专门的工具来观察它们。低头看，你可能会注意到脚趾间海滩上古老的沙子，或者城市建筑工地暴露出的数百万年前的岩石。抬头看，你可以看到早在智人进化之前就发出的星光。例如，在一年中的某些月份可以用肉眼看到仙女座星系，但到达你视网膜上的光却需要 250 万年。如果我们愿意去寻找，深度时间就在我们周围。

对科学家来说，他们可以通过时间窗口用更丰富的调色板去重建过去的世界。这些发现也能让我们对长远的未来有更丰富的理解。要怎么做呢？我们可以通过观察另一个窗口——大西洋海底的一个奇怪的磁性图案——以及它向科学家展示的关于大陆深度时间轨迹的信息来理解这一点。

20 世纪 60 年代，地质学家注意到在大西洋海床下的岩石中嵌入了一个巨大的磁性条形码。在一条条纹中，岩石中的矿物磁性指向北，而在另一条条纹中，它们的磁性指向南。这些条纹有数百英里宽，数千英里长。

该图案记录了过去地球磁场翻转的时间。罗盘并不总是指向北方——平均每隔 10 万年，地球的极性就会反转一次——这些方向之间的变动被记录在海洋地壳中。但这些发现之所以能改变世界，是因为它记载了地球的长期轨迹。

　　能够形成这种图案的唯一可能是海底本身在扩张。在美洲和欧洲／非洲之间，有一个海底山脉脊线，在那里形成了新的海洋地壳，两个构造板块之间的裂缝称为"构造板块边界"。它穿过冰岛，然后蜿蜒进入南大洋。沿着它，上涌的岩浆填满了两个构造板块之间的缝隙，为两侧的地壳输送新的物质。下图大致展示了条形码模式是如何在数百万年的时间里形成的。

　　当地质学家发现海底正在扩张，这证实了美洲正在逐渐远离欧洲和非洲的猜想。他们意识到地壳是由不同的板块组成的，这些板块相互挤压、碰撞，并携带着大陆。这一理论——板块构造论——使科学家们能够模拟世界地图在未来几亿年的变化。[9]

　　关于板块如何重新排列，有几种不同的情况。如果大西洋中部的扩张速度减缓并停止，大陆将重新组合成泛古大陆，看起来像一个巨大的环礁，围绕着曾经的大西洋。在另一条路径上，大陆最终围绕北极形成了一个新的超大陆，叫作阿玛西亚。在第三个板块上，一个新的板块边界沿着欧洲西海岸撕裂，形成了一个名为奥里卡的大陆，澳大利亚和美洲位于其中心。但也许更有可能的情况是形成一个新的超大陆。在不久的将来，美洲将与澳大利亚和南极洲相撞，后者又将挤压中国、印度和亚洲其他地区。

因此，在大约2亿至2.5亿年后，我们的星球将看起来像一个外星世界。如果我们的后代还活着，他们可能在伦敦、洛杉矶、北京和悉尼之间旅行，却不用经过海岸线，他们也会有不同的邻居。令人震惊的是，从地球的角度来看，战争是为了争夺土地，而这些土地只是像漂浮在池塘表面的叶子。

我们之所以如此清楚地知道这一点，要归功于科学家们用来解开长期之谜的另一个工具：时间模型。地质学家们通过建模和模拟的方法来了解大陆运动。这些模型的创建和校准通常是基于临时窗口的数据（以及其他数据）。这些技术涉及许多学科，古代冰芯有助于建立气候模型，化石使进化模型成为可能等。

模型之所以如此有用，是因为它可以展示一系列长期情况：在人类出现之前，遥远的过去事情发生的可能情况，以及未来可能发生的事情。一个常见的误解是，模型——尤其是气候模型——是为了作出像天气预报一样的单一的预测。但是气候模型并不能告诉我们 2100 年 1 月 1 日是否会下雨。假设是为了确定可能性的范围，并找到答案。如果假设 A，那么 B 或 C 可能发生；但如果假设 X，那么 Y 或 Z 也可能发生。

没有一个模型是世界的复制品，模型也有好有坏。它们是根据输入的数据和作出的假设设计建立的。这是关键所在，随着时间的推移，科学家能知道这些模型对世界的描述——过去、现在和未来——是否准确。正如提出超大陆模拟的地质学家所写的那样：为未来建模的目标不仅仅是试图猜测将会发生什么，而是一种推倒认知阻碍的方式并试图理解长远时间尺度运行的主要过程。[10]

因此，科学模型使我们能更易理解复杂系统的运作方式，这是我们无法通过其他方式实现的。正如心理学家汤姆·斯塔福德（Tom Stafford）曾指出的："模型是演绎机器……是思考的义肢，增强了我们超越个人理性和直觉的感知能力。"[11]但你不一定需要一台超级计算机来接受这种思维方式——冒着过度延伸的风险，我认为基于模型的时间观本质上是关于对过去和现在的多种可能性持开放态度，并表现出随着新信息的出现而改变自己观点的意愿。我们都建立了关于世界如何运作的心理模型——没有它们，预测将是不可能的——但我们多久需要更新或抛弃一次模型呢？

因此，科学的时间窗口和模型可以让我们得以窥见原本隐藏的时间尺度。这一观点表明无论我们做什么，宇宙将继续膨胀，大陆将逐渐重组。

然而，这并不意味着自然世界和物质世界有各自独立的道路。相反，科学的时间观已经证明，人类活动在地球上最早的时候就已经扰乱了自然。虽然毫无疑问，一些社会和民族比其他社会和民族负有更大的责任，但作为一个整体，智人的影响可以追溯到几千年前。接下来我们将知道，如果我们希望拥有一个更丰富、更全面的长期视角，我们就要了解它，尤其是因为它将过去一个世纪的事件清晰地呈现出来。

人类世的黎明

人类从一开始就影响着进化、生态系统和物质世界。早在 5 万年前，当人类开始扩大规模并在全球范围内扩张时，我们的祖先就在塑造生物圈的构成。化石和其他时间窗口显示，狩猎采集者导致 178 种巨型动物灭绝。一些大型哺乳动物留下的生态位从未被填满。[12]

　　像古时授粉这样的方法也让科学家们看到了人类在一万年前就开始改变自然景观。随着农业的普及，不断扩大的人口开始逐渐开辟大片土地，用于种植农作物和圈养牲畜。许多我们认为理所当然的自然生态系统，实际上是人为创造的。例如，英格兰南部的田园白垩草地是新石器时代和青铜时代因砍伐森林形成的。事实上，欧洲大陆的大部分地区曾经被树木覆盖。[13]与此同时，基于冰芯的气候重建暗示，早期农业可能影响了大气——尽管远不及今天的影响大，但也许足以稳定气候并推迟下一个冰期的到来。[14]

　　一旦农业发展起来，选择性育种也开始创造了新的生命形式。在追溯谱系中的线粒体 DNA 的基础上，科学家们可以通过基因时间旅行来了解小麦或水稻等物种，或了解狗等家养动物是由野生培育而来的。例如，家鸡是 5000 多年前生活在印度和中国的丛林鸡的杂交品种。今天，鸡是地球上最常见的鸟类。在任何给定的时间里，鸡的数量都超过 200 亿只——它们的数量增长得如此之快，以至于它们的骨骼在地质记录中都清晰可见。[15]

　　当我们的祖先开始更广泛地旅行时，他们也开始混入自然生态系统。跨越海洋或山脉，人类经常携带物种——它们故意这样做，但它们也是不知情的乘客。例如，兔子可能会通过碧雅翠丝·波特（Beatrix Potter）的故事与英国乡村联系起来，但它们是从海外引进的。这可能是 11 世纪的诺曼人带来的，但有个时间窗口表示——在奇切斯特发现了一个 2000 年前的兔子胫骨骨骼——生活在英国的罗马人也把它们作为宠物饲养。[16] 从 16 世纪开始，欧洲人开始在全球范围内定期运送动植物。来自南美洲的玉米和土豆第一次在欧洲种植，美洲的定居者带来了小麦、葡萄、甘蔗等。科学家们现在知道，这引发了各种形式的非自然选择的进程。例如，当苹果树被引入美国时，一些本地山楂蝇种群开始以其果实为食物，迅速进化成一个新物种，现在被称为苹果蛆。[17] 到了 18 世纪，全球资本主义的崛起加速了这种融合，创造了无数新的贸易路线，生物可以沿着这些路线旅行。大陆又一次变成了盘古大陆。

18 世纪末，人类与自然的关系发生了进一步的转变，因为人们意识到古老的碳氢化合物中蕴藏着巨大的能量。通过工业革命中化石燃料的燃烧，富裕国家开始对大气的化学成分作出重大改变。历史学家可以把它描述为一个经济故事，但科学家们实际上可以看到它被写进了珊瑚骨架、冰芯、年轮、石笋和海洋沉积物的时间窗口。这一时期的工厂排放和污染也产生了新的变异物种。[18]

所以，从科学的时间观来看，很明显，人类一直在影响着物质世界，在把最近的过去浪漫化之前，有一点值得记住——当我们这个物种存在的时候，自然世界从来没有真正保持过原始状态。尽管如此，科学也表明了气候变化的影响是如何加剧的——从20世纪中期开始，在发达国家的一小部分人口的推动下，气候变化完全进入了另一个阶段。从那以后发生的事情规模空前巨大。

当子孙后代在数万年后回顾过去时，他们将能够看到一个时间窗口，它代表着向一个全新的行星状态的过渡。20世纪50年代，原子武器试验太多，导致大气中放射性同位素 ^{14}C 的含量翻了一番。这种"炸弹脉冲"出现在世界各地的冰川、湖泊、洞穴和珊瑚礁中。它现在是代表人类世开始的官方标志——一个由人类定义的新地质时代。[19]

科学家们本可以选择人类历史上的不同时期——从早期农业到工业革命——来标志人类史的开始，但负责作出决定的地质学家们选择了20世纪50年代。为什么？和炸弹脉冲一样，这段时间内"大加速"开始了。[20]从1950年至今，除了碳排放量增加了6倍之外，生物多样性、污染、海洋酸化、淡水利用、渔业开发、热带森林砍伐等方面也发生了巨大变化。我不需要告诉你每一个影响，因为你已经知道了，但这里有一些更惊人的变化……

首先，人类的发展是惊人的。1950年，地球上有25亿人，现在是80多亿人。今天，世界上一半的可居住空间被用于农业，21世纪头30年建成的城市面积将比以往所有历史的总和还要多。与此同时，无生命的人造材料的总重量在过去70—80年里增长快速，现在已经超过了地球的总生物量。换句话说，现在地球上的人造材料比现在所有的植物、所有的动物、所有的微生物和所有的人都多。在20世纪初，这一比例仅为3%左右。这种人为物质的大约一半是混凝土，如果任其增长下去，仅混凝土一项就将在2040年左右超过地球的生物量。[21]

大加速也使我们人类具有比以往任何时候更强大的进化力量。许多生物学家担心人类正在造成地球第六次物种大灭绝。根据一项估计，自1970年以来，全球野生动物的种群规模已经减少了60%。[22]仅哺乳动物的比例就说明了一个问题：1900年，野生哺乳动物占地球陆地哺乳动物生物量的17%，现在只有2%，剩下的是牲畜、宠物或人类。与此同时，随着我们所创造的盘古大陆般的世界变得越来越紧密，引进或入侵物种也在飞速繁衍。澳大利亚野生骆驼的数量每十年翻一番，地中海贻贝抵达南极洲，甚至南美洲撒哈拉以南的河马也有了种群，而它们是从毒枭巴勃罗·埃斯科瓦尔（Pablo Escobar）的动物园里逃出来的。[23]

激烈的进化变化现在在全球范围内司空见惯。例如，20世纪末莫桑比克内战期间的偷猎导致非洲象迅速进化成没有象牙的物种，而加拿大的狩猎活动导致大角羊的角在不到20年的时间里大小缩少了10%。值得注意的是，野生动物的平均体形总体上比一个世纪前要小。例如，自20世纪70年代末以来，阿拉斯加奇努克鲑鱼的体长已经缩少了5%—7%，这可能是由于过度捕捞（较大的鱼被吃掉，小一点的被放生），或者可能是气候变化（小一点的身体能更好地应对气候变暖挑战）导致的。[24]

我们现在正在改变地质本身。除了炸弹脉冲，还有一些海滩的沙子中含有战争弹片的微小碎片，电子垃圾填埋场中出现新型矿物，以及夏威夷有一种被称为"塑料团石"的岩石状物质——塑料、沉积物、熔岩碎片和漂浮物的混合物。[25]

因此，虽然科学的长远观点认为人类从一开始就影响了自然，但它也表明一场将改变地球及其生命形式的大规模实验已经开始。需要再次澄清的是，在这场实验中，一些煽动者要承担比其他人多得多的责任，但关键是，我们都是这场实验的参与者。大自然有时被视为与人类世界分离，但我们的命运与生物圈和地球的物理系统交织在一起。我们依靠大自然获得食物、淡水、清洁空气等，更不用说精神和身体健康了。

我们看到了一些希望的曙光——人口正在稳定下来，在环境保护方面我们也取得了一些成功，比如臭氧层的恢复——但未来是会出现"大脱钩"，还是会出现"大崩溃"，我们尚未知晓。[26]

在本章结束时，我们将回到这个问题上来，看看我们可能采取的一些以避免出现最坏的情况的长期策略。但首先，让我们回到对科学时间观的探索，以确保我们已经从它的思维模式中汲取了所有具有长远眼光的经验。既然我们已经确定了人类世的规模，让我们来更深入地探索人类对自然影响的一个方面——全球变暖。这是一个值得讲述的故事，因为它可以告诉我们更多关于科学时间观的工作方式，以及它的长期视角是如何逐渐出现的。时间窗口和模型是其中一部分，但还有更多。

我们可以从很多地方开始，但让我们从19世纪开始，这是在确定人类正在使地球变暖之前的几十年。但正如我们

将看到的，一些长远的观点不是一夜之间出现的，也不是由
一个人提出的。但当它们最终实现时，其影响可能会改变
世界。

全球变暖的发现

在 20 世纪中期，科学家们发现了一些难以解释的时间窗
口。在美国和欧洲的温带地区，地质学家发现了一些奇怪的
特征，这些特征似乎不属于那里：基岩表面的划痕显然是由
大量的冰凿出的，或者是被称为"不规则"的巨石造成的，
它们与田野或森林中的环境毫无相似之处。解开这些地质谜
题的唯一线索是巨大的冰原，它们一定曾经覆盖过陆地，甚
至是整个星球。这表明古代地球曾一度陷入冰河时代。但
是，为什么呢？

由于缺乏气候方面的专业知识，各种研究人员会推广他
们的理论，如太阳黑子、火山、海洋环流的变化，在太多未
知的情况下，一切似乎都有可能。

一些证据表明，二氧化碳浓度变化可能在气候变化中扮
演了主要角色，这可以追溯到 1856 年。一位名叫尤妮斯·富
特（Eunice Foote）的美国业余科学家和女权活动家意识到，
二氧化碳和水蒸气会捕获热辐射。这远不能解释冰原，但

之后可以得知，这是第一次证明大气气体可以影响气候的论证。

然而，由于富特的性别和业余身份，她的观察并没有在历史书上得到认可。她的研究结果在科学会议上由男性代表发表，并在美国媒体上报道，但她受到了一种微妙的歧视，这意味着她的工作成果只出现在一家不知名的期刊上。即使是支持她的男性科学家在展示她的研究成果时也表现出一种傲慢：女性的领域不仅包含美丽和有用的东西，也包含真实的东西。[27]

富特的研究结果在欧洲几乎没有产生影响，因此对二氧化碳在地球气候中的重要性的发现归功于爱尔兰科学家约翰·廷德尔（John Tyndall）。1859 年，他独立进行了实验室实验，得出了与富特相似的结论。他在英国皇家学会的一次会议上说："大气层允许太阳热量进入，但它会阻止其散出，于是在地球表面积聚热量。"事实上，地质学家的研究揭示的所有气候突变都可能是由这种变化引起的。[28]

下一个谜题出现在 1895 年，当时瑞典化学家 S. A. 阿伦尼乌斯（Svante Arrhenius）正要离婚，即将失去对儿子的监护权。也许是为了转移对婚姻困境的注意力，他决定量化二氧化碳对温室效应的贡献。他花了几个月的时间计算每个纬度带的大气状态和辐射，看看这种气体是否会导致全球范围内的变暖。这是一项浩大的工程。他写道："如果我没有特别的兴趣，我当然不会进行这些复杂的计算。"[29]

与现在的测量相比，阿伦尼乌斯的计算可能不是特别精确，但关键是他证实了全球温室效应是可能存在的，大气中二氧化碳含量的上升和下降可以解释古代气候为何如此剧烈地波动。

1899 年，地质学家托马斯·克罗德·钱伯林（Thomas Chrowder Chamberlin）提出了古代气候变化的一种可能机制。他提出火山喷发释放了大量二氧化碳使地球变暖，反过来又加速了海洋中二氧化碳的释放。与此同时，沉积岩有可能将碳锁在石灰质中，这可能会导致低火山活动时期的冷却。他认为，这将有助于解释冰原的形成。[30]虽然这并不完全正确——冰期的开始（和结束）有一系列复杂的原因，比如地球绕太阳公转的周期性变化——但大气中二氧化碳水平的下降是变冷和变暖的主要驱动因素，这仍然是正确的。当长期的轨道变化促使额外的碳开始被海洋和植被锁住时，全球反馈效应开始出现，温度开始下降。

那么人类的碳排放呢？阿伦尼乌斯是第一批强调燃烧煤炭会产生大量碳的人之一，从理论上讲，这可以改变未来的全球气温。然而，他并没有被这个想法所困扰——这似乎是几千年以后的事了。当时，人类在改变全球气温方面发挥重要作用的想法被认为是不可信的。《发现全球变暖》（*the Discovery of Global Warming*）一书的作者、历史学家、物理学家斯宾塞·R. 瓦特（Spencer R. Weart）写道："几乎没有人会想到，人类的行为在巨大的自然力量中是如此微不足道，却能打破统治整个地球的平衡。"这种超人类的、仁慈的、内在稳定的自然观深深扎根于大多数人类文化中。传统上，它与上帝赋予的宇宙秩序的宗教信仰紧密相连。[31]

此外，在 20 世纪初，其他科学家开始（错误地）怀疑二氧化碳是否能在自然气候中扮演重要的角色。如果人为变暖的可能性已经被认为是不可能的，那么这些主张显然使它变得更不可能。

人们对气候变化的认识历经数十年才开始改变，即便如此，这种变化也很缓慢。人们开始注意到，在他们居住的地方，冬天似乎比他们记忆中的要温暖一些。1938 年，工程师兼业余气象学家盖伊·斯图尔特·卡伦德尔（Guy Stewart Callendar）在伦敦的皇家气象学会上做了一次演讲。他指出，由于化石燃料的使用，大气中的温度似乎在上升。[32]他没有警告人们面临的危险——他相信这对农业有好处——但他的计算指出了事实。然而，听众中的气象学家却不以为然。对于科学机构来说，卡伦德尔是个局外人。如果有人愿意证实他的长远观点，那么随后的第二次世界大战危机可能会使这一点变得困难。

将近20年过去了。20世纪50年代的一天，物理学家吉尔伯特·普拉斯（Gilbert Plass）在约翰·霍普金斯大学研究红外辐射时，偶然发现了二氧化碳在过去冰河期的作用。他白天的工作是武器研究，所以他在晚上写他对温室效应的调查结果。最重要的是，他能够使用早期的计算机来帮助他计算更复杂的气候模拟模型。运用大气模型并不是什么新技术，但计算可以提供比以前更丰富的时间图像。

利用这些技术，再加上更精确的实地考察和实验室测量，普拉斯得出结论：人类通过燃烧化石燃料和砍伐森林"极大地扰乱了二氧化碳的平衡"。他的计算表明，人类活动可能会使全球平均气温以每世纪6.6摄氏度的速度上升。他警告说，危险就在未来几代人面前，"即使在过去50年气候的普遍改善是否真的是由工业活动的增加引起的这一点上可能存在一些问题，但毫无疑问，随着工业活动的增加，这将成为一个日益严重的问题"。在几个世纪内，释放到大气中的二氧化碳的量变得巨大，它将对我们的气候产生深远的影响。[33]

在接下来的几十年里，对地球气候系统的进一步研究，让人们对人类活动造成的地球长期变暖有了更多的了解。其他科学家通过冰芯、树木年轮的时间窗口，利用卫星和其他仪器，观察和模拟天气、海洋和冰盖的变化，指出这种变暖的速度比自然气候变化快得多，也更危险。所有这些都使他们能够预测更长期的未来，如迫在眉睫的气温上升，威胁着全球海平面上升，导致冰川崩塌、海洋酸化、灾难性的野火发生等。

在 20 世纪 80 年代后期，这种证据的积累导致了联合国政府间气候变化专门委员会（IPCC）的成立。从那时起，它的目标就是整理和审查所有的科学证据，定期对我们的现状和前进方向进行统一评估。IPCC 将成为世界上最具远见的组织之一，它不仅收集了大量关于远古历史的科学证据，而且还拥有至少延伸到未来 100 年的远见。

多亏了这些科学家——以及更多科学家——我们现在对地球的气候轨迹有了清晰的认识。然而，正如我们从全球变暖的简史中所看到的那样，我们花了一个多世纪的时间才得到这些认识，一路上经历了许多挫折。那么，这能告诉我们关于长远思维的要素，以及科学的时间观是如何产生的吗？

从全球变暖的发现中得到最重要的经验之一是，只有集体才能具有这种远见。个人不能够揭开真相。如果这个故事是一部电影，也许会有一两个有先见之明的科学家看到了未来，但他们的同行和社会却忽视了他们。现实远比这混乱，它甚至不像我上面说的那么简单——因为有数百人参与其中。

历史学家瓦特写道："全球变暖的故事看起来不像是一场专业的游行，而更像是一群分散的人在一片广阔的土地上漫步。许多参与其中的科学家几乎不知道彼此的存在。在这里，我们看到一个计算机科学家在计算冰川的流动；在那里，一个实验者在转盘上旋转一碟水；而在另一边，一个学生用针从一团泥中挑出小贝壳。"[34]

在这个过程中，许多科学家无法看到全貌，很多人是不准确的或被误导的，而其他人则表现出了他们那个时代的社会偏见和误解。艾萨克·牛顿有句名言："如果说我看得更远，那是因为我站在巨人的肩膀上。"这是一条智慧箴言，但并不完全正确。虽然科学确实可以累积，但现实是，它也经常会出现错误的转向、相互竞争的范式和人为的错误。

至关重要的是，科学的长远观点之所以出现并经久不衰，是因为它融合了多种理论和思想。它与我们迄今为止在书中讲到的其他一些长期视角的不同之处在于，除了科学方法，它不依赖于任何一种信仰体系或意识形态。是的，这是一种世界观，它既不完美也不全面，但它是有效的，因为它允许不同的范式发展，即使其中一些被证明是错误的，它也不会崩溃。引用路德维希·维特根斯坦的话说："线的强度并不在于某一根纤维贯穿整个长度，而是在于许多纤维的重叠。"随着时间的推移，一些理论显示出自己的强大影响力，而另一些则逐渐消失。科学之所以能获得力量，成为一种特殊的统一体，是因为它的关键组成部分很少同时发生变化。根据维特根斯坦的比喻，哲学家塞尔吉奥·西斯蒙多（Sergio Sismondo）写道："科学通过不统一来保持稳定。"[35]

从发现全球变暖的故事中得到的第二个长远经验是，它需要多长时间才能被接受，然后进入公众意识和政治。生活在 21 世纪初，当人类引发的气候变化被大多数人接受为事实——50 个国家中 64% 的人认为这是一个紧急情况——人们很容易忘记，这曾经是一个少数人的观点，而不是像现在人们都知道。[36]

从长期来看，社会可能会忘记曾经的异端思想从何而来。这种效应被心理学家称为"社交隐秘记忆"[37]。许多最先提出人类导致全球变暖的人都不被相信，很多人被视为局

外人。现在，他们的核心主张被所有人接受，除了边缘人，
整个社会对这一事实已经失忆了。

事后看来，人们很容易指责我们的前辈在认识全球变
暖的证据方面行动迟缓，但我必须提醒自己，如果我生活
在 100 年前，我可能也会是持怀疑态度或不知情的大多数人。
按照这种逻辑，我现在肯定至少处于这些人中的一个，相信
或做一些我的曾孙们可能不赞成的事情。从长远来看，我们
需要对我们所认为的真实和公正保持一种谦逊的态度。

这一点将我们引向本章的最后一个问题，指引我们来反
思科学时间观的含义。当我们的后代看到我们如何应对气候
变化和 20 世纪的其他变化时，他们会得出什么结论？科学
让我们对自己在自然界中的角色有了长远的认识。那么我们
现在该如何利用这些知识呢？简而言之，我们想要什么样的
人类世？

良性关系和仁慈工程

考虑到全球变暖和大加速带来的所有变化，解决方案应
该是什么似乎是显而易见的。如果我们要扭转 20 世纪的趋
势，我们需要规划一条通往未来的道路，在那里，全球变暖
的影响将得到改善，我们的足迹所造成的破坏将减少，我们

将避免过度开发生态系统。

然而，这样需要我们作出艰难的选择。如果我们想要在自然中得到更和谐的生活，同时也满足人类的需求，那么最好的长期策略应该是什么？我们是否应该以一种良性的关系为目标，将生态系统恢复到原始状态，并大幅减少人类在地球上的足迹？或者我们应该主动塑造新的生态系统，让人类和动物繁荣发展？这两种方法都可行吗？这些都是很难回答的问题，我们不能对此掉以轻心。

无论我们走哪条路，都会有取舍。为了实现良性的友好关系，我们需要从主导物种的位置上退下来。在地球上的大部分地区允许野生动物重新回归，这样进化就可以不受阻碍地继续下去，并将我们的温室气体排放减少到工业化前的状态。这是一种与自然共存，与自然为伴的生活方式，而不是支配自然。这一观点与"深层生态学"的观点是一致的。"深层生态学"是挪威哲学家阿恩·N. 姜斯（Arne Naess）在20世纪70年代创造的一个术语，用来描述一种基于所有生物"生存和繁荣的平等权利"的保护方法。[38]

实际上，这并不容易。这涉及到你想要恢复成什么样的自然环境。你的目标是史前时代、前工业化时代、前人类世状态，还是简单地完全撤退？并不是所有的恢复都是可以的，从一个已经不平衡的生态系统中撤退可能会使它走上错误的轨道。

更广泛地说，选择成为另一种物种可能需要大幅削减人类数量。更公平地权衡动物和人类的需求是有道理的，二者之间存在直接的紧张关系是不可避免的，如果这种关系变得敌对，就会有风险。在人口控制等问题上站在自然而不是人类一边，就会导致明显的厌世结论和走上黑暗的政治道路。

但仁慈的工程方法会更有效吗？它也有好处和缺点。这是一种观点，认为自然界的问题可以通过积极的干预来解决，如改善动物福利和前景，减少人类对生物系统的影响。这可能包括空间保护计划，或引入物种来填补生态位，但随着技术的发展，它也可能包括诸如拯救濒危物种免于灭绝（甚至使失去的物种复活）的基因干预等项目。仁慈的工程方法是这样一种观点，它不认为自然世界是我们应该退出的主权领土，而是一个我们可以利用我们先进的灵长类大脑来管理地球系统并尽可能帮助其他物种的地方。

然而，一个成熟的工程方法可能也会出错。最明显的是，干预生态系统和操纵自然会带来意想不到的后果。过去失败的干预措施，如20世纪30年代为控制甲虫数量而将蔗蟾蜍引入澳大利亚，对生物多样性造成了无法弥补的破坏。

一个错误的基因工程实例可能会破坏数百万年的进化，损害许多个体动物的生命。而干预气候的想法——比如向大气中注入气溶胶——充满了风险，可能会使我们的气候变得更糟。最后，还有一个问题是"我们是谁"。反对意见提出质疑：是仅仅因为我们拥有这种能力，我们是否就有权控制生物世界。

希望我们能及时找到第三种方法。我们必须这样做，因为维持现状不是一种选择。根据官方的定义，我们进入人类世才70多年，但我们已经发生了不可逆转的变化，失去了许多物种，并启动了将延续到21世纪之后的变革。如果这个新的地质时代持续的时间和全新世一样长，它可能会再持续一万年。我们希望未来100个世纪的定义和这个世纪一样吗？如果一样，我们这个物种还能继续繁荣吗？

虽然科学的时间观不能单独告诉我们采取哪些策略，但它可以在我们采取行动之前告诉我们所处的位置。通过时间窗口、模型和其他视角，科学为这个暗淡蓝点上的生命提供了更丰富、更深入的理解。相对于宇宙微波背景或大陆的运动，我们可能看起来无足轻重，但现实绝不是这样。自从人类出现以来，人类就与自然交织在一起。现在，我们已经有足够的影响力来塑造我们星球的整个轨迹。如果我们想要改革人类与自然界的关系，我们就需要科学的时间观——只有这样，我们才能弄清楚像我们这样年轻的物种应该扮演什么样的角色。

我们的长远视角之旅已经接近尾声，但还有一组时间观我们还没有探索，那就是关于长远时间的艺术、创造性和象征性方法。它始于一个关于橡树林的有名的故事，它的内涵远不止表面所见……

符号和故事的说服力

前人种树，后人乘凉，社会因此进步。

——阿农

艺术当然只是现实的一个更直接的版本。

——亨利·柏格森[1]

如果谈论远见的话，有人会给你讲一个关于一棵树的故事。这个故事已经成为远见的某种象征。

这个最著名的故事就是牛津大学橡树的故事。据说，在19世纪，官员们意识到需要更换学院大厅的横梁。令他们吃惊的是学院的创始人早在14世纪就种植了一片橡树林，可以用来作为横梁——这是一种为子孙后代着想的远见行为。

就连英国前首相戴维·卡梅伦（David Cameron）也曾在一次保守党会议演讲中讲过这个故事。他说："想想看，几个世纪过去了……哥伦布（Columbus）到达了美洲……引力被发现了……当需要这些橡树的时候，它们就已经准备好了。"

然后他引用了他的政治前任撒切尔（Thatcher）夫人的话："我们的工作是为我们的子孙种树，否则我们根本就没有资格参政。"[2]

不幸的是，对卡梅伦来说，橡树的故事是假的。大学档案管理员詹妮弗·索普（Jennifer Thorp）曾告诉我："我很惊讶，这个故事仍然在流传。如果没有长远的思考，就没有长期的坚持。"

然而，正如我们之前所了解到的，在世界其他地方，有一个例子是真实的，那就是一个世纪前为建造日本神道教寺庙而种植柏树。同样，英国皇家海军曾试图通过种树来为他们造船提供原材料，尽管他们知道需要几十年才能使用这些树木。在18世纪，有一段时期出现了"种橡树热"，当时英国公民被鼓励为海军植树，并将此视为一种爱国行为。[3]据说，海军中将卡斯伯特·科林伍德（Cuthbert Collingwood）在参观公园时，会偷偷从裤子里掉出橡树种子。直到今天，英国军方仍在为植树制订长期计划。有一个林业团队管理着近2万公顷的林地，但现在的目标不是开发木材，而是增加森林面积，因为森林是碳汇主体。[4]

小说中基于树木的故事也被用来激发人们的远见。在让·吉奥诺（Jean Giono）的短篇小说《种树的人》（*The Man*

Who Planted Trees）中，一个年轻人遇到了一个住在法国阿尔卑斯山荒凉山谷里的牧羊人。年轻人很好奇为什么他会选择住在这样一个条件恶劣的地方，于是他在那停留了一段时间，观察到牧羊人走了几英里路去收集橡树种子。多年后，这个年轻人从第一次世界大战中归来，他发现了当初那些种子发芽，长出树苗后，变成了一片翠绿的森林。在故事的结尾，成千上万的人住在那里，但几乎不知道他们所拥有的森林都归功于一个收集橡树种子的牧羊人。

但我自己最喜欢的树的故事更复杂一些。

1977 年的一天，艺术家大卫·纳什（David Nash）来到威尔士的一片森林，在一个圆圈里种了 22 棵树。他的目标是创作一件在他死后仍能长存的艺术品，从而与更长久的时间建立切实的联系。

纳什是一位雕塑家，住在一个矿业小镇上。他经历了更广阔的世界中经济和地缘政治的动荡，并决定制作一件突破时代局限的艺术品。纳什后来在杂志[5]上回忆说："20 世纪 70 年代是一个危险的时代。人们说人类会在进入 21 世纪之前毁灭自己。所以我想我要做一个面向 21 世纪的雕塑。"

首先，他要找到一个地方。他在家附近的森林里选了一块空地。在经历几次失败后，他设法让 22 棵树在圆圈里扎根。随着它们的生长，他会定期回来修整它们的枝干，使它们向上伸展时彼此缠绕在一起。他据此创作作品《灰穹》（*Ash Dome*）。这幅艺术作品是树枝交织和重叠的写照。

多年来，随着穹顶的增长，纳什会画出各种各样的树的形态，许多人对这个项目的位置很感兴趣——但他对这部分保密，只有少数人能参观。然而，他试图保护穹顶不受外界影响的努力是徒劳的。随着穹顶生长，它也面临着意想不到的威胁。

1992 年，在波兰西北部以东约 1600 千米的地方，研究人员注意到那里的树木有问题。叶子出现了深棕色和橙色的病变，茎上也出现了问题。最终，树冠枯萎了，这棵树很快也随之枯萎了。

进一步的研究显示，这棵树感染了一种致命的真菌，它是被外来植物传染的。[6]它刚开始会攻击山毛榉树——但只有一小部分山毛榉树具有抵抗力——所以它迅速在欧洲蔓延。

科学家们意识到，国际活体植物和土壤贸易产业正在加速其进出口的进程。[7]进出口贸易也会受到更严格的监管，但管理力度太小，也太迟了。

2012 年，这种真菌进入英国，之后发生了英国有史以来最严重的树木流行病，它威胁了全国 95% 的山毛榉树。[8]纳什没有办法完成他的自然雕塑。随着疾病的肆虐，树木死亡，纳什意识到他曾希望能比他活得更久的长期遗产无法被挽救。

但这并不是故事的结局。70多岁的纳什做了一个决定，他要在圆圈周围种上橡树。随着山毛榉树的死亡，橡树将在它们周围生长。他还要求他的儿子和孙子们在他死后帮助照料橡树，这是一种代际接力的行为。他在2019年接受采访时表示："我也许不能让他们照料好橡树，但这是我所希望的。"[9]

尽管穹顶的打造与纳什在20世纪70年代最初设想的完全不同，但这个故事有望继续流传下去。如果是这样的话，它会是一个比他最初设想得要丰富的故事。如果真菌没有侵袭穹顶，纳什会创造出一件代表远见的象征性艺术作品。但在接下来的几十年里，随着意想不到的事情的发生，它代表了更多的东西。它是一个长期计划与短期决定发生摩擦的故事。这种真菌能够在世界各地传播，首先是因为植物贸易中人们对短期利润的渴望，以及对风险的短期主义认识。

纳什的故事也为一个观点提供了另一个证据，即试图创造一次性的遗产——我们之前讲到的百达翡丽战略——并不总是按计划进行。长期思考并不一定会让你成为一个好的长期预测者，即使你把目光延伸到几十年后，还是可能会发生某些没有预料到的事情。但最关键的是纳什通过让他的雕塑适应环境，并在死后让他的孩子来照管他的艺术品，最终找到了一种克服所有挫折的方法，并发现了一种不同形式的长远眼光——能够适应变化和未来的未知变化。

如果《灰穹》的代际保护继续下去，随着它的每一层都接近衰老，我认为橡树最终会被周围的其他东西所取代。这并不完全是纳什自己的设想，但如果树木圈层随着时间的推移变得越来越大，这将是相当丰厚的遗产。是什么让树木成为长远思考的象征呢？许多非人类物质能经久不衰，并为未来留下遗产——例如一栋建筑。但也许人与树的关系激发了我们的想象力，因为树是活的，是一种有可能比我们活得更久的有机体，是可以弘扬我们价值观的。它们通过枝条或年轮，提供了一种让人可理解的、让人感到熟悉的、本地化的时间流逝的视觉表现形式。

在一篇题为《一棵树的教训》（"The Lessons of a Tree"）的文章中，19世纪的诗人沃尔特·惠特曼（Walt Whitman）描述了他在他家附近森林里一棵约27米高的白杨树上看到的近乎人类的品质："它是如此强壮！如此富有生命力！如此挺立在风雨中！它所象征的泰然自若的生存本质与人生浮华的表象形成了如此鲜明的对比。"他承认一棵树本身不能传达智慧，但尽管如此，"它比大多数演讲、文章、诗歌、布道做得好，或者更确切地说，它做得要好得多"。[10]

作为一种象征，树可以鼓励人们对更深层次的时间进行思考，这是任何数学计算、政策文件或哲学论证都无法做到的。因此，许多提倡长远思考的作家、艺术家和组织都把树作为他们努力的象征，这也许并不奇怪，一些人用年轮作为标志，一些人创造了"橡子脑"这样的术语来描述长远的观点，还有一些人把狐尾松这样的长寿物种作为非官方的吉祥物。[11]正如艺术历史学家马修·威尔逊（Matthew Wilson）所言："伟大的变革运动需要强有力的象征。"毕加索（Picasso）的鸽子永远是世界和平委员会的代名词，一些图标在团结来自不同背景和国籍的人们的行为方面发挥了关键作用，这些图标具有一套理想的视觉身份。[12]

但像牛津橡树或纳什种的树之所以具有如此强大的象征意义，是因为它们背后的故事。

符号代表抽象概念，它能帮助我们看得更清楚，但叙述是这些概念传播的方式。如果时间是一种可以交换的货币，那么它最有价值的面值就是它的故事。故事是人类可以留给世界的最强大、最持久的遗产之一，它远远超过实物。

故事承载着思想，所以随着岁月的流逝，故事可以被讲述、重复和修饰。你不需要去《灰穹》所指的秘密地点或牛津大学的大厅，就能理解这些故事中隐含的信息，因为只要听到这些故事就够了。故事让难以解决的问题变得简单，让难以理解的理论变得通俗易懂。

即使是孩子也能通过故事领会其中极其复杂的思想。当我的女儿第一次看到《好饿的毛毛虫》（*The very Hungry Caterpillar*）时，她还是个蹒跚学步的孩子，她学到的不仅仅是数字和日期，她还知道，每个选择都会导致一种结果，比如毛毛虫因为吃得太多而胃痛。当毛毛虫变成蝴蝶时，她甚至还了解到一点哲学，即现在的你并不永远都是你。《小熊维尼》（*Winnie the Pooh*）教会我们友谊和感恩，但也告诉我们，不知道所有答案也没关系。《罗拉克斯》（*The Lorax*）阐述了贪婪。人们对《老虎来喝下午茶》（*The Tiger who Came to Tea*）的含义有多种解读，从 20 世纪 60 年代女权主义的寓言，到专权主义的威胁。

正如人类学家玛丽·凯瑟琳·贝特森（Mary Catherine Bateson）曾经观察到的那样："不管一个故事来自哪里，无论它是来自一个熟悉的神话还是一个个体的记忆，复述都体现了一种模式与另一种模式之间的联系——一种潜在的翻译，在这种翻译中，叙事变成了寓言，而过去则代表了某种重生的真理。我们人类通过比喻思考，通过故事学习。"[13]

故事和符号也特别有助于将思维引向长远的未来。当我们想象过去时，过去是丰富多彩的，未来是光明的。展望人类未来数百万年的发展轨迹，就像凝视着一个没有任何东西是确定的广阔而空虚的空间。这种过去和未来之间的不对称是长远思维的核心问题：人们如何思考长远的时间？当未来什么也看不见，什么也感觉不到的时候，你怎么说服别人未来很重要？

如果未来是一个巨大的、空旷的、未知的仓库——一个空空荡荡的时间空间——那么一个故事就可以是它墙上的一幅画。它并没有揭示空间的所有轮廓，但通过将虚无变为有形，可以为我们的思想提供更为牢固的依托。

故事有一种力量，可以把我们带到我们无法到达的地方，跨越时间、空间，进入他人的思想——无论这些故事是真实的还是虚构的。正如作家金·斯坦利·罗宾逊（Kim Stanley Robinson）所说："你可以回到还在燃烧的罗马。你可以在 3000 年时候去木星。至关重要的是，你还会有心灵感应。你会知道别人在想什么，甚至会把自己当成那个人来感受。这是一种虚构的经历，但相当真实……你可以把你所知道的和自己的感受与这些新思想结合起来，构筑成新的角色，就像真实体验了一样，或者当作做了一场清醒的梦。读小说的人可以活一万次，而不是一次。"[14]

类比的力量

但故事并不是让过去和未来变得更加真实的唯一方式。另一种方法是类比。这对于让头脑在广阔的深度时间内运转尤其有帮助。

作家约翰·麦克菲提出的深度时间类比是最著名的类比之一。虽然他可能对人们想象巨大数字量级的能力持悲观态度，但他确实提出深度时间的景观可以转化为我们可以理解的物理维度。他认为，只要用指甲锉在中指指甲上划一下，所有的人类历史都可以被抹去。[15]

但他并不是第一个用物理类比时间的人。作家马克·吐温（Mark Twain）也曾提出过这样的类比。他的深度时间类比把人们的思绪带到了巴黎。在马克·吐温去世 50 年后发表的《世界是为人类而造的吗？》（"Was the World Made for Man？"）中，他把"人的那份时间"说成只是埃菲尔铁塔顶端"旋钮上的一层油漆"。他更大的目标是要抨击他那个时代的人类中心主义的傲慢，这种傲慢认为数百万年的进化只是为了让世界为我们做好准备。他描绘了从早期无脊椎动物、牡蛎（他最喜欢的菜肴之一）、鱼类、恐龙、麋鹿、树懒和袋鼠，到猴子和人类的进化史。"人类已经在这里生活了 3.2 万年。地球花了 1 亿年的时间为他们做好准备，这就证明了这一点。"因此，他戏谑地写道，埃菲尔铁塔上的漆皮就是建造它的目的。

1929 年，物理学家詹姆斯·詹斯提出了另一个发人深省的类比，但他不过是把深刻的过去和深刻的未来结合起来。他首先让你想象将一枚邮票放在一便士上，然后将其平衡地放在伦敦 21 米高的克利奥帕特拉针尖上。从上面往下看，詹斯提出邮票代表过去 5000 年的人类文明，硬币和邮票加在一起代表智人，下面的方尖碑代表地球的总年龄。但他也用这个类比来说明人类还有多少时间可以等待。根据他对太阳总寿命的估计，他想象人类的未来有一万亿年的时间。根据他的计算，如果未来持续这么长的时间，那邮票需要和勃朗峰一样高，即海拔 4800 米。[16]

当然，艺术家们都知道如何使用符号和视觉类比。在过去 10 年左右的时间里，一群迥然不同的个人和团体试图培养一种目光长远的时间观。正如我们接下来探讨的，他们通过几种不同的方式实现了这一点；他们共同的信念是，艺术需要激发和调动我们大脑中的情感和非理性部分。

体验式和沉浸式

从时间的空间化表征的想法中得到启发，许多艺术家和创意团体试图将时间转化为类比的、通常是沉浸式的体验，从而更容易感知到时间。

例如，英国的"地理哲学家"保罗·钱尼（Paul Chaney）的艺术装置《顿涅茨克综合征图解》（*Donetsk Syndrome Diagrammatic*）将深度时间缩小到一个房间的大小。它的标题指的是 2014 年乌克兰与俄罗斯爆发冲突的一个城镇，但钱尼通过图解的方式展示了一条时间轴。一张张纸描绘了一个深度时间轴，蜿蜒在画廊的墙壁上，元素和生命不断涌现，地壳板块不断移动，所有这些都导致了一场地区战争，仿佛这是一场悲剧。

其他项目通过沉浸式体验将思绪带到不同的地方，这种方法根植于我们在第二部分中提到的透视方法。例如，谷德设计工作室在阿联酋设计了一个装置，鼓励人们呼吸 2020 年、2028 年和 2034 年的污染空气。这并不是他们唯一一次尝试让人们体验其他时代。谷德设计的其他项目——其口号是"将未来的不确定性转化为现在的选择"——包括在严重气候变化的世界中创建一个公寓的模板，在一个画廊中种树，旨在唤起"从人类傲慢的灰烬中重建森林"。

在第一个名为"缓解冲击"的项目中，正如联合创始人阿纳布·贾恩解释的那样，参观者可以待在一套"来自未来的没人想要的公寓里"。这不是危言耸听，而是帮助人们批判性地反思他们现在的行为，并为他们提供在那样的未来生活的方案。[17]在另一个名为"希望的召唤"的小森林里，游客可以在烧焦和变黑的松树之间漫步，直到他们到达中心地带，那里有一圈围绕淡水池的生命正在恢复。设计师建议说："这个装置带领观众一个接一个地进行个人旅程，从气候危机带来的破坏到气候恢复的可能性，以及建立与自然的更深层次的联系。"

同样，由安迪·梅里特（Andy Merritt）和保罗·史密斯（Paul Smyth）共同创作的另一个透视艺术项目，即想象当地的一座房子的遗迹如果"变成化石"，然后暴露在一个虚构的考古遗址的表面，看起来会是什么样子。它被称为"未来化石"。这可能不是科学上准确描述建筑石化的方式，但其理念仍然是一次沉浸式和共情的时光之旅：将游客带到遥远未来的考古学家的视角，回顾我们今天留下的痕迹。

给未来的礼物

如果你可以给后代一份礼物，你会选什么？对于艺术家凯蒂·帕特森（Katie Paterson）来说，她选择留下的是一种独特的文学形式。她的项目名为"未来图书馆"，始于2014年。作者每年都要向图书馆提交一份直到2114年才会被阅读的手稿。他们的书将被印在由1000棵树制成的纸上，这些树生长在挪威的一处特殊森林中。截至2021年，已有8位作者注册，玛格丽特·阿特伍德（Margaret Atwood）撰写了一篇名为《涂鸦者的月亮》（"Scribbler Moon"）的文章，而大卫·米切尔（David Mitchell）的文章篇名为《从我身上流出你所谓的时间》（"From Me Flows What You Call Time"）。所有的故事都将被保密一个世纪，所以只有我们的孙辈才能读到它们。

帕特森的项目是众多可以被统称为"献给未来的礼物"的项目之一。另一个例子是乔纳森·基茨（Jonathon Keats）想要留下的遗产：一张他自己永远不会看到其完整形式的照片。2015年，他在亚利桑那州坦佩市的斯特恩斯尖塔放置了一个简单的针孔相机，这个小镇将在1000多年后逐渐显现出来。基茨在该项目的启动仪式上说："我会离去的，但我一点也不后悔。对我来说，今天在这里完成的事情很有意义，知道我们正在被未出生的孩子见证着，也让我自己能够被见证着，我们可以为下一个千禧年而活。"

还有一些未来礼物的项目更加异想天开。例如我有一份 2269 年的派对邀请函，只有我的后代才能参加。它由彼得·迪恩（Peter Dean）和迈克尔·奥格登（Michael Ogden）设计，以海报的形式呈现。这对搭档的灵感来自斯蒂芬·霍金（Stephen Hawking）的"时间旅行者派对"。霍金曾经为来自未来的人们举办了一场香槟和鸡尾酒派对——他只在活动结束后发出了邀请（没有人来）。

另一些项目则是出于更宏大的远景。由马丁·昆泽（Martin Kunze）创建的"人类记忆"项目是一个知识的时间胶囊。它与科幻作家艾萨克·阿西莫夫（Isaac Asimov）著名的《基地》（*Foundation*）有着惊人的相似之处，阿西莫夫将《基地》设想为所有信息的集合体，留给那些在文明衰落后幸存下来的人。

通过与大学、图书馆和报社合作，昆泽正在创建一个包含文件、论文、小说、新闻故事和其他关于我们文化的细节的记录，这些记录将被埋葬在奥地利哈尔施塔特的一个盐矿中。昆泽将信息刻在他所谓的"陶瓷微缩胶卷"上。他在用激光在底片上写字之前，先用暗色缩微胶片盖住底片。每一个底片可以容纳 500 万个字符，而且非常耐用。这是一份包罗万象的主观记录，包括当地历史、科学专利等，甚至还有对大卫·哈塞尔霍夫（David Hasselhoff）等名人的冗长描述。[18] 但其理念是，如果未来社会需要它，这些信息都会为他们提供指导。

像所有的时间胶囊一样，这些项目也有一些局限性。它们代表的是我们想要留下的东西，而不是后代可能真正想从我们这里得到的东西。它们是我们在 21 世纪初所看重的东西的主观代表，但关键是鼓励人们进行这样的反思。

他们让人们思考现在和未来之间的不对称性。以帕特森的未来图书馆为例，它阻止人们阅读受人尊敬的、商业上成功的作家的作品——想象一下，如果阿特伍德的《涂鸦者的月亮》在今天出版，销量会是多少——帕特森正在让人们注意到这种无私行为的罕见性。我们给后代的礼物对我们现在的自己没有任何好处，这种情况并不常见。与总统图书馆这样的遗产相比，虽然它表面上是一份礼物，但其动机通常是为了纪念捐赠者的荣耀。

持久而缓慢的进程

另一类象征性项目通过留下不同形式的遗产来鼓励不同

形式的反思。这些项目旨在捕捉更深层次时间的缓慢步伐，通过持续数千年的共同经历将现在的人与未出生的人联系起来。

也许这些"慢时间"项目中最著名的是在 20 世纪 90 年代末构想的，当时波格斯乐队（The Pogues）的创始成员之一简·方勒（Jem Finer）决定要创作一首可以流传 1000 多年的音乐作品。当他还是个孩子的时候，他看着星星，惊叹于它们的光需要数百万年才到达地球。现在他长大了，他再次被时间的浩瀚所吸引，同时也意识到，在演奏音乐时，对时间的感知会有所不同，几乎感觉可以控制时间。[19]

于是在 2000 年 1 月 1 日，他开始创作《长音》（*Longplayer*），这首曲子设计成可以不间断地播放，直到 2999 年的最后一天。这是一首诡异但又令人平静的作品，似乎是为了唤起听众的宗教情感。

正如《长音》的受托人加文·斯塔克斯（Gavin Starks）所写:"《长音》提出了许多关于我们的世界以及我们在未来的角色的问题。它有助于提出更重要的问题——但它们不是'无限的'。这个项目有时间限制的性质导致了许多不同的问题。未来可能会发生什么？我们的角色是什么？我们的影响可能是什么？我们如何跨越 40 代人进行交流？在它的第五个千年循环中会发生什么？”

在方勒的《长音》演奏几个月后，另一首长期的音乐作品也开始在欧洲其他地方播放。在20世纪80年代，作曲家约翰·凯奇（John Cage）写了一首名为《尽可能慢》（*As Slow as Possible*）的曲子。他于1992年去世，但在世纪之交，约翰·凯奇管风琴基金会决定牢记他的指示——“尽可能慢地演奏”。在德国一座有1000年历史的教堂里，他们建造了一架管风琴，需要639年才能演奏完凯奇的全部作品。在风箱的驱动下，这种风琴可以连续几个月演奏一个音符。

在20世纪90年代的德国弥漫着某种氛围，这不是该国的艺术家在这一时期构思的唯一一个关于时间漫长而缓慢流逝主题的项目。1996年，博戈米尔·埃克尔（Bogomir Ecker）创作了一件名为“滴水石机”的艺术品，该艺术品在汉堡美术馆中完成，展现了人造钟乳石和石笋的形成过程，埃克尔设计其可运行500年。雨水从屋顶进入，然后渗入底层的植物和泥土，最终到达地下室的机器。连续不断的水滴落在石板上，以每100年10毫米的速度将矿物沉淀成岩石。[20]

德国还有公共装置时间金字塔。这座金字塔始建于1993年，当时是为了纪念主办城市韦姆丁建立1200周年。它是一座由立方体混凝土块组成的巨大金字塔,需要 1000 多年的时间才能建好,即在 3183 年完工。截至 2021 年,120 个混凝土块中的前 3 个已经放置完毕。虽然它现在看起来很简单,但我们的想法是后代将看到它的完整形态。

就像我们在第二部分中讲到的"滴漏实验"一样,所有这些艺术品都以一种富有创造性的形式——音乐的、有形的、艺术的形式——证明世界大部分物品都是以一种感官无法察觉的节奏流逝的,我们今天的行为可以比我们想象的更深入地影响未来。

这些作品都能像它们的创造者想要的那样长久存在吗?也许是有可能的。例如,时间金字塔就是依靠当局为其提供资金长达 1000 年,虽然这一点还不能确定。而在汉堡的画廊里,只有策展人想让它在那里展出的时候,它才会在公众面前展出。

还有其他的作品更有可能长久存在。如《尽可能慢》的管风琴演奏之所以经久不衰,是因为它位于教堂内,且与它相关的宗教经久不衰。此外,凯奇的配乐本身也将永远为任何想要演奏它的人所使用。

与此同时,《长音》由一个信托机构监督,该信托机构的成立与项目的持续时间一样长。也就是说,方勒的第二首音乐作品同样有可能长期流传下去。20 世纪 80 年代中期，方勒与波格斯乐队一起创作了一首民间民谣，讲述了纽约的一名水手梦想着在爱尔兰的家。乐队对歌词不满意，决定用一首以圣诞节为背景的怀旧二重唱来取代它。他们在 1987 年发行了这首歌，并将其命名为《纽约童话》(*Fairytale of New York*)。我的一位有远见的朋友曾向我建议，这首歌可以像《长音》一样流传下去，因为它作为每年圣诞节的传统曲目会被数百万人重复和记住。（在英国，这是 21 世纪到目前为止播放次数最多的节日歌曲 [21]）正如我们所了解到的，这首歌经久不衰的原因之一是重复播放和圣诞仪式长久存在。这就把我们带到了下一类象征性的创意项目，那些邀请后代参与的项目。

参与式艺术

大约 3000 年前，生活在现在英国牛津郡的一个古老社区决定创造一件巨大的艺术品。为什么要创造这件艺术品，人们不知，也许是为了取悦他们的神吧，因为它将指向天空。

人们爬上一个小山坡，开始挖掘和雕刻壕沟，并用碾碎的白垩填满。他们一直挖到山坡上。后来，这件艺术品被命名为乌芬顿白马。当时，从空中是不可能看到它的，但现在我们可以看到了，它看起来是这样的。

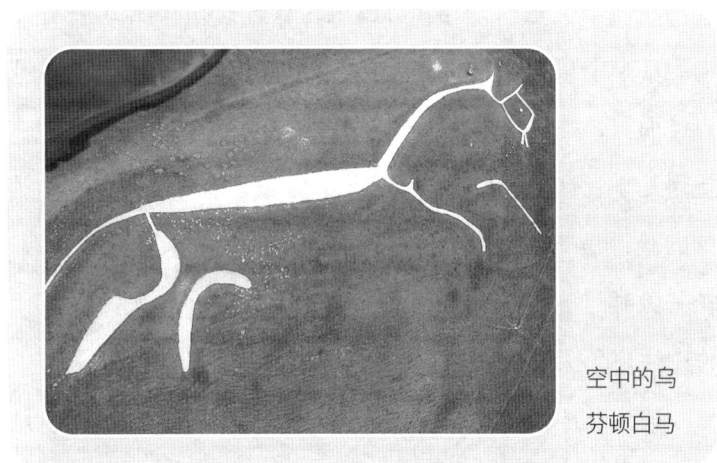

空中的乌
芬顿白马

　　值得注意的是，乌芬顿白马比青铜时代的人们留下的任何东西都要持久。为什么呢？因为从那时起它就一直被维护着。

　　2021 年夏天，我发现自己和其他几个人蹲在马的表面上，把坚硬的白垩块砸成细粉。我们戴着手套，挥舞着锤子，在建筑师兼设计师克里斯·丹尼尔（Chris Daniel）组织的为期一天的活动中度过了一个下午，整个过程由国家信托基金会的一个监督团队指导。

　　这取决于你对这件事有多重视，参加一年一度的给马重涂活动，要么是一种世俗的仪式，让你与过去和未来的人保持联系，要么就相当于是去乡下游玩一天。当我告诉妻子我要给这匹马上色时，她开玩笑说，只有我和其他20位作家渴望在书中写下这段经历，这是一种连接过往的方式。就我自己而言，她说得没错，因为我现在正在记录这件事，但主要还是享受这个过程。对我来说，它也体现了集体合作对远见的获得是非常重要的。以前彼此不认识的人聚集在一起，花一天时间参与一项长期的行动，所以自然而然地，我们工作中往往会探讨许多关于更深远的过去和未来的事情。

该活动还说明了维护的价值。近年来，越来越多的人认为维护行为往往被当今社会低估了价值，尽管它是长期努力的根源。科学与技术研究学者安德鲁·L. 拉塞尔（Andrew L. Russell）和李·文塞尔（Lee Vinsel）认为，在21世纪的生活中，赢得地位和赞誉的往往是发明者，而使事物持久的却是社会的维护者。[22] 他们说，西方文化赞扬并高度重视所谓的"创新者"，但往往忽视并抛弃了那些使我们的世界免于分崩离析的个人。[23] 这些关键人物维持着社会系统的运转。维护可以是物理的——维护基础设施、桥梁、道路等——但也可以是非物理的，如延续长期存在的思想、制度。

正如他们所说，拉塞尔和文塞尔共同创立了一个组织，目的是研究维护行为，该组织起名为"维护者"。它实际上是从一个笑话开始的，但后来被认真对待了。沃尔特·艾萨克森（Walter Isaacson）的《创新者：一群黑客、天才和极客如何创造数字革命》（*The Innovators: How a Group of Hackers, Geniuses, and Geeks Created the Digital Revolution*）刚刚出版，所以拉塞尔和文塞尔开玩笑说要写一本书作为回应，书名是《维护者：官僚、标准工程师和内向者如何创造出大部分工作都适用的技术》（*The Maintainers: How Bureaucrats, Standards Engineers, and Introverts Created Technologies that Kind of Work Most of the Time*）。两人回忆说："我们笑得很开心，但后来我们把这个笑话告诉了一些朋友，这个想法就有了自己的生命。"

但是，参与性行为并不都需要把重点放在保护已经存在的东西上。我们可以同时做两件事：在今天提出一个伟大的想法，并邀请未来的人参与。《乌特勒支书信》就是一个很好的例子。一首诗要经过多年的创作，一个字母接着一个字母，不同的诗人之间相互传递接力棒。每周六的午餐时间，市中心的一位石匠都会在一块立方体上刻上一个新的字母。然后他或她把新字母放在最后一个字母的旁边。这首诗名为《乌特勒支书信》（*The Letters of Utrecht*），目前诗的长度大约有 100 米。

它的开头是这样的：

你必须从某个地方开始，让过去占据一席之地，现在越来越不重要。你走得越远越好。继续前进吧，留下你的脚印。

让这个项目如此有影响力的原因是每周都有越来越多的人加入这个项目并继续这个项目。石匠们完工后，人们有时会在石碑入土之前用钢笔或涂改液在石碑的侧面潦草地写上自己的名字。花上 100 欧元，你还可以捐出一块石头，把名字永久地刻在侧面。

像其他艺术作品一样，它将时间的流逝可视化，但完全是集体的——放置在城镇的中心，人们忙于自己的事情，同时始终强调代代相传和集体主义的长远价值观。只要有星期六，这首诗就会继续。直到未来的尽头。"这首诗永远写不完。这是留给后代的一件艺术品。"

《乌特勒支书信》将城市里的每一个人连接起来，但在某种程度上，它还与更远的社区建立了联系。为什么呢？诗中的第一块刻有字母 J 的石头是由远在千里之外的旧金山的基金会捐赠的，该基金会的核心观点是拥有远见。

他们捐赠的石头来自美国，在那里该基金会正在建造体现自己雄心的象征作品。

事实上，上述基金会的项目很可能是我们这一代人将创造的长期时间的最宏伟的象征之一：一个将持续运行一万年的时钟。它将沉浸式体验、未来的礼物、经久不衰的音乐，以及一些人的参与——所有这些都在得克萨斯州的一座山深处进行。由一群硅谷梦想家、计算机科学家和一位先锋音乐家构想出来，并得到世界上最富有的人之一的支持，它甚至有自己的起源故事，始于 20 世纪 70 年代末的一个社区。

巨型符号

音乐制作人布莱恩·伊诺（Brian Eno）正在纽约一个破旧的街角，前往一场晚宴的路上。那是 1978 年的冬天，伊诺的出租车在坑洞上颠簸着，朝着一个他不熟悉的地址疾驰。当他开车向南行驶时，街道变得越来越黑，城市的破败感越来越强烈，直到他到达目的地。一个男人瘫倒在门口，伊诺感到困惑，他仔细检查了邀请函上的地址。他被邀请到一位富有的公众人物家里共进晚餐，真的是这个地方吗？

伊诺坐电梯到了公寓，按了门铃。令他惊讶的是，里面是一间闪闪发光、奢华的阁楼，价值可能在两三百万美元之间。出于好奇，他在吃饭时问女主人是否喜欢住在这个地方。"哦，当然，"她回答，"这是我住过的最好的地方。"

　　他意识到她的意思是"在这四面墙之内"。外面破败的社区对她来说并不存在。后来，当伊诺环顾周围的同龄人时，他能体会到主人狭隘的视野。更重要的是，这种对空间的态度也转化为这位纽约名流对时间的看法——在接下来的一周，她生活在伊诺所谓的"小地方"和"短暂的现在"。一切都令人兴奋，稍纵即逝，巨大的建筑不断出现又消失过，职业生涯在几周内起起落落。"你很少会觉得有人有时间考虑两年以后的事情，更不用说 10 年或 100 年后了。"[24]他后来回忆道。他在他的笔记本上写道："我发现我想要生活在一个更大的地方和一个长久的现在。"

　　多年后，这段经历激励伊诺与其他几位志同道合的思想家合作，包括技术专家斯图尔特·布兰德（Stewart Brand）和丹尼·希利斯（Danny Hillis），共同成立了基金会，旨在"为当今加速发展的文化提供一个对应物，帮助人们更普遍地进行长期思考"[25]。该基金会定期在旧金山举办演讲活动，并推出了一些项目，诸如"罗塞塔计划"（Rosetta Project）和一个名为"长期赌注"（Long Bets）的网站等。"罗塞塔计划"是一个保存了数千年人类所有语言的数字图书馆，"长期赌注"网站邀请人们对长远的未来的预测下注。他们在波士顿、伦敦和巴塞罗那也有分支机构。乌芬顿白马就是由建筑师克里斯·丹尼尔领导的基金会英国分会组织的。

他们的视野跨越了一万年，因为大约在一万年以前，农业开始普及，文明开始了。在谈论日期时，他们会在日期前加上一个额外的0，以表达我们微不足道的岁月在更大的时间框架下变得微不足道的概念。也许并不令人意外的是，他们对象征性的树木也有强烈的感情，尤其是狐尾松，这是他们的非官方吉祥物。（这是世界上最古老的树木。加利福尼亚东部有一棵狐尾松，已经有4850多年的历史了。）

然而，在上述基金会的所有项目中，最具有远见的项目是60米高的万年钟，目前它被安装在得克萨斯州山区亿万富翁杰夫·贝佐斯的土地上。该钟要成为一座比它的创造者更长寿的纪念碑，运行一万年。其机械结构的首批部件现在已经被放置在石灰岩洞穴中，这个项目已经进行了几十年。

在这座山中，一台重达16吨的机器人雕刻了一个螺旋形的岩石楼梯，它将在数百英尺深的中心洞中围绕着时钟的金属齿轮和齿轮蜿蜒而行。工程师们安装了一个手动上弦机构，为钟和表盘供电，但时钟本身将通过昼夜温差保持运行。洞穴顶部的气罐和风箱中的空气会在白天膨胀，提供的能量够钟摆运转几千年。

随着几个世纪过去，一种新的、不同的钟声序列将不时响起，这会带来像《长音》或《尽可能慢》那样经久不衰的听觉体验。你可以从伊诺的一张专辑中感受到后人可能会听到什么。

该项目完工后，人们希望时钟的参观者能够思考自己所处的时间位置——站在一个古老的地质洞穴中，看着一个将运行数百年的机械装置。它被设计成可以在没有人类干预的情况下继续运行，并考虑到了地球自转速度的变化和数千年的摆动情况。它也鼓励了一些人们参与其中，允许未来的人们通过物理学上的杠杆来让它显示时间。

它的建造本身就是一堂教导人们如何从长远思考的课。亚历山大·罗斯告诉我，他们不得不应对未来可能会破坏他们项目的各种事件，但大部分建筑师或工程师不必担心这些问题。[26] 首先在几千年的时间里，你要考虑长期的气候变化或地质变化，比如海平面上升或地震。在过去的几个世纪里，许多古代建筑都因不断上涨的水位而消失了。此外还有意识形态的变化。随着信仰的转变，政治决策也会破坏建筑遗产。例如，2001 年，塔利班炸毁了阿富汗的巴米扬大佛，这是一座建于 6 世纪的巨大悬崖雕像。当一个社会的价值观演变到重新评估其过去时，一项遗产也可能被拆除。想想"黑人的命也是命"的抗议者是如何推倒与奴隶贸易有关的一度受人尊敬的商人和政治家的雕像的。万年钟项目似乎没有那么大的争议，但关键是，我们这一代人所接受的价值观可能会在很长一段时间内发生变化。

最后随着时间的推移，所有物质都会衰变。砖和混凝土的使用寿命超过一个世纪，但如果建筑师依赖钢铁、玻璃和合成材料，建筑物的预期寿命可能会降至 60 年。它的实际预期也取决于地理位置，受气候和社会环境的影响。一项针对重庆 1732 座建筑的研究发现，这些建筑的平均寿命只有 34 年，比它们的预计寿命要短。[27] 在几千年的时间尺度上，即使是像石头这样耐磨的材料也最终会腐烂。古代雅典的帕特农神庙，或英国被遗弃的修道院和城堡，仍然还在——但它们已是废墟。

因此，这座时钟采用了陶瓷球轴承等设计，这比金属更耐磨损，其部件可更换，允许后代持续维护。罗斯认为不能预测该地意识形态或政治上的变化，届时可能会放弃或拆除该时钟，但它的偏远位置也许有助于避免这种事情。

就我个人而言，我对时钟项目的感觉很复杂。我不知道未来的人们会如何看待它，如何回顾它诞生的时代和地点。它可能更像是一个遗产项目，而不是像《灰穹》、乌芬顿白马或《乌特勒支书信》那样的跨代努力，因此一旦基金会最初的创始人离去，我就对它的未来感到担忧。具有讽刺意味的是，它已经象征了一个时期的逝去，如今，那些令人兴奋的时代中的热潮被嘲讽地贴上了技术乌托邦的标签，与硅谷实际创造的显然更有缺陷的数字世界形成了鲜明对比。

时钟的批评者也喜欢抨击它的资助者贝佐斯。实际上，贝佐斯并没有参与基金会的日常运营。这是一家规模较小、精干的组织，依靠捐赠维持运营。但怀疑者们认为贝佐斯的财富或许更应该花在解决税收、气候变化等问题上，或者是有利于现在和未来人们的社会项目上。当我想到格里塔·桑伯格（Greta Thunberg）这一代人，他们对工业资本主义持怀疑态度，很难理解他们为什么会优先投资一个在美国特定的历史时期出现的象征性项目。

虽然很难预测后代会如何看待万年钟项目，但我确实希望他们能像它的制造者那样看待它。它是长远思考的象征，也是强调现代社会时间陷入困境的一种尝试。值得赞扬的是，那些现在运营基金会的人很清楚，时钟只是通往长远思想的众多途径之一。近年来，他们一直在为他们的"第二季度"（他们的下一个 25 年）探索无数其他计划，包括促进创意项目的全球化，以及强调多样性。

一万多年后，人们与杰夫·贝佐斯等两极分化的人物以及硅谷等地方的联系很可能会被遗忘，或者至少会被隐藏在历史书中。也许对我们的后代来说，时钟将意味着完全不同的东西，它揭示了一个真相——而这个真相是身处这个时代的人们所无法想象的。它将继续讲述我们今天的价值，以及我们还不了解的自己。如果它确实包含着只有我们的后代才能看到的关于我们的隐藏真相，我想，对于那些被遗忘已久的亿万富翁和创始人来说，这将是一份合适的遗产，他们把它放在了一座山里。在结束我们的时间观之旅之前，让我们再讲一个关于树的故事。

事实证明《灰穹》并不是大卫·纳什唯一一个讲述人类与时间关系的项目。这也不是唯一一个带来意想不到后果的作品。他的另一个主要作品是《木圆石》（*Wooden Boulder*），这个故事——我要感谢艺术历史学家詹姆斯·福克斯（James Fox）——开始于他种植白蜡树的几个月后。[28]

1977 年冬天的一天，纳什得知一棵 200 岁的橡树在暴风雨中倒在了离他住的威尔士不远的山谷里。当时他缺钱，他需要木材在工作室里做雕塑。于是他爬上山，从倒下来的树干上砍了一块巨石状的木块。它直径约一米，像一个巨大的半圆形晶体。

然而，他很快意识到这块"木巨石"太重了，不能搬回他的工作室。于是，他把它推到附近的河里，希望河水能把它带下山。开始还好，但令他沮丧的是"木巨石"很快就卡在了溪流的岩石之间。他所能做的就是回家等待。

6个月后，一场大雨把它冲松动了，他才得以从河水里把它取回。但几天后，他得知一些青年又把它推回到了河里。他不得不再一次把它拖出来，把它放在瀑布下面一点的地方。

纳什决定改变他的计划。他想也许我们的目标不应该是把"木巨石"带回家，而是让它走自己想走的路。他认为这是一个"自由放养"的雕塑。

多年来，它向下游移动了一点。有时，暴风雨会推动它；有时，纳什会介入，让"木巨石"的故事继续下去。有时，当地议会几乎要拆除和摧毁它，不知道它有什么艺术价值。有时它会完全消失，纳什只有通过打电话才能知道它的新位置。

2003年后，它在10年内只被发现过一次，直到2013年夏天，它在距离生长地50多千米的威尔士河口再次出现。纳什最后去看了一眼。在那之后它就消失了。也许它终于停下来了，慢慢被埋在沉积物下面，或者它仍然漂浮在某个地方。

　　"'木巨石'支撑着我所做的一切。这是我真正的灵感来源，"纳什在接受杂志采访时这样说道，"这可能是我作为艺术家最满意的陈述了。"

　　它也是我自己最喜欢的人类与时间关系象征的故事之一。就像《灰穹》一样，这个故事表明，无论你计划得多好，未来总会遇到挫折。然而，"木巨石"也说明了另一件事：我们都是在一条河上航行，驶向大海。但是，虽然消失和遗忘可能最终会发生在前面，但这是明天的事情。沿途，我们可以找到有意义的东西。

深度文明

我们凭什么要掠夺，把本应属于全人类的东西耗费在我们这一代或者任何其他一代人上？它是借给我们的，不是给我们的。我们有责任把它传承下去，不仅不能消耗它，而且还要付利息。

——约翰·斯图亚特·密尔 [1]

在我看着女儿格蕾丝长大的过程中，她对时间以及如何使用时间有了更强烈的意识。她的观点每年都在改变，这也启发了我。

当她 3 岁的时候，她对时钟和日历一无所知。她能理解《好饿的毛毛虫》的基本情节，这是一本经典的儿童读物，讲述了一种生物在一周内狼吞虎咽的故事，但当她把故事讲给我听时，她会对时间顺序感到困惑。对她来说，时间是没有结构的。

到 5 岁时，情况发生了变化，她明白了为什么昨天在她身后，明天在她前面。一天吃早餐时，我问她是否知道未来是什么。

她："不，不完全知道。"

我："嗯，你知道历史和过去吗？"

（她嚼着麦片）

我："你能想象的最远的未来是什么吗？"

她："嗯，等我 10 岁的时候才知道。"

我："你能想象以后吗？比如长大？"

她："不能，得等我 10 岁的时候。"

她端起碗，走到厨房。我意识到，明天对她来说是存在的，但在几年后就消失了。

她 7 岁的时候，我们在餐桌上又探讨了一次时间问题。我问她对未来有多少想法。

她："不经常想未来，但有时我担心会发生什么。"

我："你在担心什么？"

她："受伤或被捕之类的。"

我："你能想象自己跟我和妈妈一样大吗？"

她："不能。"

我："你能想象自己是个青少年吗？"

她："可以。"

我："你能想象有自己的孩子吗？"

她："这把我吓坏了。"

她 8 岁时，她对历史和地质学有了兴趣。她放学回家给我讲埃及人或都铎王朝，然后开始收集一些化石。她也开始用假想的事件以及她接触的媒体和文化充实自己的未来。我常常不知道她是从哪里学来的，比如像时间旅行这样的幻想，或者生活在太空的想法。

她向我解释说，"奇点"是指人们在未来感到痛苦的地方。有人问："这有什么意义？"她说："机器人会接管地球。"

"等等，你是在说奇点吗？"我问。不知何故，她接受了超人类主义的理论，即计算机的智力将很快超过人类。"你到底是从哪儿学来的？"

"一幅漫画，"她回答，"《我们的校长是超人》(*Captain Underpants*)。"

当我回想这些谈话时，我意识到我们并不是生来就有远见的，而是逐渐形成的。在此过程中，它会受到文化、其他人和周围世界的影响。

许多年前，当我第一次开始写这本书的时候，我承认我对培养更深层次的时间观的兴趣在很大程度上是受我的恐惧影响的：明天的威胁，以及对短期主义的担忧。我想象着我女儿进入 22 世纪的轨迹，看到了一个被气候变化、环境恶化、技术失误或更糟的情况破坏的未来世界。我仍然深深担心我们这一代人所犯的错误，以及我们留下的有害物质。我对我们生活在一个困难和不稳定的时期这一事实不抱幻想。我们需要有长远的眼光来改变我们的发展轨迹，避免可能更严重的危险。但我后来意识到，长远的眼光能带来更多，它能让人对世界更有希望，觉得进行积极变化的前景越来越有可能实现。

以下是我在这段旅程中学到的拥有远见带来的许多好处：了解它的含义和局限性，以及如果人们接受它，人们都将如何受益。

拥有远见有助于恢复活力

人们很容易认为拥有远见是一种牺牲，一种庄严而沉重的责任，需要放弃当下的享乐。然而，更深刻地看待时间也有很多个人好处。我了解到，它在动荡中提供了视角，在坏消息令人难以承受时提供了能量。在危急时刻，前进的每一步都是艰难的，但在这样的斗争中，长远的眼光会给人力量。

远见是一个探路者

如果我们想走出困难时期——把握命运，而不是盲目地走向未来——我们需要一个指南针。这就是远见所提供的：在复杂世界中为我们指供指导。除了提供一条避开未来危险的路线外，它还揭示了已经走过的道路中总结出的经验与教训——可能会出现不同的历史轨迹——以及未来可能出现的无数条轨迹。要有长远的思想，就要知道在我们前进的过程中，总是有多种可能性和转折点。长远来看，未来只有在成为现在时才是单数；在那之前，它始终是复数。

远见使现在更有意义

关于长远思考的一个误解是，它把所有的精力、时间都花在过去或未来，与现在的世界脱节。相反，我认为通过时间的视角看世界，会给当下的生活带来更大的意义。抛弃狭隘的短期主义会让你变得更注重现在：能够以更清晰的眼光看到真正重要的东西，需要改变的东西，危险和有害的东西，以及当今世界上值得享受和欣赏的东西。

远见也提供了一个清晰的当前目标：对子孙后代的责任。有些人可能会认为，这意味着要建立遗产。然而，我不认为我们需要用我们所有的精力为我们的后代打造传家宝，我们也不需要解决他们所有的问题，或者把我们的意志强加给未来。毕竟，我们无法预测他们的需求和价值观，就像 1000

年前的人无法想象我们今天的需求和价值观一样。我们能留下的最伟大的遗产就是选择。如果我们能够确保未来的人们在一个可持续的世界中有能力和自主权来决定他们自己的道路，那就足够了。

每个人都有远见

我知道不是每个人都有能力去超越他们当前困境的束缚，许多人需要帮助和支持，而不是关于长远眼光的说教。话虽如此，我认为远见并不需要雄厚的财力或充足的资源，也不应被视为精英阶层的偏好。培养这种能力可以从家庭或社区开始：与朋友或爱人谈论过去或未来、祖先和后代，或者在社区中寻找更深层的时间印记。远见不一定是奢侈品，它可以成为日常生活的一部分。

远见是民主的

多年来，我遇到了许多不同的时间观点——宗教的、本土的、哲学的、科学的和创造性的。历史还表明，过去的文化有自己的时代视角，由他们当时的知识、信仰和假设所塑造。通常，这些长远时间观使用不同的语言，有着不同的优先事项和价值观：有些是超越的，植根于信仰，其他的则是世俗的和经验主义的；有些跨越了几个世纪的时间尺度，有些则需要数百万年；有些纯粹只关注人性，有些则涵盖了自然世界。远见属于每个人，它应该是一个民主的、集体的事业。如果每个人都有同样的远见，那么这个世界将变得单调乏味。

在未来的几年里，我希望全新的时间观很快出现。有些人和社区还没有完全发现远见的潜力，但当他们这样做时，他们无疑会以自己的方式建立更深刻的时间观。后代也会这样做：对时间和世界的新见解可能还有待发现，这导致我无法想象长远思维的模式。

拥有远见可以在政治上实现统一

虽然总会有不同的时间观，但"长期重要"这一核心原则通常是所有人都能一致认同的。毕竟，为短期主义辩护的人很少，而且在过去几十年里，形形色色的政治家——左翼和右翼，自由派和保守派——都在他们的演讲中提到了对子孙后代的责任。因此，在一个政治两极分化的时代，拥有远见可以提醒人们他们共同的价值观：无论是传统、血缘和历史教训的重要性，还是给我们的孩子一个更美好的世界的信念。

拥有远见能使媒体更健康

每天，我们都会接触到大量嘈杂的信息，使得重要的力量和变化更难被看到。"突出的"并不一定意味着"重要的"。有时，重大新闻事件确实会产生长期影响，如战争、流行病、选举。然而，对于理解这个世界是如何真正运转的来说，日常的许多变动都是短暂的，甚至毫无帮助的。这些相当于垃圾信息。

我们对世界的思维模式是由输入的信息塑造的。所以，如果我把所有的时间都花在阅读每日新闻和浏览社交网站上（我倾向于这样做），我必须提醒自己，我正在构建一个倾斜的模型。放眼长远帮助我走出了这些习惯性行为，让我能更清楚地思考和看问题。通过阅读长时间的新闻，我可以获得更深刻的见解，减少恐惧、愤怒和无助的感觉。

拥有远见能带来更清晰的进步图景

我们最优越的祖先一定会对地球上普通人现在所享受的生活感到惊讶。我们拥有埃及艳后（Cleopatra）、征服者威廉（William）或路易十六（Louis XVI）梦寐以求的生活品质。他们的时代充满了更多的暴力、偏见和疾病。想象一下，他们会如何看待冲水马桶、电冰箱、互联网、高产小麦、人权法、义务教育和疫苗。

然而，我们的科学和技术成就并不意味着我们已经达到了人类潜力或启蒙的巅峰，也不是所有事情都变得更好。事实上，许多发现和技术使世界变得更糟：促进不平等、加剧战争、伤害自然、助长仇恨或加速自我毁灭。[2]如果你从某些被压迫人民群体的角度来看，进步带来了破坏和奴役；对许多动物来说，它导致了毁灭。

从长远的角度来看，我们可以看到进步和错误，从而更清楚地了解什么过程可以或应该意味着什么。我们不需要执着于单一的叙述，即世界正在变得更好或更糟。两者都有，这取决于什么衡量标准，以及所采取的立场。这样可以为我们采取行动、弥补损失和继续前进提供依据。

远见是希望的引擎

当我谈论或创作有关长期主义的内容——尤其是遥远的未来时——我有时会感受到一种听天由命的虚无感，就像"这很好，但我们都会离开"。在某些领域，打趣世界末日即将来临几乎成了一种时尚。在这种情况下，谈论长远观点就成了一个陷阱：你要么被视为过于乐观，要么被视为对当前问题漠不关心。然而，太多的悲观主义会导致世界末日——一种仍然被锁在当下的观点，陷入冷漠、无助或愤怒之中。

不可否认，世界面临着严重的危险。然而，我更愿意相信我和周围的人有能力去驾驭未来。我不相信我能独自走完一条道路——这是一项跨越几代人的集体事业——我也不知道明天的事情会如何发展。但我愿意相信自己不是什么都不能做，而是能有所作为。令人惊讶的是，我遇到的大多数真正研究世界末日的学者根本不是末日论者。他们可能每天都在思考灾难，但他们相信，要避免这种灾难，必须要有长远的眼光，而且他们往往被未来繁荣的前景所激励。

在我们这个时代，狭隘的规范对我们隐藏了太多东西。我们不能忽视事情既有变好，也有变坏的可能性。过去几代人面临严重的不平等、冲突或不公正时，有时会感到压力——但随着时间的推移，向更好的方向改变并非不可能，我们可以从中获得能量和信心的源泉。

有一个术语被一些长期主义思想家使用，它应该被更广泛地了解：存在主义的希望。它的理念是，只要我们致力于将其变为现实，就有可能出现根本性的好转。存在的希望不是逃避现实、寄托于乌托邦或做白日梦，而是要做好准备，确保创造更美好世界的机会不会与我们擦肩而过。

因此，如果从长远来看我们需要做什么，那就是在一切都感到暗淡的时候，致力于寻找和培养希望。这很可能是我们这个时代面临的最艰巨的挑战，但这是我们对先辈和子孙后代的应尽的责任。

从长远来看，我相信人类有能力构建我所说的深度文明。如果说无法逃离当下时间狭隘的社会，那么深度文明则可以通向明天。

在深度文明中，企业不受短期个人主义利润的影响，而是受到道德和可持续目标的激励。政治家有远见和智慧，支持在任何时候都有利于人类和生物的政策，而不仅仅是他们自己的选民群体。记者和传播者提供的是时间背景和深度，而不是愤怒和噪声。技术专家和设计者的目标是培养跨代联系，而不是愤怒和分裂。每个公民都知道，他们每个人都是绵延几代人的链条中的一环，拥有为子孙后代改善世界的能力。用科学家乔纳斯·索尔克（Jonas Salk）的话来说，他们是"优质祖先"[3]。

与此同时，深度文明中的每一个成员都敏锐地意识到他们的进化是不完整的——他们正在建立的社会和社区只是他们前进路上完成的一部分任务。他们将这一希望传递给一代又一代，承诺建立一个更公正、更智慧、更开明的世界。

从长远来看，人类可能会站在一个有待探索的全新的高度。正如哲学家托比·奥德所言，我们当下社会可能被苦难和不可持续的做法所破坏，但我们不应仅仅满足于解决这些问题。一个没有痛苦和不公的世界只是美好生活的下限。他写道：无论是科学还是人文学科都还没有找到任何上限。"生命最美好的时刻中有一些关于可能性的暗示：纯粹的快乐、明亮的美、暖心的爱。这些时刻是我们真正清醒的时刻。这些时刻，无论多么短暂，都指向繁荣与超越现状，而这些远远也超出我们目前的理解。"[4]

这种关于更美好未来的讨论可能听起来像乌托邦，遥不可及，但只要我们今天作出正确的选择，这并非不可能。之所以很难想象事情会变得如此不同是受一种被称为"历史终结"错觉的心理效应影响。它描述了人们难以努力想象自己在以后的生活中会发生怎样的变化[5]，虽然人们承认他们已经从孩子时代起就发生了很大变化，但他们认为现在的自己就是他们永远的样子。这也可能是一种集体幻觉，让我们看不到我们的社会还有多大的发展空间。[6]

我们准备好构建一个深度文明了吗？还没有。在我们完全理解和接受人类寿命、过去和未来几代人以及地球和自然界的长期时间尺度之间的关系之前，还有很长的路要走。在可预见的未来，对许多人来说，深度时间可能会令人生畏和难以驾驭：这是一种以我们目前的智力难以想象的"令人愉悦的恐惧"。人类如果不随机应变，就不会有深度文明。综观历史，我们遇到过越来越复杂的想法，并学会了将它们分解成我们可以理解的术语和概念。

至关重要的是，当我们寻求远见时，我们并非孤军奋战。作为一个社会物种，我们建立了思想，积累了经验——过去的以及现在的。通过合作，个体可以获得他们自己看不到、听不到或感觉不到的见解。

因此，未来几年可能标志着我们时间进化的转折。一方面，因为我们没有长远考虑，我们毁灭了人类；另一方面，我们会走向延续数百万年的繁荣的未来。如果我们想进入下个世纪，我们就必须改变我们与时间的关系，缩小现在与未来可能更加光明的轨迹之间的差距。

在我快要写完这本书的时候，我又一次问我女儿格蕾丝关于时间的问题——具体来说，她对未来的态度是悲观的还是乐观的。她持乐观态度，这令人欣慰。现在她9岁了，她越来越意识到21世纪的问题，比如气候变化和社会不公。然而，我经常从她的积极性、可能性和快乐中获得希望。

"当我开始写这本书的时候，我想象格蕾丝86岁的时候，生活在 22 世纪，"我说："你觉得到了那个年纪，回首往事会是什么感觉？你觉得你要做什么？"

她暂停了屏幕上的游戏，想了一会儿。

"我想象着我和我的朋友莎拉（Sarah）住在太空中的养老院，坐在摇椅上。"她用老太太的声音说："在我那个年代……手机不是全息影像。"

我还是不知道这是怎么回事，但我笑了。

‖‖‖‖ **致谢**

2008 年，我在婚礼上致辞时，我用卡片来提醒我想要感谢的人——家人、伴娘、伴郎等。最后一张卡片因为紧张出汗而有些湿。我倒吸了一口气，我意识到演讲快要结束了，我却只字不提对我而言最重要的人——我的妻子克里斯蒂娜。我事先精心写的关于她的卡片不知怎么弄丢了。于是我即兴发挥，表达了自己的心声。原来我不需要卡片来表达我的感受。

有了这样的经历，我要感谢克里斯蒂娜，还有我的女儿格蕾丝。正如我在书的开篇所写，这本书从她们的故事开始展开。当我组建家庭时，这一行为改变了我看待代际时间的观点。我欠她们太多，如果没有她们的鼓励、耐心和爱，就没有这本书。多年前，是克里斯蒂娜鼓励我用远见来审视自己混乱的想法并进行深刻反思。当我不确定是否要就这个主题进行创作时，她问了我一个简单的问题："什么才是永恒的呢?"这个问题一直萦绕在我的脑海中，并鼓励我把我生命中的经历和知识串联起来。这也给了我信心。从那以后的几年里，克里斯蒂娜一直耐心地一连几个小时听我讲这本书，毫无疑问，是她让这本书变得更出色。（她悄悄地从头到尾看了我的草稿，然后在我 41 岁生日的时候，送了我一本笔记本，里面是详尽而又鼓舞人心的读后感。）一路走来，我的家庭经历过一段艰难的岁月，受疾病困扰和失去儿子乔纳，但我每天都在提醒自己，能认识我的妻子和拥有一个女儿是多么得幸运，她们是我生命中的光，我非常爱她们。

《远见：如何摆脱短期主义》的创作已经持续了 5 年多的时间，在此过程中，可能有数百人帮助完成了它的最终版本。因此，试图全面表达我的感谢并不容易——尤其是对一个几乎忘记在婚礼上谈论他妻子的人来说——但是……

首先，感谢凯特·埃文斯（Kate Evans）。在知道我在 BBC 的工作后，她是第一个鼓励我创作一本关于远见的书的人，当这个想法还只是几页草稿时，她就对我充满了信心。从那之后，她一直是这本书的支持者。她的澳大利亚式热情完美地中和了我冷静、严肃的英国人特性，我非常高兴能与她合作。

感谢我的编辑林赛·戴维斯（Lindsay Davies）、Wildfire 品牌的出版总监亚历克斯·克拉克（Alex Clarke），以及所有支持这本书的人。林赛和亚历克斯从一开始就理解并支持我的想法，帮助我构建了一个充满希望的愿景，并在每个阶段为我的写作提供了清晰的方向。他们指出了我没有考虑到的问题，我没有厘清的细节，以及应该强调的内容。"有什么好的建议吗？""这儿需要强调。"他们的想法总是正确的。

另一个我非常感谢的人是托比·特雷利特（Toby Tremlett），他做了我几个月的研究助理。他的发现、想法、建议和他创作的深度与严密性远远超过了我个人所能实现的，我们会定期交流，这激励着我在写作的低谷期继续前进，尽管我觉得自己距离完成任务还很远。托比的薪资是由克莱尔·扎贝尔（Claire Zabel）介绍的一家机构发的——我非常感谢。[如果没有米歇尔·哈钦森（Michelle Hutchinson）在作品中的介绍，也不会有这一切，所以也非常感谢她。]

这本书的创作源于一个契机，对此，我仍然感到非常幸运。在 2019—2020 年期间，我从 BBC 休假，在 MIT 度过了一个学年，在那里我获得了难得的时间和空间来研究这本书所要涉及的内容。黛博拉·布鲁姆（Deborah Blum）、阿什利·斯玛特（Ashley Smart）、贝蒂娜·乌尔丘奥利（Bettina Urcuioli）和 KSJ 团队的其他成员让我和我的家人在剑桥度过了一段真正愉快的时光——这是我一生中最美好的时光之一，所以深深地感谢他们。也感谢出色的 2019–20 KSJ 研究员：安德拉达·费斯库特阿努（Andrada Fiscutean），阿尼尔·安恩阿斯瓦密（Anil Ananthaswamy），贝塔尼·布鲁克希（Bethany Brookshire），伊姓·活尔方格尔（Eva Wolfangel），乔恩·福伯（Jon Fauber），莫莉·西格尔（Molly Segal），索纳莉·普拉萨德（Sonali Prasad），蒂亚戈·梅达利亚（Thiago Medaglia）和托尼·莱斯（Tony Leys）。在这段时间里，我也从 KSJ 前研究员雷切尔·格罗斯（Rachel Gross）那里学到了很多东西，她大约比我早一年完成了她的书《阴道暗箱》（*Vagina Obscura*）。最后，感谢 MIT 和哈佛大学的学者们，他们能让我听他们的课，特别是基尔兰·塞蒂亚（Kieran Setiya）和乔舒亚·格林（Joshua Greene），他们给我快速介绍了哲学和伦理学，乔瓦尼·巴扎纳（Giovanni Bazzana）讲了启示论，还有瑞贝卡·萨克斯（Rebecca Saxe），她在道德神经科学的研讨会上的表现非常出色。

从提案到手稿，各种类型的读者都慷慨地给予了反馈，包括上面提到的 KSJ 研究员。大卫·罗布森（David Robson）

的建议为我提供了许多有用的新素材。他从一开始就是我的益友和顾问。托马斯·莫伊尼汉从头到尾阅读了这份手稿，给予了许多注释、建设性的批评、审核意见和鼓励。卢克·坎普（Luke Kemp）也是如此——他又被称为能给予积极反馈的卢克——他的评论是如此透彻和中肯，以至于他成功地让我删掉了本不应该出现的一个章节。卢克和劳伦·霍尔特（Lauren Holt）也是我们"Calliope Club"中很受重视的写作伙伴，因为他们都在做自己的长期项目。我还要向他们在剑桥的一位同事马蒂斯·马斯（Matthijs Maas）表示衷心的感谢。在几个月的时间里，马蒂斯给我寄来了几十篇文章，并和我分享他的想法。斯蒂芬·舒伯特（Stefan Schubert）也是如此，他也推荐了许多读物；安德斯·桑德伯格（Anders Sandberg）是个有趣的人，同时对事物充满着好奇心。

我与 BBC 一个很棒的团队合作，多年来他们一直是我的灵感源泉。由于篇幅有限，无法一一列举整个团队人员以及我们所有出色的自由撰稿人的名字，但为了让这本书得以出版，我要特别感谢理查德·格雷（Richard Gray）、曼达·鲁格里（Amanda Ruggeri）、西蒙·弗朗茨（Simon Frantz）和玛丽·威尔金森（Mary Wilkinson）——他们在我离开 MIT 之前、期间和离开 MIT 之后都给予了我支持。还有乔恩·法尔兹（Jon Fildes），10 年来他一直支持我的工作。

在过去的几年里，许多书的作者都善意地分享了他们关于出版的经验、知识，对于一个第一次写书的人来说，这是非常有价值的。他们是：汤姆·查特菲尔德，文森特·艾伦蒂（Vincent Ialenti），罗曼·克兹纳里奇，大卫·法里尔，比娜·文卡塔拉曼（Bina Venkataraman），梅丽莎·霍根布姆（Melissa Hogenboom），鲁特格尔·布雷格曼（Rutger Bregman），托比·奥德，威廉·麦卡斯基尔，卡斯帕·亨德森（Caspar Henderson），西蒙·帕金（Simon Parkin），瑞切尔·纽沃（Rachel Nuwer），阿洛克·贾（Alok Jha），海伦·汤姆森（Helen Thomson），山姆·阿贝斯曼（Sam Arbesman），罗恩·胡珀（Rowan Hooper）和莎莉·埃迪（Sally Adee）。

这些年来，有许多人直接或间接地影响了我的想法。下列是一些重要的影响者和"长期观众"，他们的建议激励了我：比阿特丽斯·彭布罗克（Beatrice Pembroke）、埃拉·萨尔特马什（Ella Saltmarshe）、尼古拉斯·保罗·布里斯维奇（Nicholas Paul Brysiewicz）、亚历山大·罗斯、斯图尔特·布兰德、艾哈迈德·卡比尔（Ahmed Kabil）、乔治·甘茨（George Gantz）、西蒙·卡尼、凯西·皮奇（Kathy Peach）、迈克尔·奥格登、彼得·迪恩、西蒙·布雷（Simon Bray）、理查德·桑德福德（Richard Sandford）、菲利帕·杜西（Philipa Duthie）、克里斯蒂娜·帕雷诺（Cristina Parreño）、里娜·椿树（Rina Tsubaki）、扎里亚·戈维特（Zaria Gorvett）、詹姆斯·詹森·杨（James Janson Young）、马西娅·比约内鲁德、凯蒂·帕特森、丽贝卡·奥特曼（Rebecca Altman）、安迪·拉塞尔（Andy Russell）、李·文塞尔、凯特·塔利（Cat Tully）、索菲·豪、马丁·里斯（Martin Rees）勋爵、约翰·博伊德、卢西安·霍尔舍尔、奥利弗·伯克曼（Oliver Burkeman）、塞思·簿木（Seth Baum）、博斯特罗姆、娜塔莉·卡吉尔（Natalie Cargill）、泰勒·约翰、芬·穆尔豪斯（Fin Moorhouse）、雅顿·克勒（Arden Koehler）和加里森（Garrison）。感谢戴夫·普里斯（Dave Price）、多米尼克·贾维斯（Dominic Jarvis）、汉纳·戴维斯（Hannah Davies）和若奥·杜亚特（João Duarte）允许我使用他们的图片，并感谢尼格尔·胡廷（Nigel Hawtin），在2019年，他帮助我可视化了未来几代人的规模。

最后，感谢我的父母，以及费舍尔和杰克茨（Jackets）家族。感谢先辈，但言语无法表达我对母亲詹妮弗（Jennifer）和父亲克莱夫（Clive）的感激之情，是他们给了我选择自己生活方式的自由。

图片来源

Page 036: Hutton's Unconformity at Inchbonny, Jedburgh. Illustration by John Clerk of Eldin from James Hutton, *Theory of the Earth*, in *Transactions of the Royal Society of Edinburgh,* Volume I, 1788. (Natural History Museum/Alamy)

Page 161: *Landscape with the Fall of Icarus*, oil on canvas by or after Pieter Bruegel the Elder, *c*.1560. Royal Museums of Fine Arts of Belgium (Artefact/Alamy)

Page 183: John Mainstone/Pitch Drop Experiment (© The University of Queensland)

Page 246: Tree branches (© Richard Fisher)

Page 248: Rocks on the wall (© Richard Fisher)

Page 264: The previous and new Naiku complex of Ise Grand Shrine (Kyodo News/Newscom/Alamy)

Page 266: *The Official Move to the Rebuilt Ise Shrine*. Woodblock print by Utagawa Kuniyoshi, 1849. (Photograph © Museum of Fine Arts, Boston.

Page 299: The diagram showing the scale of the unborn is based on a graphic produced by Nigel Hawtin for BBC Future

Page 319: Stripes cross-section (© Richard Fisher)

Page 363: White Horse of Uffington (© Dave Price)

引言 远见

1　Burke, Edmund, *Reflections on the Revolution in France* (J. Dodsley, 1790).

2　'The Deep Future: A Guide to Humanity's Next 100, 000 Years', *New Scientist* (2012).

3　'Deep Civilisation' series, BBC Future (2019).

4　Note that 'longtermism', written without a hyphen, is not the same as 'long-termism'. The former has a specific definition, described in Part III.

01　长远观念发展简史

1　Gellner, Ernest, *Thought and Change* (Weidenfeld & Nicolson, 1964).

2　Lloyd, G., 'Foresight in Ancient Civilisations', in Sherman, Lawrence W., and Feller, David Allan (ed.), *Foresight* (Cambridge University Press, 2016).

3 Gellner (1964).

4 Damon, C., 'Greek Parasites and Roman Patronage', *Harvard Studies in Classical Philology* (Harvard University Press, 1995).

5 Extract from Gatty, Alfred and Margaret, *The Book of Sun-dials* (George Bell & Sons, 1900). The extract from Plautus originally appeared in the book of the Roman writer Aulus Gellius, *Noctes Atticae* (*Attic Nights*), Book 3, Chapter 3.

6 Foster, R., 'Biological Clocks: Who in This Place Set Up a Sundial?', *Current Biology* (2012).

7 Shaw, B., 'Did the Romans have a future?', *The Journal of Roman Studies* (2019).

8 Moynihan, Thomas, *X-Risk: How Humanity Discovered Its Own Extinction* (MIT Press, 2020).

9 Lloyd, G., 'Foresight in Ancient Civilisations', Darwin College Lecture Series.

10 The Prediction Project (2020) Roman Augury.

11 Tacitus, *The Annals: The Reigns of Tiberius, Claudius, and Nero,* translated by Yardley, J. C. (Oxford University Press, 2008).

12 A few have challenged this interpretation, such as Shushma Malik, *The Nero-Antichrist* (Cambridge University Press, 2020).

13 Dickinson, Emily, 'Forever-is composed of Nows' (690), in Franklin, R. W. (ed.), *The Poems of Emily Dickinson* (Harvard University Press, 2005).

14 According to Giovanni Bazzana and colleagues at Harvard University, who teach a course on the apocalypse, which I audited in 2019.

15 Villarreal, Alexandra, 'Meet the doomers: why some young US voters have given up hope on climate', *Guardian* (2020).

16 Waldron, A., 'The Problem of the Great Wall of China', *Harvard Journal of Asiatic Studies* (1983).

17 Corrigan, I., *Stone on Stone: The Men Who Built the Cathedrals* (The Crowood Press, 2018).

18 Some sources attribute this prayer to Lincoln, others to Winchester: see Miller, Kevin, 'God's glory in wood and stone', *Christian History* (1996); Corrigan (2018).

19　As well as Hölscher (see next note), I owe this insight to Lord Martin Rees.

20　A good deal of the history in this chapter is built on the writing of the historian Lucian Hölscher of Ruhr-University Bochum. See: Hölscher, L., 'Future Thinking: A Historical Perspective', in Oettingen, Gabrielle, Timur, Sevincer, and Gollwitzer, Peter (eds.), *Psychology of Thinking About the Future* (Guilford Press, 2019).

21　Various writings of the historian Reinhart Koselleck, such as 'Social History and Conceptual History', *International Journal of Politics, Culture and Society* (1989).

22　Burke, P., 'Foreword', in Brady, A., and Butterworth, E., *The Uses of the Future in Early Modern Europe* (Routledge, 2010).

23　Lutz, W., Butz, W., and Samir, K. C., *World Population & Human Capital in the Twenty-First Century: An Overview* (Oxford University Press, 2014); and King, G., *Natural and Political Observations and Conclusions Upon the State and Condition of England* (1696).

24　UN2019World Population Prospects.

25　Johnston, Warren, *Revelation Restored: The Apocalypse in Later Seventeenthcentury England* (Boydell Press, 2011).

26　Snobelen, S., '"A time and times and the dividing of time": Isaac Newton, the Apocalypse, and2060A.D.', *Canadian Journal of History* (2016).

27　'Siccar Point', The Geological Society (accessed February 2020).

28　Cuvier, Georges, *Essay on the Theory of the Earth* (Kirk & Mercein, 1813).

29　Hutton, J., 'Theory of the Earth', *Transactions of the Royal Society of Edinburgh* (1788).

30　Hölscher (2019).

31　Kant, Immanuel, *Allgemeine Naturgeschichte und Theorie des Himmels* (1755), translated by Johnston, Ian, *Universal Natural History and Theory of the Heavens* (Richer Resource Publications, 2008).

32　Kant, Immanuel, *Beantwortung der Frage: Was ist Aufklärung?* (1784), translated by Nisbet, H. B., *An Answer to the Question: 'What is Enlightenment?'* (Penguin, 2013).

33   Alkon, Paul, *Origins of Futuristic Fiction* (UGA Press, 1987).

34   Alkon, P., 'Samuel Madden's "Memoirs of the Twentieth Century"', *Science Fiction Studies* (1985).

35   T*he Book Challenged: Heresy, Sedition, Obscenity* (2009). Exhibition at the University of Otago, New Zealand.

36   Moynihan (2020).

37   Carlyle, Thomas, 'Boswell's *Life of Johnson*' (1832).

38   Campbell, Thomas, *Life and Letters of Thomas Campbell* (Hall, Virtue & Company, 1850).

39   Mumford, Lewis, *Technics and Civilization* (University of Chicago Press, 1934).

40   Adam, Barbara, *Timescapes of Modernity: The Environment and Invisible Hazards* (Routledge, 1998).

41   Ivell, D., 'Phosphate Fertilizer Production-From the 1830's to 2011 and Beyond', *Proceedia Engineering* (2012).

42   Hölscher (2019).

43   H. G. Wells's talk's title was *The Discovery of the Future*, which Lucian Hölscher is alluding to in his description of the eighteenth-century long view.

44   Moynihan, Thomas, 'Creatures of the dawn: How radioactivity unlocked deep time', BBC Future (2021).

45   Wells, H. G., *A Short History of the World* (Cassell & Company, 1922).

46   Orwell, George, 'Wells, Hitler and the World State', *Horizon* (1941).

47   Guse, J., 'Volksgemeinschaft Engineers: The Nazi Voyages of Technology', *Central European History* (2011).

48   Deutsch Gabel, now Jablonné v Podještědí in the Czech Republic.

49   Maier, C., 'Consigning the Twentieth Century to History: Alternative Narratives for the Modern Era', *The American Historical Review* (2000).

50   Novak, Matt, '42 Visions for Tomorrow from the Golden Age of Futurism', *Gizmodo* (2015).

51   As described by Aleida Assmann (see next note).

52   Assmann, Aleida, 'Transformations of the Modern Time Regime',

in Lorenz, C., and Bevernage, B., *Breaking up Time: Negotiating the Borders Between Present, Past and Future* (Vandenhoeck & Ruprecht, 2013).

53 Assmann, Aleida, *Is Time out of Joint?: On the Rise and Fall of the Modern Time Regime* (Cornell University Press, 2020).

54 Brown, Kimberly, *The I-35W Bridge Collapse: A Survivor's Account of America's Crumbling Infrastructure* (Potomac Books, 2018).

55 Fisher, T., 'Fracture-Critical: The I-35W Bridge Collapse as Metaphor and Omen' in Nunnally, Patrick (ed.), *The City, the River, the Bridge: Before and After the Minneapolis Bridge Collapse* (University of Minnesota Press, 2011).

56 Jordheim, H., and Wigen, E., 'Conceptual Synchronisation: From Progress to Crisis', *Millennium: Journal of International Studies* (2018).

57 Hartog, FranÇois, *Régimes d'historicité: présentisme et expériences du temps* (Seuil, 2003), translated by Brown, Saskia, *Regimes of Historicity: Presentism and Experiences of Time* (Columbia University Press, 2016).

58 Hartog's sociological definition is different to that of 1. historical presentism, which describes looking at historical events through the lens of present-day norms, and 2. philosophical presentism, which essentially proposes that only present things exist.

59 Gumbrecht, Hans Ulrich, *Our Broad Present: Time and Contemporary Culture* (Columbia University Press, 2014).

60 Tamm, M., 'How to reinvent the future?', *History and Theory* (2020); Esposito, Fernando, ed., *Zeitenwandel: Transformationen geschichtlicher Zeitlichkeit nach dem Boom* (Vandenhoeck and Ruprecht, 2017); Tamm, Marek, and Olivier, Laurent, ed., *Rethinking Historical Time: New Approaches to Presentism* (Bloomsbury Academic, 2019).

61 Baschet, Jérôme, *Défaire la tyrannie du present: Temporalités émergentes et futurs inédits* (La Découverte, 2018).

62 Gilbert, Daniel, *Stumbling on Happiness* (Alfred A. Knopf, 2006).

63 Hartog (2003), trans. Brown (2016).

02 卖空交易：资本主义难以应对的即时性

1   Rae, John, *The Sociological Theory of Capital: Being a Complete Reprint of the New Principles of Political Economy*, 1834 (Macmillan, 1905).

2   Keynes, John Maynard, *The General Theory of Employment, Interest and Money* (Macmillan & Co., 1936).

3   Favre, D., 'The Development of Anti-Cruelty Laws During the 1800's', *Detroit College of Law Review* (1993).

4   Lubinski, Christina, 'Fighting Friction: Henry Timken and the Tapered Roller Bearing', *Immigrant Entrepreneurship* (2011).

5   Hobbs Pruitt, Bettye, *Timken: From Missouri to Mars-a Century of Leadership in Manufacturing* (Harvard Business Press, 1998).

6   Schwartz, Nelson D., 'How Wall Street Bent Steel', *New York Times* (2014). I owe many of the details of the Timken story to Schwartz's excellent reporting in this piece.

7   'Timken steel spinoff proposal still on table following meeting', *Akron Beacon Journal* (2014).

8   Benoit, D., et al, 'Relational Investors Plans to Wind Down Operations, Dissolve Current Funds', *Wall Street Journal* (2014).

9   Pritchard, Edd, 'Timken Steel job cuts continue as cost-cutting measures expand', *Canton Repository* (2019).

10   Timken company website (accessed September 2020).

11   Fortado, Lindsay, 'Companies faced more activist investors than ever in 2019', *Financial Times* (2019).

12   Maloney, T., and Almeida, R., *Lengthening the Investment Time Horizon*, MFS White Paper (2019).

13   *Corporate Longevity: Index Turnover and Corporate Performance*, Credit Suisse (2017).

14   *2021 Corporate Longevity Forecast*, Innosight (2021).

15   de Geus, Arie, *The Living Company* (Nicholas Brealey, 1999).

16   'Corporate Long-term Behaviors: How CEOs and Boards Drive

Sustained Value Creation', FCLT Global (2020).

17　'Predicting Long-Term Success for Corporations and Investors Worldwide', FCLT Global (2019).

18　Goodwin, Crauford, *Maynard and Virginia: A Personal and Professional Friendship* (History of Political Economy, 2007).

19　Osterhammel, Jurgen, *The Transformation of the World: A Global History of the Nineteenth Century* (Princeton University Press, 2009).

20　Keynes, John Maynard, *The General Theory of Employment, Interest and Money* (Macmillan & Co., 1936).

21　Wasik, John F., *Keynes's Way to Wealth: Timeless Investment Lessons from the Great Economist* (McGraw-Hill Education, 2013).

22　Kraft, A., et al., 'Frequent Financial Reporting and Managerial Myopia', *The Accounting Review* (2018).

23　'Short-termism Revisited', CFA Institute (2021).

24　'Considerations on COM (2011)683', EU Monitor (2013).

25　Unilever Sustainable Living Plan (2010).

26　Skapinker, Michael, 'Corporate plans may be lost in translation', *Financial Times* (2010).

27　Ignatius, Adi, 'Captain Planet', *Harvard Business Review* (2012).

28　*Going Long Podcast: Paul Polman*, FCLT Global (2020).

29　Graham, J. R., et al., 'Value Destruction and Financial Reporting Decisions', *Financial Analysts Journal* (2006). Another study by McKinsey and Company and FCLT Global asked a similar question, and got a response of60per cent who said they have cut discretionary spending or delayed projects, among others to meet quarterly promises (Barton, B., and Zoffer, J., 'Rising to the Challenge of Short-termism', FCLT Global (2016).

30　Martin, Roger L., 'Yes, short-termism really is a problem', *Harvard Business Review* (2015).

31　Mauboussin, M. J., and Callahan, D., 'A Long Look at Short-Termism: Questioning the Premise', Credit Suisse (2014).

32　Murray, Sarah, 'How to take the long-term view in a short-term world', *Financial Times* (2021).

33　'Three Girls Gone: The Ford Pinto and Indiana v. Ford Motor Co', *Or-*

angebean Indiana (2019).

34   There's nuance to the Pinto story that I have abridged, and a few myths too. See: Vinsel, L., 'The Myth of the "Pinto memo"is Not a Hopeful Story for Our Time', *Medium* (2021); Lee, M., and Ermann, M. D., 'Pinto "Madness"as a Flawed Landmark Narrative: An Organizational and Network Analysis', *Social Problems* (1999).

35   Opening Statement of Senator Carl Levin, US Senate Permanent Subcommittee on Investigations, *Wall Street and the Financial Crisis: The Role of Credit Rating Agencies* (2010).

36   Mauboussin and Callahan (2014).

37   'Predicting Long-Term Success for Corporations and Investors Worldwide', FCLT Global (2019).

38   Kamga, C., Yazic, M. A., and Singhal, A., 'Hailing in the Rain: Temporal and Weather-Related Variations in Taxi Ridership and Taxi Demand-Supply Equilibrium', Transportation Research Board 92nd Annual Meeting (2013).

39   Henry, J. F., 'A Neoliberal Keynes?', *International Journal of Political Economy* (2018).

40   Mazzucato, Mariana, and Jacobs, Michael, *Rethinking Capitalism: Economics and Policy for Sustainable and Inclusive Growth* (Wiley, 2016).

41   Barton, Dominic, 'Capitalism for the Long Term', *Harvard Business Review* (2011).

42   Skapinker, Michael, 'Unilever's Paul Polman was a standout CEO of the past decade', *Financial Times* (2018).

43   Barton, Dominic et al., 'Measuring the Economic Impact of Short-termism', McKinsey Global Institute (2017).

44   Bushee, Brian, 'Identifying and Attracting the "Right"Investors: Evidence on the Behavior of Institutional Investors', *Journal of Applied Corporate Finance* (2005).

45   Maboussin, Michael J., and Rappaport, Albert, 'Reclaiming the Idea of Shareholder Value', *Harvard Business Review* (2016).

46   Brochet, F., Serafeim, G., and Loumioti, M., 'Speaking of the Short-Term: Disclosure Horizon and Managerial Myopia', *Review of Ac-*

counting Studies (2015).

47 Son, Masayoshi, *Softbank Next 30-year Vision* (2010).

48 Nationwide 'long-established company' survey, Tokyo Shoko Research (2016).

49 O'Halloran, Kerry, 'The Adoption Process in Japan' in *The Politics of Adoption* (Springer, 2015).

50 Mehrota, V., et al., 'Adoptive Expectations: Rising Sons in Japanese Family Firms', *Journal of Financial Economics*, (2013).

51 'The Long-term Habits of Highly Effective Corporate Boards', FCLT Global (2019).

52 de Geus (1999).

53 Rose, Alexander, 'The Data of Long-lived Institutions', The Long Now Foundation (2020).

54 Sasaki, Innan, 'How to build a business that lasts more than200years-lessons from Japan's shinise companies', *The Conversation* (2019).

55 O'Hara, W. T., *Centuries of Success: Lessons from the World's Most Enduring Family Businesses* (Avon: Adams Media, 2004).

56 It is now a subsidiary of Takamatsu Construction, after it was acquired in 2006.

57 Taleb, Nassim Nicholas, *Antifragile: Things That Gain from Disorder* (Penguin, 2012).

03　政治压力和民主的最大缺陷

1 Hamilton, Alexander, *The Federalist Papers: No.71* (1788).

2 de Tocqueville, Alexis, *Democracy in America* (Saunders and Otley, 1838).

3 Greider, William, 'The Education of David Stockman', *The Atlantic* (1981).

4 Johnson, Haynes, 'Stockman's Economy an Intricate Puzzle, Without Any People', *Washington Post* (1981).

5 Greider (1981); I owe the discovery of this notorious comment (made during an interview with journalist William Greider) to the political

scientist Simon Caney-see next note.

6   Caney, S., *Democratic Reform, Intergenerational Justice and the Challenges of the Long-Term,* CUSP essay series on the Morality of Sustainable Prosperity (2019); Caney, S., 'Political Institutions for the Future: A Fivefold Package', in González Ricoy, Iñigo, and Gosseries, Axel (eds.), *Institutions for Future Generations* (Oxford University Press, 2016); Pierson, P., *Politics in Time: History, Institutions, and Social Analysis* (Princeton University Press, 2004).

7   Stockman, David A., *The Triumph of Politics: Why the Reagan Revolution Failed* (Harper & Row, 1986).

8   Caney (2019); Friedman, Thomas L., 'Obama on Obama on Climate', *New York Times* (2014); 'The Quest for Prosperity', *The Economist* (2007).

9   Lempert, R., 'Shaping the Next One Hundred Years: New Methods for Quantitative, Long-Term Policy Analysis', *Rand* (2007).

10   E.g. Norway's Government Pension Fund Global for the long-term management of revenue from its oil and gas reserves. See: www.nbim. no/en.

11   Luna, Taryn, 'Winter storms impose high costs for business', *Boston Globe* (2015).

12   Dudley, David, 'Snowstorm Mayors: Don't Blow This', *Bloomberg Citylab* (2017).

13   Caney (2019).

14   The framing of political problems as 'uncinematic' comes from Rob Nixon's concept of 'slow violence': Nixon, Rob, *Slow Violence and the Environmentalism of the Poor* (Harvard University Press, 2012).

15   You could also call them 'wildfires' but given that wildfires themselves are a threat of climate change, I elected not to.

16   Cohen, J., et al., 'Divergent consensuses on Arctic amplification influence on midlatitude severe winter weather', *Nature* (2020). A caveat: cause/effect is still to be fully untangled. The warming in the Arctic is known, but what its effects will be elsewhere is difficult to predict with certainty.

17   'What climate change means for Massachusetts', Environmental

Protection Agency (2016).

18　Massachusetts Energy and Environment Performance Review & Recommendations for Governor Baker's Second Term (2019).

19　I owe the conceptual inspiration for this framework to Stewart Brand's 'pace layers', which depict the different rates of change within a society. See: Brand, S., 'Pace Layering: How Complex Systems Learn and Keep Learning', *Journal of Design and Science* (2018).

20　Jordheim, H., and Wigen, E., 'Conceptual Synchronisation: From Progress to Crisis', *Millennium: Journal of International Studies* (2018).

21　It's not that politicians in history did not face slow-paced problems, but my argument is that human progress and technological complexity has created many more than would occur otherwise. And when they did exist, such as pollution in the Industrial Revolution or intergenerational poverty, then there was less awareness of long-term consequences.

22　The average term is 4-5 years, but a handful of democracies have longer terms of 7years, such as Ireland's Taoiseach, Italy's Prime Minister and Israel's President.

23　Offe Claus, *Europe Entrapped* (Polity, 2015).

24　Caney (2019).

25　Thanks to Luke Kemp of Cambridge University for this example.

26　McQuilken, J., 'Doing Justice to the Future: A global index of intergenerational solidarity derived from national statistics', *Intergenerational Justice Review* (2018).

27　Chen, A., Oster, E., and Williams, H., 'Why Is Infant Mortality Higher in the United States Than in Europe?', *American Economic Journal: Economic Policy* (2016).

28　Dijkstra, Erik, 'The strengths of the academic enterprise', in Broy, M., and Schieder, B. (ed.), *Mathematical Methods in Program Development* (Springer, 1997).

29　Two of the most commonly cited dates in forecast reports are2050and 2100.

30　Aizenberg, E., and Hanegraaff, M., 'Is politics under increasing corporate sway? A longitudinal study on the drivers of corporate access', *West European Politics* (2019).

31　'Ezra Klein on aligning journalism, politics, and what matters most', *80, 000 Hours* podcast (2021).

32　Rusbridger, Alan, 'Climate change: why the Guardian is putting threat to Earth front and centre', *Guardian* (2015).

33　Klite, P., Bardwell, R., and Salzman, J., 'Local TV News: Getting away with Murder', *The International Journal of Press and Politics* (1997).

34　Johnson, Boris, 'This cap on bankers' bonuses is like a dead cat-pure distraction', *Daily Telegraph* (2013).

35　Jefferson, T., 'Letter to John Taylor' (1816); Mill, J. S., *Hansard* (Volume 182, 1866); Marx, Karl, *Das Kapital: Kritik der politischen Ökonomie, Buch III* (Otto Meisner, 1894), translated by Fernbach, David, *Capital: A Critique of Political Economy, Volume Three* (Penguin, 1992).

36　Englander, John, 'Applying Jacque Cousteau's wisdom', *Think Progress* (2010).

37　'One Man's Mission: Pierre Chastan', The Cousteau Society (2001); *Meetingof Secretary-general with Cousteau Society to Receive Petition on 'Rights of Future Generations'*, United Nations (2001).

38　*Declaration on the Responsibilities of the Present Generations Towards Future Generations*; *Draft Declaration on the safeguarding of future generations*, United Nations (1997).

39　'Intergenerational Solidarity and the Needs of Future Generations', UN Report of the Secretary General (2013).

40　'Our Common Agenda', United Nations (2021).

41　Krznaric, Roman, 'Why we need to reinvent democracy for the long-term', BBC Future (2020); Krznaric (2020).

42　Wellbeing of Future Generations Bill [HL] 2019-21.

43　John, T. M., and MacAskill, W., 'Longtermist Institutional Reform', in Cargill, Natalie and John, Tyler M. (ed.), *The Long View* (Longview Philanthropy, 2020).

44　Breckon, J., et al, 'Evidence vs Democracy: How "mini-publics"can traverse the gap between citizens, experts, and evidence', Alliance for Useful Evidence (2019).

45　Krznaric, Roman, 'Four ways to redesign democracy for future generations', *Open Democracy* (2020).

46　Saijō, T., 'Future Forebearers', *RSA Journal* (2021).

47　de Tocqueville (1838).

04　守时的猿类

1　Bergson, Henri, *L'Évolution créatrice* (1907), translated by Mitchell, Arthur, *Creative Evolution* (Henry Holt & Company, 1911).

2　In particular, the French philosopher Henri Bergson, who made a distinction between scientific, mathematical time and the human experience of time which he called 'real duration' (*durée réelle*).

3　Woolf, Virginia, *Mrs. Dalloway* (Harcourt, Brace & Co, 1925); Taunton, Matthew, 'Modernism, time and consciousness: the influence of Henri Bergson and Marcel Proust', *British Library: Discovering Literature* (2016).

4　Woolf, Virginia, *Orlando: A Biography* (Hogarth Press, 1928).

5　Osvath, M., 'Spontaneous planning for future stone throwing by a male chimpanzee', *Current Biology* (2009); Osvath, M., and Karvonen, E., 'Spontaneous Innovation for Future Deception in a Male Chimpanzee', *PLoS ONE* (2012).

6　Sample, Ian, 'Chimp who threw stones at zoo visitors showed human trait, says scientist', *Guardian* (2009).

7　Aristotle wrote that 'many animals have memory and are capable of instruction, but no other animal except man can recall the past at will'.

8　Nietzsche, Friedrich, *Untimely Meditations* (1873-1876; Cambridge University Press, 1997).

9　Mulcahy, N., 'Apes Save Tools for Future Use', *Science* (2006).

10　For a literature review of animal foresight, see Redshaw, J., and Bulley, A., 'Future-Thinking in Animals: Capacities and Limits', in Oettingen, Gabrielle, Timur, Sevincer and Gollwitzer, Peter (eds.), *The*

Psychology of Thinking about the Future (Guilford Press, 2018).

11   Corballis, M. C., 'Mental time travel, language, and evolution', *Neuropsychologia* (2019).

12   Knolle, F., et al., 'Sheep Recognize Familiar and Unfamiliar Human Faces from Two-Dimensional Images', *Royal Society Open Science* (2017).

13   Roberts, W. A., 'Are animals stuck in time?', *Psychological Bulletin* (2002). Based on correspondence between Roberts and Michael D'Amato.

14   Russell, Bertrand, *Human Society in Ethics and Politics* (1954; Routledge, 2009).

15   Hublin, Jean-Jacques, et al., 'New fossils from Jebel Irhoud, Morocco and the pan-African origin of *Homo sapiens*', *Nature* (2017).

16   This is a big topic, so further reading might include: Henrich, Joseph, *Secrets of our Success: How Culture Is Driving Human Evolution, Domesticating Our Species, and Making Us Smarter* (Princeton University Press, 2015); Vince, Gaia, *Transcendence: How Humans Evolved through Fire, Language, Beauty, and Time* (Penguin, 2019).

17   'Q&A: Thomas Suddendorf', *Current Biology* (2015).

18   Suddendorf, Thomas, *Discovery of the Fourth Dimension: Mental Time Travel and Human Evolution* (Master's thesis, 1994).

19   While Suddendorf 's proposal that mental time travel is uniquely human holds as a plausible theory, some scientists disagree over the details, citing the animal evidence covered earlier in the chapter. Suddendorf, to his credit, says he would embrace strong evidence of animal mental time travel if it emerged, not least because it would change our relationship with nature and our responsibilities towards animals.

20   Suddendorf provides a more detailed exploration of hominin mental time travel in his own book. See: Suddendorf, Thomas, *The Gap: The Science of What Separates Us from Other Animals* (Basic Books, 2013).

21   Tulving, E., 'Memory and consciousness', *Canadian Psychology* (1985); Terrace, Herbert S., and Metcalfe, Janet (eds.), *The Missing*

Link in Cognition: Origins of Self-Reflective Consciousness (Oxford University Press USA, 2005); Rosenbaum, R., et al., 'The case of K. C.: contributions of a memory-impaired person to memory theory', *Neuropsychologia* (2005); interviews with K. C., available at: youtube. com/watch?v=tXHk0a3RvLc (accessed Januaty 2020).

22　Suddendorf, T., and Busby, J., 'Making decisions with the future in mind: Developmental and comparative identification of mental time travel', *Learning and Motivation* (2005).

23　Tulving, E., 'Episodic Memory and Autonoesis: Uniquely Human?', in Terrace and Metcalfe (2005).

24　As told by Suddendorf in *The Gap* (p. 102).

25　Corballis, M., 'Language, Memory, and Mental Time Travel: An Evolutionary Perspective', *Frontiers in Human Neuroscience* (2019).

26　Seligman, M., et al., *Homo Prospectus* (Oxford University Press, 2016).

27　Kahneman, Daniel, *Thinking, Fast and Slow* (Penguin, 2012).

05　过去、现在和未来的心理学

1　Hume, David, *An Enquiry Concerning the Principles of Morals* (A. Millar, 1751).

2　The original painting by Pieter Bruegel the Elder is lost, and the one now displayed is thought to be a copy by an unknown artist.

3　Forman-Barzilai, Fonna, *Adam Smith and the Circles of Sympathy* (Cambridge University Press, 2010).

4　Liberman, N., and Trope, Y., 'The Psychology of Transcending the Here and Now', *Science* (2008); Trope, Y., and Liberman, N., 'Construal-level theory of psychological distance', *Psychological Review* (2010).

5　Hanson, Robin, 'The Future Seems Shiny', *Overcoming Bias* (2010).

6　This list is compiled from Trope and Liberman's research, plus a collection of near and far effects described by Robin Hanson. See: Hanson, Robin, 'Near-Far Summary', *Overcoming Bias* (2010).

7　　Hume, David, *A Treatise of Human Nature, Book III: 'Of Morals'* (John Noon, 1739).

8　　Hershfield, H., 'Future self-continuity: how conceptions of the future self transform intertemporal choice', *Annals of the New York Academy of Sciences* (2011).

9　　Pahl, S., and Bauer, J., 'Overcoming the Distance: Perspective Taking With Future Humans Improves Environmental Engagement', *Environment and Behavior* (2013).

10　Saijō, T., 'Future Forebearers', *RSA Journal* (2021).

11　'The Future Energy Lab', Superflux (2019).

12　Conant, Jennet, 109*East Palace: Robert Oppenheimer and the Secret City of Los Alamos* (Simon & Schuster, 2007); Achenbach, Joel, 'The man who feared, rationally, that he'd just destroyed the world', *Washington Post* (2015).

13　For more on expectation effects, see: Robson, David, *The Expectation Effect: How Your Mindset Can Transform Your Life* (Canongate, 2022).

14　Gerbner, G., 'The "Mainstreaming"of America: Violence Profile No. 11', *Journal of Communication* (1980). More recently, scientists have looked at the negative mental health outcomes, e.g. Pfefferbaum, B., et al., 'Disaster Media Coverage and Psychological Outcomes: Descriptive Findings in the Extant Research', *Current Psychiatry Reports* (2014).

15　Schelling, T., 'The Role of War Games and Exercises', in Carter, A., et al. (ed.) *Managing Nuclear Operations* (Brookings Institution, 1987).

16　Desvousges, W., et al., *Measuring Nonuse Damages Using Contingent Valuation: An Experimental Evaluation of Accuracy* (RTI Press, 2010).

17　'On caring', *Minding our way* (2014).

18　Fetherstonhaugh, D., et al., 'Insensitivity to the Value of Human Life: A Study of Psychophysical Numbing', *Journal of Risk and Uncertainty* (1997).

19　Jenni, K., and Loewenstein, G., 'Explaining the Identifiable Victim Effect', *Journal of Risk and Uncertainty* (1997).

20　First attributed to Stalin in the *Washington Post* (1947) as 'If only one man dies of hunger, that is a tragedy. If millions die, that's only statistics'; Mother Teresa quoted in Slovic, P., '"If I look at the mass I will never act": Psychic numbing and genocide', *Judgment and Decision Making* (2007).

21　Morton, Timothy, *Hyperobjects: Philosophy and Ecology after the End of the World* (University of Minnesota Press, 2013).

22　Markowitz, E., and Shariff, A., 'Climate change and moral judgement', *Nature Climate Change* (2012).

23　I owe a number of the details of Mainstone's story to Trent Dalton's reporting, and would recommend his full article: Dalton, Trent, 'Pitch Fever', *The Australian* in Hay, Ashley (ed.), *The Best Australian Science Writing 2014* (NewSouth Publishing, 2014).

24　'Humans Wired to Respond to Short-Term Problems', *Talk of the Nation*, NPR (2006).

25　Davies, T., 'Slow violence and toxic geographies: "Out of sight"to whom?', *Environment and Planning C: Politics and Space* (2021).

26　Nixon, Rob, *Slow Violence and the Environmentalism of the Poor* (Harvard University Press, 2013).

27　Svedäng, H., 'Long-term impact of different fishing methods on the ecosystem in the Kattegat and Öresund', Paper for European Parliament's Committee on Fisheries (2010).

28　Mowat, Farley, *Sea of Slaughter* (McClelland and Stewart, 1984).

29　Pauly, D., 'Anecdotes and the shifting baseline syndrome of fisheries', *Trends in Ecology and Evolution* (1995); Pauly, D., *Vanishing Fish: Shifting Baselines and the Future of Global Fisheries* (Greystone Books, 2019).

30　Kahn, P., 'Children's affiliations with nature: Structure, development, and the problem of environmental generational amnesia', in Kellert, Stephen, and Kahn, Peter (eds.), *Children and Nature* (MIT Press, 2002).

31　Soga, M., and Gaston, K., 'Shifting baseline syndrome: causes, consequences, and implications', *Frontiers in Ecology and the Environment* (2018); Jones, L., Turvey, S., Massimino, D., and Papworth, S., 'Investigating the implications of shifting baseline syndrome on conservation', *People and Nature* (2020); Moore, F., Obradovich, N., Lehner, F., and Baylis, P., 'Rapidly declining remarkability of temperature anomalies may obscure public perception of climate change', *Proceedings of the National Academy of Sciences* (2019).

32   Kahn, P., and Weiss, T., 'The Importance of Children Interacting with Big Nature', *Children, Youth and Environments* (2017).

33   Parker, Theodore, *Ten Sermons of Religion* (Crosby, Nichols & Co., 1853).

34   Tonn, B., Hemrick, A., and Conrad, F., 'Cognitive representations of the future: Survey results', *Futures* (2006). See also: 'The American Future Gap?', Institute for the Future (2017).

35   There were also slight differences between demographics surveyed: the religion of the person made a slight difference. People of the Jewish and traditional Asian faiths, for example, had longer future horizons than Christians or secular people.

36   Zhang, J. W., Howell, R. T., and Bowerman, T., 'Validating a brief measure of the Zimbardo Time Perspective Inventory', *Time and Society* (2013); original paper: Boyd, J., and Zimbardo, P., 'Putting time in perspective: A valid, reliable individual-differences metric', *Journal of Personality and Social Psychology* (1999); book: Boyd, John, and Zimbardo, Philip, *The Time Paradox: The New Psychology of Time That Will Change Your Life* (Atria, 2009); a more recent review paper: Peng, C., et al., 'A Systematic Review Approach to Find Robust Items of the Zimbardo Time Perspective Inventory', *Frontiers in Psychology* (2021).

37   While psychologists have refined the original test, its results have been replicated in around 25 countries. See: Sircova A., et al., 'A global look at time: a 24-country study of the equivalence of the Zimbardo Time Perspective Inventory', *SAGE Open* (2014).

38   Strathman, A., et al., 'The consideration of future consequences: Weighing immediate and distant outcomes of behaviour', *Journal of Personality and Social Psychology* (1994); Husman, J., and Shell, D. F., 'Beliefs and perceptions about the future: A measurement of future time perspective', *Learning and Individual Differences* (2008).

39　Milfont, T., Wilson, J., and Diniz, P., 'Time perspective and environmental engagement: A meta-analysis', *International Journal of Psychology* (2012).

40　Carelli, M. G., Wiberg, B., and Wiberg, M., 'Development and construct validation of the Swedish Zimbardo Time Perspective Inventory', *European Journal of Psychological Assessment* (2011).

41　Rönnlund, M., et al., 'Mindfulness Promotes a More Balanced Time Perspective: Correlational and Intervention-Based Evidence', *Mindfulness* (2019).

42　Boniwell, I., Osin, E. N., and Sircova, A., 'Introducing time perspective coaching: A new approach to improve time management and enhance well-being', *International Journal of Evidence Based Coaching* (2014).

43　Lamm, B., et al., 'Waiting for the Second Treat: Developing Culture-Specific Modes of Self-Regulation', *Child Development* (2017).

44　Benjamin, D., et al., 'Predicting mid-life capital formation with pre-school delay of gratification and life-course measures of self-regulation', *Journal of Economic Behavior and Organization* (2020).

45　The journalist Bina Venkataraman discusses the implications of these marshmallow experiments in more detail. See: Venkataraman, Bina, *The Optimist's Telescope: Thinking Ahead in a Reckless Age* (Riverhead Books, 2019).

46　'National Culture', *Hofstede Insights*; Hofstede, Geert, Hofsted, Gert Jan, and Minkov, Michael, *Cultures and Organizations: Software of the Mind* (MacgrawHill Education, Third Edition, 2010).

47　According to Hofstede's scores: US (26), UK (51), Australia (21), Japan (88), China (87), Russia (81). Source: Hofstede Insights, Country Comparison, hofstede-insights.com/country-comparison.

48　Galor, O., Özak, Ö., and Sarid, A., 'Geographical origins and economic consequences of language structures', *CESifo Working Paper Series No.6149* (2016).

49　e.g. Grabb, E., Baer. D., and Curtis, J., 'The Origins of American Individualism: Reconsidering the Historical Evidence', *The Canadian Journal of Sociology* (1999).

50   Doebel, S., and Munakata, Y., 'Group Influences on Engaging Self-Control: Children Delay Gratification and Value It More When Their In-Group Delays and Their Out-Group Doesn't', *Psychological Science* (2018).

51   Pryor, C., Perfors, A., and Howe, P., 'Even arbitrary norms influence moral decision-making', *Nature Human Behaviour* (2018).

52   However, it works both ways.

53   Burger, J., et al., 'Nutritious or delicious? The effect of descriptive norm information on food choice', *Journal of Social and Clinical Psychology* (2010); Wenzel, M., 'Misperceptions of social norms about tax compliance: From theory to intervention', *Journal of Economic Psychology* (2005); 'Applying Behavioural Insights to Organ Donation: preliminary results from a randomised controlled trial', UK Cabinet Office (2013).

54   Wade-Benzoni, K. A., 'A golden rule over time: Reciprocity in intergenerational allocation decisions', *Academy of Management Journal* (2002); Bang, H. M., et al., 'It's the thought that counts over time: The interplay of intent, outcome, stewardship, and legacy motivations in intergenerational reciprocity', *Journal of Experimental Social Psychology* (2017).

55   Watkins, H., and Goodwin, G., 'Reflecting on Sacrifices Made by Past Generations Increases a Sense of Obligation Towards Future Generations', *Personality and Social Psychology Bulletin* (2020). A caveat to note is that, in this study, a sense of moral obligation was increased by making these past reflections, but not necessarily the willingness to make actual financial sacrifices.

56   Zaval, L., et al., 'How Will I Be Remembered? Conserving the Environment for the Sake of One's Legacy', *Psychological Science* (2015).

57   Bain, P. G., et al., 'Collective Futures: How Projections About the Future of Society Are Related to Actions and Attitudes Supporting Social Change', *Personality and Social Psychology Bulletin* (2013).

06　语言的力量

1　Núñez, R., et al., 'Contours of time: Topographic construals of past, present, and future in the Yupno valley of Papua New Guinea', *Cognition* (2012).

2　Cooperrider, Kensy, and Núñez, Rafael, 'How We Make Sense of Time', *Scientific American* (2016).

3　Cooperrider, K., Slotta, J., and Núñez, R., 'Uphill and Downhill in a Flat World: The Conceptual Topography of the Yupno House', *Cognitive Science* (2016).

4　Kant, Immanuel, *Anthropology from a Pragmatic Point of View* (1798, Cambridge University Press, 2006).

5　Dor, Daniel, *The Instruction of Imagination: Language as a Social Communication Technology* (Oxford University Press, 2015).

6　Fuhrman, O., et al., 'How Linguistic and Cultural Forces Shape Conceptions of Time: English and Mandarin Time in 3D', *Cognitive Science* (2011).

7　As do speakers of Guugu Yimithirr, another Aborigine language.

8　Boroditsky, L., and Gaby, A., 'Remembrances of Times East', *Psychological Science* (2010).

9　Boroditsky, L., 'How Languages Construct Time', in Dehaene, Stanislas, and Brannon, Elizabeth (eds.), *Space, Time and Number in the Brain: Searching for the Foundations of Mathematical Thought* (Elsevier, 2011).

10　Núñez, R., and Sweetser, E., 'With the Future Behind Them: Convergent Evidence From Aymara Language and Gesture in the Crosslinguistic Comparison of Spatial Construals of Time', *Cognitive Science* (2006).

11　Conceptually, it's also not dissimilar to the Maori idea of walking backward into the future.

12　Dahl, O., 'When the future comes from behind: Malagasy and other time concepts and some consequences for communication', *Interna-*

tional Journal of Intercultural Relations (1995).

13   Looking over the 'left shoulder' to see the immediate future is also described in Aymara.

14   Radden, G., 'The Metaphor TIME AS SPACE across Languages', *Zeitschrift Für Interkulturellen Fremdsprachenunterricht* (2015).

15   Via correspondence with Phillippe Lemonnier at Pacific Ventury, Tahitian speaker.

16   Fuhrman (2011).

17   Sinha, C., et al., 'When Time Is Not Space: The Social and Linguistic Construction of Time Intervals and Temporal Event Relations in an Amazonian Culture', *Language and Cognition* (2014).

18   Whorf, B. L., 'An American Indian Model of the Universe', *International Journal of American Linguistics* (1950).

19   Malotki, Ekkehart, *Hopi Time: A Linguistic Analysis of the Temporal Concepts in the Hopi Language* (Mouton de Gruyter, 1983).

20   For a longer list of untranslatable words that relate to emotion, see psychologist Tim Lomas's 'positive lexography' project. Available at: www. drtimlomas.com/lexicography.

21   Leane, Jeanine, *Guwayu-For All Times: A Collection of First Nations Poems* (Magabala Books, 2020).

22   Deutscher, Guy, *Through the Language Glass: Why the World Looks Different in Other Languages* (Metropolitan Books/Henry Holt & Company, 2010).

23   Haviland, J., 'Anchoring, Iconicity, and Orientation in Guugu Yimithirr Pointing Gestures', *Journal of Linguistic Anthropology* (1993).

24   de Silva, Mark, 'Guy Deutscher on "*Through the Language Glass*"', *The Paris Review* (2010).

25   Boroditsky, L., Schmidt, L., and Phillips, W., 'Sex, syntax, and semantics', in Gentner, Dedre, and Goldin-Meadow, Susan (eds.), *Language in Mind: Advances in the Study of Language and Thought* (MIT Press, 2003).

26   Similarly for the word 'key', which is masculine in German and feminine in Spanish. Germans described keys as hard, heavy,

jagged, metal, serrated and useful. Spanish speakers used golden, intricate, little, lovely, shiny and tiny. However, it should be noted that other researchers have tried to replicate these findings and been unsuccessful. See: Mickan, A., Schief ke, M., and Anatol, S., 'Key is a llave is a Schlüssel: A failure to replicate an experiment from Boroditsky et al.', in Hilpert, M., and Flach, S. (eds.), *Yearbook of the German Cognitive Linguistics Association* (Walter de Gruyter, 2003).

27　A longer list: *Strong future*: English, French, Italian, Spanish, Portuguese, Turkish, Arabic, Hebrew, Russian, Bengali, Gujarati, Hindi, Kashmiri, Panjabi, Urdu, most Eastern European languages, Korean, Thai. *Weak future*: German, Danish, Dutch, Flemish, Icelandic, Norwegian, Swedish, Estonian, Indonesian, Japanese, Malay, Maori, Sudanese, Vietnamese, Cantonese, Mandarin.

28　Chen, M., 'The Effect of Language on Economic Behavior: Evidence from Savings Rates, Health Behaviors, and Retirement Assets', *American Economic Review* (2013).

29　Beckwith, S., and Reed, J., 'Impounding the Future: Some Uses of the Present Tense in Dickens and Collins', *Dickens Studies Annual* (2002).

30　Roberts, S. G., Winters, J., and Chen, K., 'Future Tense and Economic Decisions: Controlling for Cultural Evolution', *PLoS ONE* (2015).

31　Chen, S., et al., 'Languages and corporate savings behavior', *Journal of Corporate Finance* (2017); Liang, H., et al., 'Future-time framing: The effect of language on corporate future orientation', *Organization Science* (2018).

32　Mavisakalyan, A., Tarverdi, Y., and Weber, C., 'Talking in the present, caring for the future: Language and environment', *Journal of Comparative Economics* (2018); Kim, S., and Filimonau, V., 'On linguistic relativity and pro-environmental attitudes in tourism', *Tourism Management* (2017); Pérez, E. O., and Tavits, M., 'Language shapes people's time perspective and support for future-oriented policies: Language and political attitudes', *American Journal of Political Science* (2017).

33　Sutter, M., Angerer, S., Glätzle-Rützler, D., and Lergetporer, P., 'Language group differences in time preferences: Evidence from primary school children in a bilingual city', *European Economic Review* (2018).

34 Ayres, I., Kricheli Katz, T., and Regev, T., 'Do Languages Generate FutureOriented Economic Behavior?', SSRN (2020).

35 Stanner, W. E. H., *The Dreaming and Other Essays* (Black Inc. Agenda, 2011).

36 Thibodeau, P., and Boroditsky, L., 'Metaphors We Think With: The Role of Metaphor in Reasoning', *PLoS ONE* (2011).

37 Ewieda, S., 'The realization of time metaphors and the cultural implications: An analysis of the Quran and English Quranic translations' (unpublished thesis, 2006).

38 Based on a simple search in Google Ngram: while 'time to kill' or the idea of 'beating time' can be found in books in the 1800s, time as 'a bitch' or 'enemy' only seemed to have emerged in the twentieth century.

39 Boroditsky, 'How Languages Construct Time' (2011).

07 令人愉悦的畏惧：深度时间的宏大规模

1 Burke, Edmund, *A Philosophical Enquiry into the Origins of the Sublime and Beautiful: And Other Pre-Revolutionary Writings* (1757; Penguin Classics, 1998).

2 von Baer, K. E., *Welche Auffassung der lebenden Natur ist die richtige?* (1862).I owe the discovery of von Baer's thought experiment to: Burdick, Alan, *Why Time Flies: A Mostly Scientific Investigation* (Simon & Schuster, 2017).

3 Lyell, Charles, *Principles of Geology* (1830-33; Penguin Classics, 1998).

4 Close readers may note Lyell's use of the word 'infinite' echoes the faith based perspective of eternal time. Hutton too framed time as being 'without end'. So, while these early geologists made discoveries that unlocked deep time, they themselves would seem to have had a long view that was entwined with the dominant religious perspective.

5　　McPhee, John, *Basin and Range* (Farrar, Straus and Giroux, 1981).

6　　Burke, Edmund, *Reflections on the Revolution in France* (J. Dodsley, 1790).

7　　Obviously the more isolated a population (e.g. a remote tribe), the further back you have to go, but given the amount of migration over the centuries, this applies to the majority of people on Earth.

8　　'Historical Estimates of World Population', United States Census (2021).

9　　Rutherford, Adam, *A Brief History of Everyone Who Ever Lived: The Stories in Our Genes* (Weidenfeld & Nicolson, 2016).

10　　Rohde, D., Olson, S., and Chang, J., 'Modelling the recent common ancestry of all living humans', *Nature* (2004); Ralph, P., and Coop, G., 'The Geography of Recent Genetic Ancestry Across Europe', *PLoS Biology* (2013); Hein, J., 'Pedigrees for all humanity', *Nature* (2004).

11　　MacAskill, W., and Mogensen, A., 'The paralysis argument', *Philosophers' Imprint*, Global Priorities Institute Working Paper (2019).

12　　Aschenbrenner, Leopold, 'Burkean Longtermism', *For Our Posterity* (2021).

13　　A caveat: Burke's focus on posterity here was really reaching forward to living children. So, strictly, the most precise term might be 'Burkean-inspired'.

14　　Burke (1757; 1998); Frank, J., '"Delightful Horror": Edmund Burke and the Aesthetics of Democratic Revolution' (unpublished paper, 2014).

15　　Carlyon, Clement, *Early Years and Late Reflections* (Routledge, 1936).

16　　Kant, Immanuel, *Kritik der Urteilskraf* (1790), translated by Guyer, Paul, and Matthews, Eric, *Critique of the Power of Judgment* (Cambridge University Press, 2002).

17　　Wordsworth, W., 'Lines Written a Few Miles above Tintern Abbey' in *Lyrical Ballads With a Few Other Poems* (J. & A. Arch, 1798).

18　　Bjornerud, Marcia, *Timefulness: How Thinking Like a Geologist Can Help Save the World* (Princeton University Press, 2018).

19　　Macfarlane, Robert, *Underland: A Deep Time Journey* (Penguin, 2019).

20　von Baer (1862), translated by Carlsberg, Karl, 'A Microscope for Time: What Benjamin and Klages, Einstein and the Movies Owe to Distant Stars', in Miller, Tyrus (ed.), *Given World and Time: Temporalities in Context* (Central European University Press, 2008).

08　时间观：信仰、仪式与传统中的启示

1　Thompson, E.P., 'Time, Work-Discipline, and Industrial Capitalism', *Past and Present* (1967).

2　Franklin, B., 'Advice to a Young Tradesman' in Fisher, George, *The American Instructor, Or, Young Man's Best Companion* (B.Franklin and D. Hall, 1748).

3　'The Zarathusti World: A2012demographic picture', *The Federation of Zoroastrian Associations of North America* (*FEZANA*) (2012).

4　Stewart, Sarah, Hintze, Almut, and Williams, Alan (eds.), *The Zoroastrian Flame: Exploring Religion, History and Tradition* (Bloomsbury Publishing, 2016).

5　Hornsby, David, 'The Zoroastrian Flame', *Beshara Magazine* (2018).

6　Two early eighth-century documents, the Kojiki and Nihonshoki, tell stories of specific kami. And a tenth-century text Engishiki describes rituals.

7　'Rebuilding Every20Years Renders Sanctuaries Eternal-the Sengu Ceremony at Jingu Shrine in Ise', JFS Japan for Sustainability (2013).

8　Smith, Daigo, 'Traditions: Shikinen Sengu', Japan Woodcraft Association (2020).

9　Adams, C., 'Japan's Ise Shrine and Its Thirteen-Hundred-Year-Old Reconstruction Tradition', *Journal of Architectural Education* (1998).

10　Rose, Alexander, 'Long-term Building in Japan', The Long Now Foundation (2019).

11　For long-mindedness, the Zoroastrians might not get a perfect report card. In India, men in mixed marriages can bring their children into the faith, but it's not universally accepted by the most ardent traditionalists. And if women marry out, then it's game over for the line. To prevent the religion slowly shrinking in the long term, its leaders may eventually need to relax these membership rules. Still, the faith has navigated worse trials over the centuries.

12　*Extraordinary Rituals-Why Would You Do This?*, BBC (2018).

13　Whitehouse, H., and Lanman, J. A., 'The Ties That Bind Us: Ritual, Fusion, and Identification', *Current Anthropology* (2014).

14　The last Lord Mallard, in 2001, was Martin Litchfield West, who died in 2015. By coincidence, one of his areas of scholarship was Zoroastrianism.

15　'The Mallard Society', All Souls College (2001).

16　Chai, D., 'Zhuangzi's Meontological Notion of Time', *Dao* (2014); Jhou, N., 'Daoist Conception of Time: Is Time Merely a Mental Construction?', *Dao* (2020).

17　Kalupahana, D., 'The Buddhist Conception of Time and Temporality', *Philosophy East and West* (1974); 'What are kalpas?', *Lion's Roar* (2016); Maguire, Jack, *Essential Buddhism* (Atria, 2001).

18　Ijjas, Anna, 'What if there was no big bang and we live in an ever-cycling universe?', *New Scientist* (2019).

19　Thompson, E. P. (1967).

20　Janca, A., and Bullen, C., 'The Aboriginal concept of time and its mental health implications', *Australasian Psychiatry* (2003).

21　'Dibang Valley case study', *Flourishing Diversity* (2021).

22　Robbins, Jim, 'Native Knowledge: What Ecologists Are Learning from Indigenous People', *Yale E360* (2018).

23　Huntingdon, H., and Mymrin, N., 'Traditional Knowledge of the Ecology of Beluga Whales', *Arctic* (1999).

24　Author unknown, *The Constitution of the Iroquois Nations* (Kessinger Publishing, 2010).

25　Deloria Jr, Vine, 'American Indians and the Moral Community', in Deloria Jr, Vine, and Treat, James, *For This Land: Writings on Religion in America* (Routledge, 1998).

26　Wilkins, David E., 'How to Honor the Seven Generations', *Indian Country Today* (2015).

09   长期主义：关心后代的道德原因

1   Sometimes attributed to Groucho Marx, this quip probably predates him. As Joseph Addison in *The Spectator* in1714wrote: 'We are always doing, says he, something for posterity, but I would fain see posterity do something for us.'.

2   Ramsey, F., 'A Mathematical Theory of Saving', *The Economic Journal* (1928).

3   Beard, S. J., 'Parfit Bio' (2020), sjbeard.weebly.com; 'S. J. Beard on Parfit, Climate Change, and Existential Risk', *Hear This Idea* (2020).

4   Taebi, B., and Kloosterman, J., 'To Recycle or Not to Recycle? An Intergenerational Approach to Nuclear Fuel Cycles', *Science and Engineering Ethics* (2007).

5   Parfit, Derek, *Reasons and Persons* (Oxford University Press, 1984).

6   Parfit, Derek, *On What Matters: Volume II* (Oxford University Press, 2011).

7   Parfit, Derek, *On What Matters: Volume III* (Oxford University Press, 2017).

8   'Toby Ord: Why I'm giving £1m to charity', BBC News (2010).

9   For example, one criticism is that it only directs money to what can be *measured*. Some feel that neglects causes that cannot be turned into comparative data-tables and rankings.

10   Beckstead, N., 'On the Overwhelming Importance of Shaping the Far Future' (unpublished doctorate dissertation, 2013).

11   Schubert, S., Caviola, L., and Faber, N., 'The Psychology of Existential Risk: Moral Judgments about Human Extinction', *Scientific Reports* (2019).

12   Parfit (1984).

13   Ord, Toby, *The Precipice: Existential Risk and the Future of Humanity* (Bloomsbury, 2020).

14   'The Green Book: Central Government Guidance on Appraisal and Evaluation', HM Treasury (2020); 'Intergenerational wealth transfers

and social discounting: Supplementary Green Book guidance', HM Treasury (2008).

15　Ramsey, F., 'A Mathematical Theory of Saving', *The Economic Journal*, (1928).

16　For example, see the 'Nordhaus vs Stern' debate: Nordhaus, W., 'A Review of the Stern Review on the Economics of Climate Change', *Journal of Economic Literature* (2007); Stern, N., *The Economics of Climate Change: The Stern Review* (LSE, 2006).

17　Cowen, T., and Parfit, D., 'Against the social discount rate', in Laslett, Peter, and Fishkin, James (eds.), *Justice Between Age Groups and Generations* (New Haven, 1992).

18　*Future Proof: The opportunity to transform the UK's resilience to extreme risks*, The Centre for Long-term Resilience (2021).

19　A note on my assumptions: These numbers were calculated using the average global fertility rate projected for this century-approximately two children per woman. I chose 50, 000 years because that is roughly the same period of time that we are from the first anatomically modern humans with language. But all calculations are based on a few broad assumptions, because projecting population into the far future is always going to be speculative. In the West, population may be on the cusp of slow decline, while in the developing world it is projected to grow significantly this century, especially in countries like Nigeria, which by2100may have as big a population as Europe and North America combined. [See: Rees, M., 'Some Thoughts on2050and Beyond', *American Philosophical Society* (2021).] Researchers at the United Nations once produced a report attempting to model population all the way up to 2300. In their 'medium' scenario, they concluded that 'world population growth beyond 2050, at least for the following250years, is expected to be minimal'. [See: *World Population to 2300*, United Nations (2004).] Therefore, for the sake of illus tration-and to satisfy my own curiosity-I made the assumption that, over the very long term, the average number of new people born per century will stabilise. It may well rise, in which case the numbers would be even bigger. But even if it begins to fall off, global population will still remain very large for a long time, unless we were plummeting towards extinction.

20   Newberry, T., 'How many lives does the future hold?', *Global Priorities Institute Technical Report T2-2021* (2021).

21   Bostrom, Nick, *Superintelligence: Paths, Dangers, Strategies* (Oxford University Press, 2014).

22   Cremer, Z. C., and Kemp, L., 'Democratising Risk: In Search of a Methodology to Study Existential Risk', *Arxiv* (2021).

23   Assuming paper stock of 8gsm, which is about100microns thick.

24   Assuming a Bible is 1, 200 pages, *Great Expectations* ~550 pages and *Communist Manifesto* ~44 pages.

25   Via Sbiis Saibian's 'Large Number Site'.

26   'The Green Pea Analogy', Maxstudy.org.

27   MacAskill, William, *What We Owe the Future: A Million-Year View* (Oneworld, 2022).

28   Snyder-Beattie, A. E., Ord, T., and Bonsall, M. B., 'An upper bound for the background rate of human extinction', *Scientific Reports* (2019).

29   Torres, E. P., 'Against longtermism', *Aeon* (2021).

30   Jan Narveson: 'We are in favor of making people happy, but neutral about making happy people.' See Narveson, J., 'Moral problems of population', *The Monist* (1973).

31   Masrani, Vaden, 'A Case Against Strong Longtermism', vmasrani. github.io (2021).

32   Holt, Jim, 'The Power of Catastrophic Thinking', *The New York Review of Books* (2021).

33   Singer, P., 'The Hinge of History', *Project Syndicate* (2021).

34   Thorstad, D., 'The scope of longtermism', GPI Working Paper No. 6-2021 (2021).

35   MacAskill (2022).

36   Ord was commenting in a discussion on the Effective Altruism Forum. See: 'Towards a weaker longtermism', *EA Forum* (2021).

10　时间窗口：科学、自然与人类世

1　Wittgenstein, Ludwig, *Philosophische Untersuchungen* (1953), translated by Anscombe, Gertrude E. M., *Philosophical Investigations* (Macmillan, 1958).

2　Burroughs, John, *The Complete Nature Writings of John Burroughs* (William H. Wise & Company, 1913).

3　Stearns, Stephen C., 'Lecture 1. The Nature of Evolution: Selection, Inheritance, and History', *Open Yale Courses: Principles of Evolution, Ecology and Behavior* (2009).

4　'The Elements of Life Mapped Across the Milky Way' by SDSS/ APOGEE', SDSS (2017).

5　Tolkien, J. R. R., *On Fairy-Stories* (Oxford University Press, 1947); CottonBarratt, O., and Ord, T., 'Existential Risk and Existential Hope: Definitions', *Future of Humanity Institute-Technical Report* (2015).

6　Sagan, Carl, *Broca's Brain: Reflections on the Romance of Science* (Random House, 1979).

7　'Pigeon waste, cosmic melodies and noise in scientific communication', *Lindau Nobel Laureate Meetings* (2010).

8　Faisal ur Rahman, Syed, 'The enduring enigma of the cosmic cold spot', *Physics World* (2020); An, D., et al., 'Apparent evidence for Hawking points in the CMB Sky', *Monthly Notices of the Royal Astronomical Society* (2020).

9　Davies, H., et al., 'Back to the future: Testing different scenarios for the next supercontinent gathering', *Global and Planetary Change* (2018).

10　Davies (2018).

11　Stafford, Tom, 'Reasons to trust models', *Reasonable People* (2020).

12　Andermann, T., et al., 'The past and future human impact on mammalian biodiversity', *Science Advances* (2020).

13　Roberts, N., et al., 'Europe's lost forests: a pollen-based synthesis for the last 11, 000 years', *Scientific Reports* (2018).

14   Vavrus, S., et al., 'Glacial Inception in Marine Isotope Stage 19: An Orbital Analog for a Natural Holocene Climate', *Scientific Reports* (2018).

15   Merheb, M., et al., 'Mitochondrial DNA, a Powerful Tool to Decipher Ancient Human Civilization from Domestication to Music, and to Uncover Historical Murder Cases', *Cells* (2019); Bennett, C., et al., 'The broiler chicken as a signal of a human reconfigured biosphere', *Royal Society Open Science* (2018).

16   Irving-Pease, E., et al., 'Rabbits and the Specious Origins of Domestication', *Trends in Ecology and Evolution* (2018).

17   Tait, C., et al., 'Sensory specificity and speciation: a potential neuronal pathway for host fruit odour discrimination in Rhagoletis pomonella', *Proceedings of the Royal Society B: Biological Sciences* (2016).

18   Kettlewell, H., 'Evolution of melanism: The study of a recurring necessity', *Clarendon* (1973); Antonovics, J., et al., 'Evolution in closely adjacent plant populations VIII. Clinal patterns at a mine boundary', *Heredity* (1970).

19   The Anthropocene Working Group voted for this marker in 2018. The AWG is a component body of the Subcommission on Quaternary Stratigraphy which is itself is part of the International Commission on Stratigraphy.

20   As voted by the Anthropocene Working Group in 2016, part of the International Commission on Stratigraphy. See Steffen, W., et al., 'The trajectory of the Anthropocene: The Great Acceleration', *The Anthropocene Review* (2015).

21   Elhacham, E., et al., 'Global human-made mass exceeds all living biomass', *Nature* (2020).

22   'Living Planet Report', World Wildlife Fund (2018).

23   Cardenas, L., et al., 'First mussel settlement observed in Antarctica reveals the potential for future invasions', *Scientific Reports* (2020); Lundgren, E., etal., 'Introduced herbivores restore Late Pleistocene ecological functions', *Proceedings of the National Academy of Sciences* (2020).

24   Campbell-Staton, S., et al., 'Ivory poaching and the rapid evolution of

tusklessness in African elephants', *Science* (2021); Pigeon, G., et al., 'Intense selective hunting leads to artificial evolution in horn size', *Evolutionary Applications* (2016); Sanderson, S., et al., 'The pace of modern life, revisited', *Molecular Ecology* (2021).

25　Hazen, R., et al., 'On the mineralogy of the "Anthropocene Epoch"', *American Mineralogist* (2017); Corcoran, P., Moore C., and Jazvac, K., 'An anthropogenic marker horizon in the future rock record', *GSA Today* (2014).

26　Steffen, W., et al., 'The trajectory of the Anthropocene: The Great Acceleration', *The Anthropocene Review* (2015).

27　Jackson, R., 'Eunice Foote, John Tyndall and a question of priority', *Notes and Records* (2019).

28　Tyndall, J., 'On the Transmission of Heat of different qualities through Gases of different kinds', *Notices of the Proceedings at the meetings of the members of the Royal Institution* (1859).

29　Aarhenius, S., 'On the Influence of Carbonic Acid in the Air upon the Temperature of the Ground', *Philosophical Magazine and Journal of Science* (1896).

30　Chamberlin, T. C., 'An Attempt to Frame a Working Hypothesis of the Cause of Glacial Periods on an Atmospheric Basis', *The Journal of Geology* (1899).

31　Weart, Spencer, *The Discovery of Global Warming* (Harvard University Press, 2008).

32　Callendar, G., 'The artificial production of carbon dioxide and its influence on temperature', *Quarterly Journal of the Royal Meteorological Society* (1938).

33　Plass, G., 'The Carbon Dioxide Theory of Climatic Change', *Tellus* (1956); 'Carbon Dioxide and the Climate', *American Scientist* (1956); 'Does Science Progress? Gilbert Plass Redux', *American Scientist* (2010).

34　Weart (2008).

35　Wittgenstein (1953; 1958); Sergio Sismondo, *An Introduction to Science and Technology Studies* (Wiley, 2011).

36　'The Peoples' Climate Vote', UNDP (2021).

37　Mugny, G., and Pérez, J., 'L'influence sociale comme processus de changement', *Hermes, La Revue* (1989); Fisher, R., '"Social cryptomnesia": How societies steal ideas', BBC Future (2020).

38　Næss, A., 'The Shallow and the Deep, Long-Range Ecology Movement: A Summary', *Inquiry* (1973).

11　符号和故事的说服力

1　Bergson, Henri, *Le rire: Essai sur la signification du comique* (Revue de Paris, 1900) translated by Brereton, Cloudesley, and Rothwell, Fred, *Laughter: An Essay on the Meaning of the Comic* (Macmillan, 1914).

2　Cameron, David, 'Leader's Speech', Conservative Party Conference, *British Political Speech* (2013).

3　Schama, Simon, 'The tree that shaped Britain', BBC News Magazine (2010).

4　'DIO's commitment to planting trees', *Inside DIO* (2020).

5　Fox, James, 'The mystery of the "free-range sculpture"that simply disappeared', *Christie's Magazine* (2016).

6　McMullan, M., et al., 'The ash dieback invasion of Europe was founded by two genetically divergent individuals', *Nature Ecology and Evolution* (2018).

7　Boyd, I., et al., 'The Consequence of Tree Pests and Diseases for Ecosystem Services', *Science* (2013).

8　Atkinson, Nick, 'Ash dieback: one of the worst tree disease epidemics could kill 95% of UK's ash trees', *The Conversation* (2019).

9　Morris, Steven, '"I hope people will find it joyful": David Nash exhibition opens in Cardiff ', *Guardian* (2019).

10　Whitman, Walt, *Specimen Days and Collect* (Rees Welsh & Co, 1882).

11　The Long Time Project's logo is based on tree rings. Roman Krznaric writes of 'acorn brain' as a description of long-term thinking. The Long Now Foundation's unofficial mascot is the bristlecone pine.

12　Wilson, Matthew, 'Butterflies: The ultimate icon of our fragility', BBC

Culture (2021).

13　Bateson (1994).

14　B*uilding the Ministry for the Future*, Chelsea Green Publishing/School of International Futures (2021).

15　McPhee, John, *Basin and Range* (Farrar, Straus and Giroux, 1981).

16　Thanks to Thomas Moynihan; Jeans, James Hopwood, *The Universe Around Us* (Cambridge University Press, 1929).

17　Auger, James, 'Superflux: Tools and methods for making change', *Speculative Edu* (2019).

18　Gray, Richard, 'The world's knowledge is being buried in a salt mine', BBC Future (2016).

19　Starks, Gavin, 'Longplayer: How Long Will We Be Long?', *Taking Time* (2021).

20　Ecker, Bogomir, *Die Tropfsteinmaschine, 1996-2496* (Hatje Cantz, 1996).

21　'"Fairytale of New York"the most played Christmas track of the 21st Century', *PPL* (2020).

22　Russell, Andrew, and Vinsel, Lee, 'Hail the maintainers', *Aeon* (2016).

23　'Defining Core Values', The Maintainers (2019).

24　Eno, Brian, 'The Big Here and the Long Now', The Long Now Foundation (2009).

25　The founding board also included Douglas Carlston, Esther Dyson, Kevin Kelly, Paul Saffo and Peter Schwartz.

26　Rose, Alexander, 'How to build something that lasts 10, 000 years', BBC Future (2019).

27　Liu, G., et al., 'Factors influencing the service lifespan of buildings: An improved hedonic model', *Habitat International* (2014).

28　Fox (2016).

12　深度文明

1　Stuart Mill, John, 'The Malt Duty', Hansard HC Deb, Volume182 (17 April 1866).

2　Karnofsky, Holden, 'Has Life Gotten Better?', *Cold Takes* (2021).

3　Salk, J., 'Are We Being Good Ancestors?', *World Affairs: The Journal of International Issues* (1992).

4　Ord, Toby, *The Precipice: Existential Risk and the Future of Humanity* (Bloomsbury, 2020).

5　Quoidbach J., Gilbert D., and Wilson T., 'The end of history illusion', *Science* (2013).

6　The 'end of history' was a term coined in the 1990s by the historian Francis Fukuyama to describe a form of political stasis, specifically how Western liberal democracy would become the final form of government and 'the end-point of mankind's ideological evolution'. This idea has since been challenged.